内 容 提 要

本书深入分析含油气系统范围内的生、排、运、聚、散、滞留过程，定量化表征了生烃、滞留烃、聚集烃、逸散烃、晚期高温裂解烃，及其油气赋存状态和油气类型，量化系统内资源分配比例，从而构建常规、非常规资源空间分布模式。详细阐述了晚期高温裂解气产率及在页岩气聚集成藏中的比重，源外油裂解气成藏的控制因素与研究思路，页岩气赋存的最有利构造部位，有机孔随热演化程度的发育规律等。本书从研究方法和研究思路上具有较强的创新性尝试，也在该领域的研究上具有超前的思维意识。

本书可供从事石油地质研究的科研人员及高等院校相关专业师生参考阅读。

图书在版编目（CIP）数据

油气资源结构定量表征及应用/郑民等著. —北京：石油工业出版社，2020.6
ISBN 978-7-5183-3913-6

Ⅰ.①油… Ⅱ.①郑… Ⅲ.①油气资源–资源结构–研究 Ⅳ.①TE155

中国版本图书馆 CIP 数据核字（2020）第 036910 号

出版发行：石油工业出版社
（北京安定门外安华里 2 区 1 号楼　100011）
网　址：www.petropub.com
编辑部：（010）64523544
图书营销中心：（010）64523633
经　销：全国新华书店
印　刷：北京中石油彩色印刷有限责任公司

2020 年 6 月第 1 版　2020 年 6 月第 1 次印刷
787×1092 毫米　开本：1/16　印张：11.5
字数：287 千字

定价：110.00 元
（如出现印装质量问题，我社图书营销中心负责调换）
版权所有，翻印必究

油气资源结构定量表征及应用

郑　民　李建忠　王文广
陈晓明　李　鹏　于京都　等著

石油工业出版社

序

非常规油气勘探开发的突破是世界石油工业的重大事件，为石油天然气地质学创新带来了全新的发展机遇。非常规油气相对于经典石油天然气地质学在圈闭、储层、盖层、有效资源、富集规律等基础理论方面产生了重大突破，油气地质基础研究将呈现出向全过程生烃、全类型储层、全成因机制、全种类资源转变的新趋向，推动石油天然气地质学新理论建立。

未来石油天然气地质学应是一个新的经过重大发展的理论体系，涵盖常规油气与非常规油气，吸收勘探实践与科学研究的最新进展，着眼于油气全过程规模效益勘探开发，重新定义生、储、盖、圈、运、保等关键地质要素内涵，系统总结常规油气与非常规油气在分布特征、储层特征、源储组合、聚集单元、运移方式、聚集机理、渗流特征、流体特征、资源特征等方面的显著区别，推动常规—非常规油气整体研究、整体开发。

未来石油天然气地质学应是一个新的全油气系统理论模型，不局限于"从烃源岩到圈闭"的视角，而是从"源储耦合、有序聚集"的新视角，包括长距离运移烃、近距离运移烃、滞留烃，包括常规与非常规油气两种资源，从烃类生—排—运—聚全过程定量化研究的4个关键问题出发，分析常规—非常规油气聚集机理，实现油气生、运、聚全过程分析，发现全部类型的油气资源，勘探、开发、工程、集输所有油气上游领域，整体研究评价，立体勘探开发，最终实现整个含油气单元内常规—非常规油气最大限度的经济性采出。

中国石油勘探开发研究院郑民及其研究团队，是一支年轻而富有创新精神的科研团队。该团队提出了"油气资源结构"概念，该概念不同于油气资源的储量分级分类，也不同于油气资源品质分类，而是基于含油气系统的综合分析，通过深入研究含油气系统范围内的生、排、运、聚、散过程，尝试性实践了原始有机碳恢复、全过程生排烃、全成因机制、全种类油气资源的结构性研究。以此尝试建立常规资源与非常规资源之间的成因关系，量化系统内资源分配比例，从而构建常规、非常规资源空间分布模式。研究目的是通过建立不同类型盆地或含油气系统内不同资源类型的成因联系和定量模型，为油气资源预测提供可操作的一体化评价思路，并最终服务于油气勘探实践。

该著作通过深入分析含油气系统范围内的生、排、运、聚、散、滞留过程，定量化地表征了生烃量、滞留烃量、聚集烃量、逸散烃量、晚期高温裂解烃量，及其油气赋存状态和油气类型，量化系统内资源分配比例，从而构建常规、非常规资源空间分布模式。详细阐述了晚期高温裂解气产率及在页岩气聚集成藏中的占比，源外油裂解气成藏的控制因素与研究思路，页岩气赋存的最有利构造部位，有机孔随热演化程度的发育规律等。本书在油气资源评价研究方法和含油气系统研究思路上具有很强的创新性，本书的出版反映了年轻一代石油地质学家的艰苦努力和丰硕科研成果，对推动石油天然气地质学基础理论研究进步、促进非常规油气勘探开发事业快速发展起到重要作用。

中国科学院院士

2019年7月29日

前　　言

  北美地区页岩气的成功开发，拓展和增强了各国积极寻求非常规油气资源开发的思路和信心。但是，究竟全球非常规油气资源量有多少？仁者见仁，智者见智，迫切需要研究建立科学的评价方法。多年来，国际上比较流行的一种观点认为：在同一含油气盆地中，常规资源量与非常规资源量之间存在着三角形状的分布关系，也被称之为"资源三角"理论。但是，这只是一种理性的推断和定性的描述，并没有解决非常规资源量的问题。2008年，美国研究机构提出了一种新型油气资源评价系统（PRISE），通过确定常规与非常规资源之间的量化比例关系，以常规资源量为基础，推测评价非常规资源量。通过在北美地区大量成熟盆地进行反复验证，得出该地区的常规与非常规油气资源之间呈现 10∶90 的定量分布关系。这种依据常规资源量推测非常规资源量的思路和方法，打破了单纯依据非常规资源研究评价非常规资源的思维定式，值得关注。

  综观全球油气工业 150 年发展历程，寻找油气思路从寻找易于识别的构造圈闭，向较难识别的岩性地层圈闭过渡，再向无明显圈闭界限的储集体系跨越，可以概括为构造油气藏、岩性地层油气藏和非常规连续型油气藏三大发展阶段。近年来，伴随理论认识的深化和勘探开发技术的进步，全球非常规油气勘探开发取得了一系列重大突破。致密气、煤层气、重油、沥青砂等已成为全球非常规石油天然气勘探开发的重点领域，页岩气成为全球非常规天然气勘探开发的热点领域，致密油成为全球非常规石油勘探开发的亮点领域。全球非常规油气产量快速增长，在全球能源供应中的地位日益凸显。中国的重油、致密油、致密气、页岩气、煤层气等非常规油气资源也非常丰富，具有良好的发展前景。鄂尔多斯盆地华庆地区中生界已发现大规模分布的致密油区。作为我国致密砂岩气成功勘探开发的典型代表，鄂尔多斯盆地苏里格地区成为我国探明储量超 $1\times10^{12}\mathrm{m}^3$ 的致密气大气田（探明 $13337\times10^8\mathrm{m}^3$，年产 $237\times10^8\mathrm{m}^3$）。煤层气经过近 20 年的勘探研究与产业化实验，勘探开发实现了快速发展，建成沁水南部和鄂东两大国家级煤层气产业基地，2018 年产气量 $53.4\times10^8\mathrm{m}^3$。页岩气的勘探研究与产业化试验也已开展，建成焦石坝、长宁、威远、昭通四个主力页岩气田，海相页岩气支撑建成四川盆地涪陵、长宁—威远和昭通 3 个页岩气示范区，探明储量 $5441\times10^8\mathrm{m}^3$，2018 年实现产量 $100.79\times10^8\mathrm{m}^3$，在短时间内实现了快速增长。我国的非常规油气资源十分丰富，目前正在开展前期识别和评价工作，很有必要深入研究和学习借鉴新型的常规与非常规一体化评价方法。鉴于国内外非常规油气的发展，以及油气勘探思路的转变，在"油气生排烃全过程"基础研究等大量油气地质分析工作基础上，提出了"油气资源结构"概念，以进一步阐述常规与非常规兼容并包的比例结构特征，并立足于油气资源评价学科前沿，探索"油气资源结构"定量表征方法及意义。

  "油气资源结构"是指基于含油气系统综合分析，通过深入分析含油气系统范围内的生、排、运、聚、散过程，建立常规资源与非常规资源之间的成因关系，量化系统内资源分配比例，从而构建常规、非常规资源空间分布模式。油气资源结构研究的目的是通过建立不同类型盆地或含油气系统内不同资源类型的成因联系和定量评价模型，为油气资源预测提供可操作的评价思路，并最终服务于油气勘探实践。

本书选择海相叠合盆地常规与非常规油气勘探都相对成熟的四川盆地蜀南地区（蜀南气矿及周缘范围）作为研究工区，区内页岩气有望成为蜀南地区重要接替资源，但其资源潜力和分布富集规律尚不明朗，通过进一步研究，主要取得的认识包括：

认识一：建立并完善"油气资源结构"的概念与内涵，提出"油气资源结构"的评价思路与评价方法。

认识二：有机质生烃过程与模式非常复杂：成岩作用阶段，岩石中可溶有机质向未熟石油直接转化并缩合为干酪根；深成作用阶段干酪根热降解成烃；在较高成熟阶段焦沥青缩合，成为高成熟轻质石油的主要贡献者。

认识三：海相叠合盆地蕴含丰富的油裂解气资源，其晚期成藏过程经历了早期古油藏成藏与晚期油裂解成气阶段，受构造演化控制作用明显。

认识四：成岩作用、烃源岩热演化与有机孔、无机孔发育之间规律性明显。随热演化程度 R_o 有机孔呈明显的三段式变化。

认识五：结合油气地质新认识评价油气资源潜力，确定了蜀南地区常规与非常规油气资源量，建立了"钻石型"资源结构模型。

本书由郑民负责全书的总体构思、内容确定、统稿及部分章节的撰写。各章节分工编写如下：前言由郑民、李建忠撰写；第一章由郑民、李建忠、陈晓明撰写；第二章由陈晓明、郑民、李建忠、吴晓智撰写；第三章由郑民、王文广、李建忠撰写；第四章由郑民、王文广、李鹏撰写；第五章由郑民、李鹏、于京都、陈晓明撰写；第六章由郑民、李建忠、于京都撰写。

研究工作始终得到了中国石油勘探开发研究院原院长赵文智院士、院长马新华教授、副院长邹才能院士、总地质师胡素云教授等领导的悉心指导以及规划所领导和同事的支持与帮助，得到了西南油气田公司等相关单位领导的大力支持，在此深表感谢。

笔者特别感谢贾承造院士在本书撰写过程中的审阅与指导，贾老师提出了许多宝贵的修改意义，并热诚为本书作序。

由于油气资源结构所涉研究综合性较强，编者水平有限，书中尚有诸多不妥之处，文献引用及标注也难免挂一漏万，敬请广大读者批评指正。

目 录

第一章 油气资源结构内涵、评价方法及应用 1
  第一节 概念与内涵 2
    一、油气资源结构概念的提出 2
    二、油气资源结构的内涵 3
    三、油气资源结构的分级 3
  第二节 油气资源结构研究现状 4
    一、油气资源类型划分描述 4
    二、资源结构定性推断 4
    三、资源结构定量分析 5
  第三节 油气资源结构特征与研究思路 6
    一、基本特征 6
    二、研究思路和评价方法 8
    三、主要成果认识 12
  第四节 油气资源源储组合类型 13
    一、油气资源形成条件与成因机制 14
    二、源储组合类型与特征 15
  第五节 研究区确定与关键方法技术介绍 21

第二章 四川盆地蜀南地区含油气系统概况 23
  第一节 油气勘探概况与基础地质条件 23
    一、油气勘探概况 23
    二、构造发育特征 25
    三、地层发育特征 27
    四、油气藏类型 28
  第二节 蜀南志留系烃源岩特征 29
    一、分布范围与厚度变化 29
    二、烃源岩地球化学特征 31
    三、有效烃源岩划分 34
  第三节 蜀南志留系含油气系统特征 39
    一、国外志留系含油气系统概况 39
    二、蜀南志留系含油气系统成藏条件分析 41
    三、烃源对比 45
    四、生烃史、成藏史分析 51
    五、成藏模式 57

六、含油气系统边界 ········· 59

第三章 原始有机碳及生烃潜力恢复 ········· 63
第一节 原始有机碳恢复方法对比分析 ········· 63
一、原始有机碳恢复研究现状 ········· 63
二、原始有机碳恢复方法优缺点分析 ········· 66
第二节 原始有机碳和生烃潜力恢复模型建立与方法研究 ········· 67
一、原始有机碳恢复模型建立与方法研究 ········· 67
二、原始生烃潜力恢复模型建立与方法研究 ········· 74
第三节 蜀南地区龙马溪组烃源岩空间展布和有机质特征 ········· 76
一、蜀南龙马溪组烃源岩空间展布 ········· 77
二、海相烃源岩有机质特征 ········· 78
第四节 海相烃源岩原始有机碳和生烃潜力恢复前后对比研究 ········· 81
一、海相龙马溪组页岩原始有机碳恢复前后对比研究 ········· 81
二、海相龙马溪组页岩原始生烃潜力研究 ········· 82
三、有机碳恢复的意义 ········· 82

第四章 生排烃全过程定量评价模型 ········· 85
第一节 有机质生烃过程研究新进展 ········· 85
一、有机质生烃过程传统认识与经典生烃模式 ········· 85
二、有机质生烃过程新认识 ········· 87
三、烃源岩生排烃过程定性与定量评价研究 ········· 90
第二节 海相烃源岩"生烃过程"定量评价 ········· 93
一、PY—GC 热演化模拟实验 ········· 93
二、生烃动力学法地质外推 ········· 95
三、龙马溪组烃源岩生烃过程评价 ········· 99
第三节 海相页岩烃源岩系中有机质的高温裂解生气潜力 ········· 102
一、海相页岩烃源岩高温裂解研究现状 ········· 102
二、我国海相页岩分布特征 ········· 103
三、样品的采集与分析测试 ········· 104
四、有机地球化学特征与演化程度评价 ········· 105
五、高温裂解生气潜力评价 ········· 109
第四节 海相叠合盆地构造演化与油裂解气晚期成藏的关系 ········· 113
一、古老海相层系天然气藏成因分析 ········· 114
二、蜀南地区构造演化与沉积响应特征 ········· 116
三、古老烃源生烃演化过程及原始油气聚集 ········· 119
四、原油裂解与天然气晚期成藏 ········· 121
五、研究思路与意义 ········· 125
第五节 海相烃源岩生排烃全过程模型定量评价 ········· 127
一、构建定量化评价框架模型 ········· 127
二、确定生烃各过程中组分量化关系 ········· 128

三、建立单一测试样品的生排烃全过程模型 …………………………………… 130
第五章　蜀南地区龙马溪组有机质孔隙演化特征 ………………………………………… 133
　第一节　有机质孔隙成因与测试计划 ……………………………………………………… 134
　　一、有机质孔隙成因 …………………………………………………………………… 134
　　二、孔隙微观结构特征与分类 ………………………………………………………… 134
　　三、有机质孔隙随热演化程度发育关系 ……………………………………………… 136
　第二节　有机质纳米孔隙定量表征 ………………………………………………………… 137
　　一、高压压汞孔隙度测定仪（MICP）………………………………………………… 137
　　二、SEM成像和FIB连续磨铣原理及分析测试 ……………………………………… 139
　第三节　蜀南地区页岩有机孔隙演化特征 ………………………………………………… 141
　　一、高压压汞分析测试结果 …………………………………………………………… 141
　　二、SEM—FIB测试及结果 …………………………………………………………… 146
　　三、蜀南地区页岩有机质孔隙度随热成熟度变化规律 ……………………………… 148
第六章　油气资源评价与资源结构特征 …………………………………………………… 153
　第一节　盆地模拟与页岩气资源评价 ……………………………………………………… 153
　　一、盆地模拟方法及评价流程 ………………………………………………………… 153
　　二、蜀南地区油气基础地质模型构建 ………………………………………………… 154
　　三、龙马溪组生烃量计算与资源量评价 ……………………………………………… 156
　第二节　常规油气资源评价 ………………………………………………………………… 159
　　一、成因法评价结果 …………………………………………………………………… 159
　　二、统计法评价结果 …………………………………………………………………… 161
　第三节　四川盆地蜀南地区油气资源结构 ………………………………………………… 165
　　一、油气资源结构 ……………………………………………………………………… 165
　　二、常规天然气资源分布特征 ………………………………………………………… 166
　　三、页岩气资源分布特征 ……………………………………………………………… 168
参考文献 ……………………………………………………………………………………… 170

第一章 油气资源结构内涵、评价方法及应用

随着油气勘探开发的不断深入，常规油气资源在勘探程度不断提高、勘探难度不断加大的情况下，仍然能够获得规模储量的大突破和大发现。非常规油气，如致密油、致密气、页岩气、煤层气等在现有经济技术条件下也展示了巨大的潜力（贾承造等，2012）。含油气盆地，特别是富油气盆地，油气分布具有广泛性，油气藏类型具有"互补"特征（杜金虎等，2013）。勘探实践也一再证实，常规油气与非常规油气在空间分布上具有一定的成因联系，这一联系的纽带就是烃源岩。因此，有学者认为，21世纪已经进入以烃源岩为中心的常规和非常规油气勘探并重时代（邱中建等，2012）。只要具备一定生烃强度的烃源岩，常规储层发育区可以形成构造油气藏、岩性—地层油气藏等，常规储层不发育地区可以形成致密砂岩油气藏和碳酸盐岩或含砂、含钙、含硅页岩的致密油气藏，泥页岩烃源层内部也可发育页岩油气。

中国大陆发育的沉积盆地大多经历了长期多阶段的复杂构造演化，自下而上发育了早古生代海相、晚古生代（—中生代初）海—陆过渡相和中、新生代陆相等沉积建造。在早—中寒武世、奥陶纪、石炭—二叠纪、白垩纪、古近纪等时期发育泥岩、碳质泥岩、煤岩、碳酸盐岩、泥质碳酸盐岩等多种类型的烃源岩系。当前的油气勘探已于中、新生代陆相湖泊沉积中发现了一系列大中型常规油气田与非常规致密油气田，在晚古生代—中生代三叠纪的海—陆过渡相沉积中发现了丰富的常规天然气与非常规页岩气，在古生代海相沉积中发现了大型常规油气田与非常规页岩气，呈现出上、中、下构造层多层系油气聚集，常规油气与非常规油气多领域叠置发育，岩性、地层、构造、复合圈闭及非常规含油气层纵向复合发育等特点。

常规油气与非常规油气之间的互补特征如何来定义，两者之间的成因联系如何评价研究，如何创新我们头脑中油气赋存的状态，如何构建我们头脑中寻找常规与非常规油气的勘探模式，如何坚持立体勘探来寻找常规油气与非常规油气资源，这一系列问题在21世纪的油气勘探中显得尤为重要。笔者在近几年的油气勘探与油气基础地质理论研究探索实践基础上，立足于油气资源评价，对油气资源类型的多样性与赋存状态的互补性进行了规律性总结，并提出了常规与非常规"油气资源结构"概念，分析了我国常规与非常规"油气资源结构"的基本特征，构建"油气资源结构"研究思路与评价方法。以四川盆地蜀南地区常规与非常规油气资源赋存结构的典型实例，阐述"油气资源结构"的概念内涵与应用前景，以期对我国常规与非常规油气勘探实践提供更加开阔的视野和清晰的思路。

第一节 概念与内涵

一、油气资源结构概念的提出

自 1972 年 Hunt 提出沉积岩中分散状态的干酪根,比富集状态的煤和储层中的石油含量丰富 1000 倍,比非储层中沥青和其他分散的石油丰富 50 倍以后,众多的学者已经注意到常规油气与非常规油气在空间上的"互补"特性,并试图准确表述常规油气与非常规油气之间的关系(图 1-1),如三角形分布假设(Masters 等,1979)、资源金字塔(Holdich 等,2004)、立体勘探(何登发等,2010)、有序聚集(邹才能等,2013)等概念。众多概念的提出,促进了我们对常规油气与非常规油气关系的深刻理解,对定性表述油气资源空间分布特征提供了思路。近年来在常规与非常规油气方面的勘探实践给我们提出了四方面要求:(1)共存发育的可能性与地质特征;(2)资源的全过程生排烃与定量评价;(3)资源的比例关系与结构模型;(4)资源空间分布与立体勘探对策。从定性表述与定量表征两方面出发,依据系统建立、过程构建、成因分析、量化关系等研究步骤,提出了"油气资源结构"这一概念。

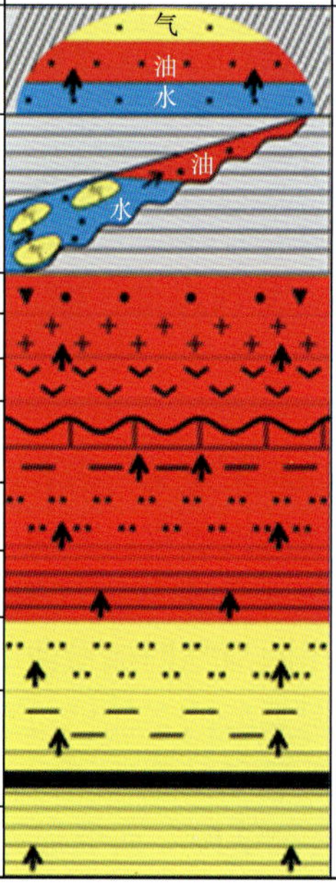

资源类型	分布特征	聚集类型	聚集形态	聚集机理	聚集方式	资源比例(%)	关键技术	实例
常规油气	单体型	构造油气藏		远源浮力	常规圈闭	约20	二维或三维地震 直井或水平井	松辽盆地长垣K
	集群型	岩性地层油气藏						准噶尔盆地西北缘J
非常规油气	准连续型	油砂+重油		近源压差	非常规储层	约80	三维地震 微地震监测 水平井"体积"压裂 平台式—"工厂化"开采	辽河西斜坡N
		变质岩油气						
		火山岩油气						松辽盆地K
		碳酸盐岩缝洞油气						塔里木盆地O
	连续型	致密油						鄂尔多斯盆地T
		页岩油						
		致密气						鄂尔多斯盆地C—P
		煤层气		源内滞留				
		页岩气						四川盆地∈—S

图 1-1 常规与非常规油气资源类型与聚集方式(据邹才能,2013)

"油气资源结构"概念不同于油气资源的储量分级分类,也不同于油气资源品质分类,它是指基于复杂含油气系统综合分析,通过深入分析含油气系统范围内的生、排、运、聚、散、滞留过程,建立常规油气资源与非常规油气资源之间的成因关系,定量化表征滞留烃、聚集烃、逸散烃量，及其油气赋存状态和油气类型，量化系统内资源分配比例，从而构建常规、非常规资源空间分布模式。

二、油气资源结构的内涵

常规油气地质理论是以初次或一次运移和二次运移而形成的常规油气藏为研究对象，以圈闭为研究核心，主要考虑油气从烃源岩排出后的浮力运聚作用过程和聚集结果。非常规油气地质研究的主要对象是滞留于烃源岩内部，或封存于烃源岩上下紧邻的致密储层内的油气，非浮力聚集，不受水动力效应的明显影响（贾承造等，2012），如页岩油气、致密油气、煤层气、油页岩油、油砂等。从常规与非常规油气地质理论主要研究对象可以看出，两者所关注的核心问题是储油气构造（层）的油气储集能力，以及常规与非常规储层的油气充注机理。

"油气资源结构"研究思路有别于常规与非常规油气地质理论，它从多油气资源类型共存发育的成因角度，凝练概括油气生成、排运机理、分布富集三大基本的科学问题。它是建立在烃源岩全过程生排烃与油气运聚散分析基础上，以多构造旋回叠合盆地、多类型烃源岩、多类型储集体、多期生排烃、多运移通道、多富集类型、多油气类型等"七多"为立论研究的根本依据，以常规与非常规油气资源的定量化空间分布分析为研究目标的概念理论体系。"油气资源结构"致力于研究三方面问题：（1）油气生排烃全过程模型的建立与应用；（2）多类型油气资源的成因关系及定量表征；（3）多类型油气资源的空间分布与富集规律。

三、油气资源结构的分级

"油气资源结构"兼顾了理论研究与勘探实践两个方面，要做到准确定级，必须考虑不同成盆构造背景下油气成藏要素与作用过程的空间组合关系，以及地质历史时期油气资源在这种组合关系中的追踪分析。从宏观上给出盆地或二级构造带常规与非常规油气资源的数量以及比例关系，从微观上可给出油气系统范围或区带范围内常规与非常规油气资源分布富集的层系、分层系聚集量、分层系常规与非常规资源比例等。综合以上分析，将"油气资源结构"分为盆地级油气资源结构、坳陷级油气资源结构、区块级油气资源结构。

盆地级油气资源结构，需要区分不同类型构造背景、不同类型流动单元、不同类型含油气系统组合，准确判定盆地级资源结构的系统类型，获取盆地类型、结构、油气地质条件等量化评价参数与标准，以便类比评价与推广应用盆地级资源结构所确定的常规与非常规油气资源评价结果、比例关系、结构模型等。

坳陷级油气资源结构，介于盆地级与区块级之间，对于油气资源类型、资源潜力、分布富集需要有一个相对明确的方向。该级别的划分必须区分油气源岩层系、油气储集层系，此外要考虑油气储集类型，如构造型、岩性型、碳酸盐岩、火山岩、砂砾岩等。

区块级油气资源结构，属于勘探目标评价级别，应该能够更准确地对已经发现的目标和尚未精确控制目标的含油气把握性做出客观的评价，这是区块级油气资源结构研究与评价的目的之所在。

第二节 油气资源结构研究现状

油气资源类型的多样性及其互补特征已有很多相关研究成果，目前存在多种概念及模型。本书从资源类型划分描述、资源结构定性推断、资源结构定量分析三个阶段进行了归纳（表1–1）。

表1–1 资源结构问题国内外研究现状

研究内容	时间	出处	主要内容或观点
资源类型划分描述	1996	Schmoker（USGS）	常规与连续型油气资源分布模式
	2002	Schenk & Pollastro（USGS）	
	2009	邹才能等（中国石油）	
	2012	邹才能等（中国石油）	常规与非常规油气资源类型划分与分布
资源结构定性推断	1979	Masters（Hunter 公司）	"资源三角形分布"假设
	2004	Holditch（SPE）	"资源金字塔"概念
资源结构定量分析	2008	Martin 等（Chevron 公司）	非常规与常规可采资源平均比例9:1（据7个盆地）
	2010	K. Cheng 等（SPE）	非常规与常规可采资源比例（1.6~32):1（据25个盆地）

一、油气资源类型划分描述

非常规油气地质的研究可追溯到20世纪30年代，W. B. Wilson（1934）提出了开放油气藏概念。常规与非常规油气概念开始流行于20世纪70—80年代（张抗，2013），认为可以实现经济开发的石油和天然气为常规油气，资源丰富但无法实现经济开发的则为非常规油气，如致密油气、页岩气、煤层气、页岩油、油页岩油、天然气水合物等。2002年，美国联邦地质调查局 Schenk 和 Pollastro 等将深盆气、页岩气、致密砂岩气、煤层气、浅层生物气和天然气水合物等6种非常规天然气统称为连续气（Schmoker 等，2005）。2007年，SPE、AAPG、WPC、SPEE 联合发文，认为连续性矿产与非常规油气概念基本等同。伴随油气的勘探开发，常规与非常规概念越来越清晰，邹才能等（2012，2013）提出了经典的油气资源类型划分与聚集方式。

二、资源结构定性推断

有机地球化学家 Hunt 早在1972年提出沉积岩中分散状态的干酪根，比富集状态的煤和储层中的石油含量丰富1000倍，比非储层中沥青和其他分散的石油丰富50倍（Tissot，1984）。1979年，加拿大 Hunter 勘探有限公司的 Masters 等提出全球各类油气资源可能存在的"三角形分布假设"。在后续的研究中，Schmoker 和 Gautier 等（1995，1996）提出了"连续油气聚集"的概念。B. E. Law 等（2002）提出了"非常规油气系统"的概念，认为其与构造圈闭无关，基本上不受重力分异影响，区域上存在大规模的普遍含油气区带。2004 年 SPE 学会著名学者 Holditch 再次提出这一假设，并逐步形成所谓的"资源金字塔"概念，即金字塔的顶端是少量高品质常规油气资源，下部是大量非常规资源（图 1-2）。

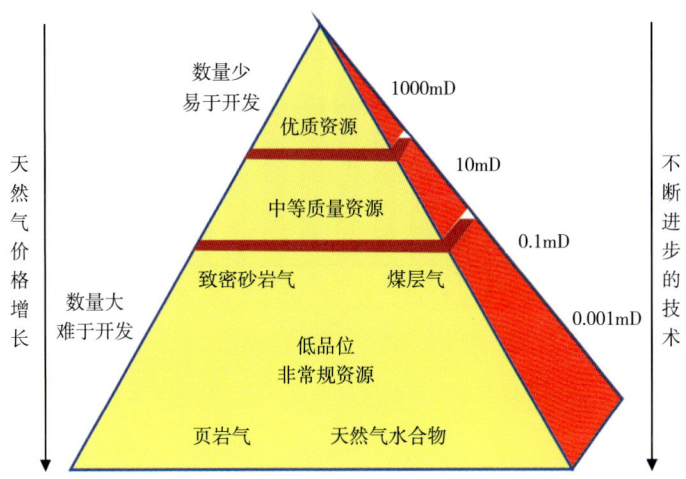

图 1-2　常规与非常规油气"资源金字塔"示意图（据 Holditch，2004）

三、资源结构定量分析

Cheron 公司 Martin 等和得克萨斯 A&M 大学 S. A. Holditch 等（2008）联合研究提出 PRISE 系统（Old，2008）。该系统包括盆地类比系统（BASIN）、非常规天然气专家系统（UGA）和一个庞大的数据库，其数据库包含了国家石油委员会（NPC）、天然气远景委员会（PGC）、天然气技术协会（GTI）、能源信息署（EIA）、美国地质调查局（USGS）等多家权威机构对北美盆地的多轮资源评价资料。在此基础上，PRISE 系统按累计采出量、探明储量、储量增长量和未探明资源量的分类标准进行录入，通过对美国 7 个产储量状况资料齐全的成熟盆地的资源分布进行量化分析，证实了"资源三角"的客观存在和有效性，统计分析这些盆地的非常规与常规油气可采资源之间的比例关系大体为 9:1。该项研究尝试评价常规油气与非常规油气的量化比例关系，使得"资源三角"理论从定性分析上升到了定量研究阶段。该系统也成为某些研究机构以常规资源量为基础，通过资源比例推测评价未知盆地非常规资源量的方法之一。

得克萨斯 A&M 大学 K. Cheng 等（2010）在 Martin 等的研究基础上，将研究范围扩展到北美 25 个盆地（图 1-3），其结果表明 25 个盆地非常规与常规油气总可采资源比例为 4:1，但每个盆地间变化很大。其中福特沃斯盆地（Ft. Worth Basin）为 32:1，怀俄明冲断带（Wyoming Thrust Belt）为 1.6:1。并认为随着页岩气可采资源数据的更新，这个比例会继续增加。

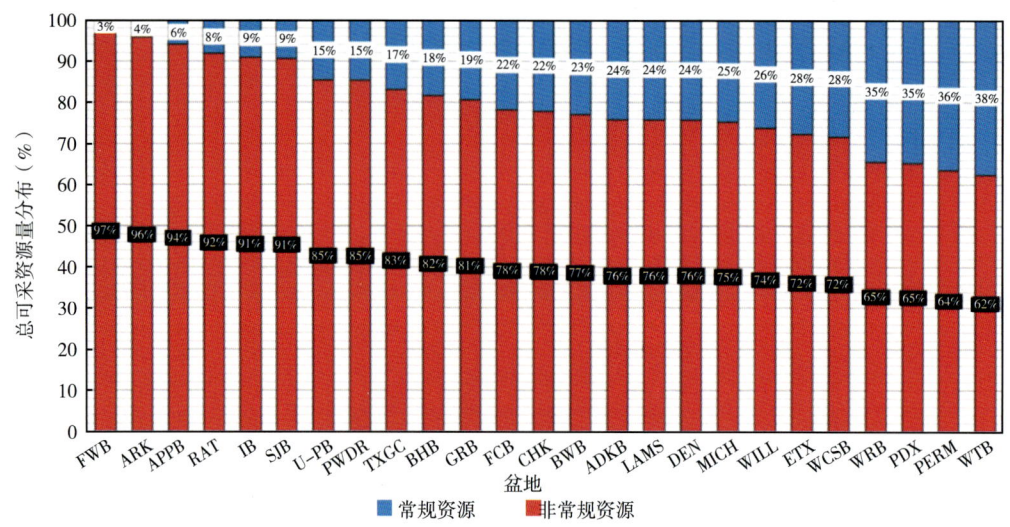

图 1-3 北美 25 个盆地常规与非常规油气可采资源量的比例关系（据 K. Cheng, 2010）

第三节　油气资源结构特征与研究思路

一、基本特征

（一）油气聚集的附源性

21 世纪已经进入以烃源岩为中心的常规和非常规油气勘探并重时代。烃源岩是油气生成的母质条件，对油气的聚集与分布具有控制作用。早在 20 世纪 50—60 年代，国内学者通过对松辽盆地油气田分布规律与生油岩分布区相对关系研究，总结提出了"源控论"（胡朝元，1962），认为油气田往往发育在生油凹陷的中心和周边，油气田的形成与分布密切受烃源岩控制，主力生油中心控制了大中型油气田的分布。

非常规油气勘探开发风险大、成本高，必须重点研究其分布富集规律以降低风险。非常规油气勘探实践表明其"附源性"非常明显，受烃源岩控制的程度具有明显的"级次性"，即非常规油气聚集区在烃源岩分布区内，规模聚集区在优质烃源岩区内。因此，在油气勘探中通常将烃源岩 TOC 为 0.5% 作为下限，1% 作为评价起算标准，2% 作为有利区评价标准，以此来确定优质烃源岩控制的非常规油气资源"甜点"区分布。

无论常规还是非常规油气资源，烃源岩是油气之源，是油气富集的先决条件。特别是对于我国陆相沉积，岩性岩相演变频繁、展布范围有限，常规油气藏往往紧邻生烃中心。非常规资源储集岩性致密，孔喉狭小，需要依附高生烃强度的优质烃源岩，对其长时间持续充注，才能形成经济规模的、具有高含油气饱和度的致密储层。因此，只要有烃源岩特别是优质烃源岩存在，在其含油气系统范围内就有发育常规与非常规资源的可能性，且围绕生烃中心周围发现规模资源的概率大。

（二）油气聚集的有序性

中国叠合沉积盆地体现出上、中、下构造层多层系油气聚集的特点，勘探目的层不仅有上覆陆相地层，更有下伏海相地层；勘探目标不仅有背斜，更有岩性、地层或构造—岩性等复合圈闭（何登发等，2010），还有非常规致密油气、页岩油气等。中国叠合沉积盆地类型决定了油气资源及聚集类型的丰富性和多样性，且相互之间是"互有联系""有序共存"的。

在富油气盆地或凹陷内常规与非常规油气在时间域持续充注、空间域有序分布，二者成因有先后、相互依存、紧密共生，形成统一的、有序的油气聚集体系。一般地，发现了常规油气，预示着供烃方向可能有非常规油气分布；发现了非常规油气预示着外围空间可能有常规油气伴生。平面上，一般盆地边缘或斜坡分布有常规构造油气藏和岩性地层油气藏，凹陷或沉积中心聚集有非常规致密油气和页岩气等；纵向上，从浅到深分布有远源的常规油气藏、近源的致密油气、源内的页岩油气等（邹才能等，2013）。

油气聚集的"有序性"是"立体勘探论"的理论依据，掌握不同类型资源油气聚集的有序性，才能对我国叠合盆地的不同油气资源类型、不同含油气领域、不同含油气层系、不同类型油气藏整体综合勘探，才能在油气勘探实践做到上、中、下全局谋划，常规、非常规统筹兼顾，不同勘探领域分层次统一协调部署，不同勘探对象统一分析落实。

（三）油气分布的差异性

常规油气聚集方式主要分为单体型（构造油气藏）和集群型（岩性油气藏和地层油气藏）。单体型油气聚集于构造高点，平面上呈孤立的单体式分布。集群型油气聚集于较难识别的岩性圈闭和地层圈闭中，平面上呈较大范围的集群式分布。常规资源主要发育在断陷盆地大型构造带、前陆冲断带大型构造、被动大陆边缘以及克拉通大型隆起等正向构造单元中（邹才能等，2012）。

非常规油气聚集方式包括准连续型（碳酸盐岩缝洞油气、火山岩缝洞油气、变质岩裂缝油气、重油、沥青砂等）与连续型（致密砂岩油和气、致密碳酸盐岩油和气、页岩油和气、煤层气、浅层生物气、油页岩、天然气水合物等）。非常规资源主要分布于前陆盆地坳陷—斜坡、坳陷盆地中心及克拉通向斜部位等负向构造单元（邹才能等，2012）。

（四）资源分布的互补性

富油气盆地油气分布具有广泛性，油气藏类型具有"互补性"。构造分异好的盆地或区带有利于形成构造油气藏，构造分异差的盆地或区带则利于岩性—地层油气藏的形成。储层物性好的地区，油气可能在构造高点富集；而在储层物性较差且非均质性强的地区，则可能形成"油气藏群"，塔里木盆地的塔中、塔北地区碳酸盐岩即为该类型。在常规储层不发育地区，致密砂岩和碳酸盐岩或含砂、含钙的页岩也可以形成规模的致密油气藏。总之，在富油气盆地中，油气藏类型丰富，没有构造油气藏的地区就可能有岩性油气藏，没有常规油气藏就可能有非常规油气藏（杜金虎等，2013）。

常规油气资源不仅对生储盖等静态要素，更对成藏动态匹配条件要求甚高，另外，我国多旋回成盆历史导致构造运动期次多，油气破坏程度高。特别是，受新生代构造运动的影响，油气多晚期成藏或晚期调整成藏。

非常规资源对储层下限、保存条件的依赖程度及受构造影响敏感性相对常规资源较弱。因此，在优质烃源岩发育区，可能由于储层条件或成藏条件不理想，或是受构造运动破坏导致常规油气藏不发育，也依然有发育非常规资源的可能性。如雅布赖、伊犁等中小盆地，受构造条件等影响，常规油气资源勘探未获突破。雅布赖盆地雅探1、雅探6井显示与优质烃源岩紧密接触的中侏罗统新河组下段致密砂岩具备致密油成藏地质条件，具有一定资源潜力。伊宁坳陷宁1井、伊宁1井钻探表明，与黑色页岩紧密接触的中二叠统铁木里克组致密砂岩具备致密油气勘探潜力。

总之，当存在好的成藏配套条件（静态条件和动态条件），可以发育常规与非常规资源；没有好的成藏配套条件，可以在优质烃源层附近寻找非常规资源。

（五）油气聚集效率的相对性

常规油气藏储集体发育毫米级或微米级孔喉介质，毛细管阻力较小，符合达西渗流规律。油气从烃源岩排出后，经浮力驱动发生二次运移，通过一系列高效输导体系，在相对独立的常规圈闭，在相对低势区聚集成藏（邹才能等，2012）。另外，常规储层往往储集物性较好，优质的保存条件是油气聚集的必要条件。

因此，高效的输导体系、高质量的储盖组合、高精准的成藏时空配套条件，条件严苛，决定了常规资源聚集效率相对较低。但是，勘探区资源丰度高，单井自然工业产量较高。

与常规油气聚集不同，非常规油气聚集突破了从烃源岩到圈闭的含油气系统概念，聚集动力以烃源岩排烃压力为主，受生烃增压、欠压实和构造应力等控制，聚集阻力主要为毛细管压力，二者耦合控制含油气边界。多表现为含油气饱和度差异较大，油、气、水多相共存，分布较复杂。纳米级孔喉系统限制了水柱压力与浮力在油气运聚中的作用，运移距离一般较短，主要为初次运移或短距离二次运移（邹才能等，2012）。另外，非常规储层为低孔低渗的致密储层，使得已聚集的油气不易散失。

因此，近距离运聚成藏、生烃全过程长期充注、对成藏时空匹配条件要求相对较弱、致密储层可作为良好保存条件，决定了非常规资源相对聚集效率较高。但是，资源呈大面积连续或准连续分布，丰度较低，一般无自然产能，局部存在高孔渗"甜点"。

（六）聚集空间的尺度和规模跨度大

随着非常规页岩油气的勘探开发，油气聚集的储层孔喉下限拓展至纳米级。因此，油气资源结构中储集孔隙空间的尺度从碳酸盐岩缝洞（100μm及以上）到常规储层（1~100μm）到致密砂岩或碳酸盐岩储层（50nm~1μm）到页岩储层（5~50nm），孔隙尺度跨度大，从纳米级至毫米级均有油气聚集。常规油气田储层孔喉直径一般为微米—毫米级，而非常规油气田储层一般是纳米—微米级孔喉。我国非常规储层研究（邹才能等，2012），认为页岩气储层孔喉直径为5~200nm，页岩油储层孔喉直径为30~400nm，致密灰岩油储层孔喉直径为40~500nm，致密砂岩油储层孔喉直径为50~900nm。

"连续型油气聚集""天然气大型化成藏"（赵文智等，2012，2013）等创新理论指出，油气聚集规模可达数百至数千乃至数万平方千米。在盆地中心及斜坡区，由于源储广覆式紧密接触，油气长时间持续充注，大规模成藏，往往形成"气藏群"，空间分布具有连续性或准连续性。如鄂尔多斯盆地延长组致密油藏、石炭—二叠系致密砂岩气藏及四川盆地川中须家河组致密气藏等。

二、研究思路和评价方法

（一）评价思路

油气资源结构及评价技术是有效预测常规与非常规油气资源潜力和客观分析油气空间

分布的方法工具。油气资源结构的研究对象是由生、排、运、聚联系在一起的烃源岩、储层、盖层、圈闭等要素的整体（图1-4）。油气资源结构所评价的资源类型概括来讲包括高效聚集的油气、近源充注的致密油气与源内滞留的页岩油气（图1-4）。从源头出发分析有效烃源岩生排烃全过程，通过研究烃源岩的生排烃效率、运移流向与聚集过程，构建不同类型油气资源的成因联系、比例结构，实现常规与非常规油气的统一定量评价。

油气资源结构的研究思路是从整个含油气系统的油气生成、运移与聚集全过程重建和恢复出发，开展常规与非常规一体化评价。通过生、储、盖、圈、保等静态地质要素的描述，埋藏史、生烃史、成藏史等动态地质过程的表征，研究含油气系统内烃类的生成、排烃、运移、聚集、保存过程，计算出不同过程中油气量值的变化，表征生成烃、滞留烃、排出烃、聚集烃，定量化评价各层系聚集资源量（图1-4）。定量化评价具有成因联系的常规与非常规油气资源的比例，构建油气资源结构模式。

本项研究分盆地、含油气系统、资源结构三个层次（图1-5）。(1) 盆

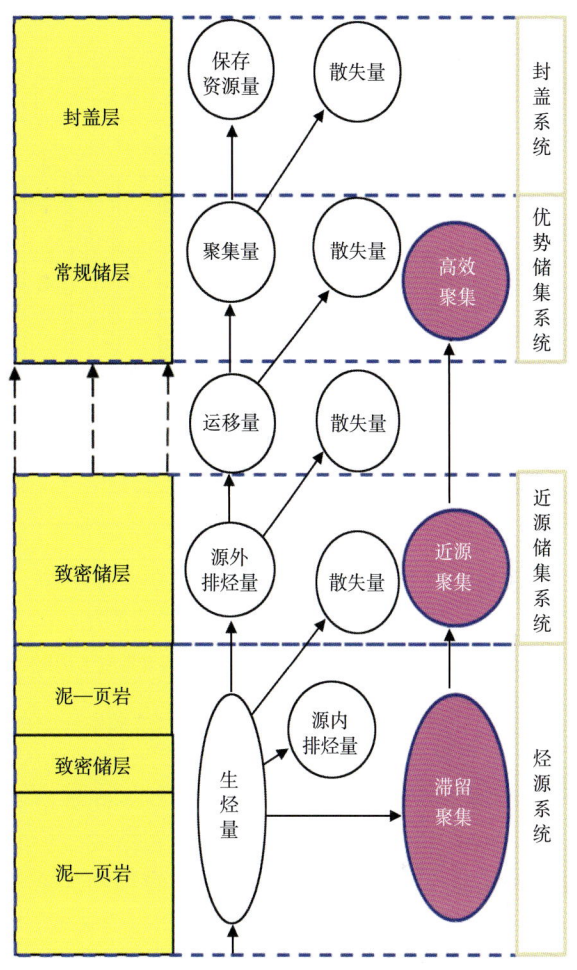

图1-4 含油气系统及资源结构研究思路

地分析主要研究区域构造及沉积构造演化，剖析研究目标区所处盆地类型，是资源结构研究的前提。(2) 含油气系统分析强调生、储、盖、圈、保等静态地质要素的描述；埋藏史、生烃史、成藏史等动态地质过程的表征，并运用地球化学手段进行烃源对比和含油气系统范围的界定，是含油气系统资源结构研究的基础。(3) 资源结构是基于烃源岩地球化学分析，盆地模拟以及各类资源评价方法，在对研究区石油地质条件深入把握基础上开展的综合研究，是本项研究的核心所在。

我国含油气盆地具有多套烃源岩、多套储盖组合、多次生排烃、多期成藏的特征。在富油气盆地或坳陷烃源岩生烃强度高，油气分布广泛，常规与非常规油气资源丰富，并呈现"有序聚集"与"差异互补"特征。鉴于海相叠合盆地油气资源结构定量表征的复杂性，本项研究工作确定了三方面重点内容：(1) 恢复古老深层高演化烃源岩原始有机质丰度，评价高—过成熟有机质原始生烃潜力，研究油气生排烃全过程模型；(2) 研究盆地演化与油气生烃、成藏及滞留的关系，探索干酪根降解、分散液态烃裂解对资源总量的贡

献；(3) 研究海相叠合盆地油气资源结构模型，定量评价不同类型资源的成因联系及其分布。

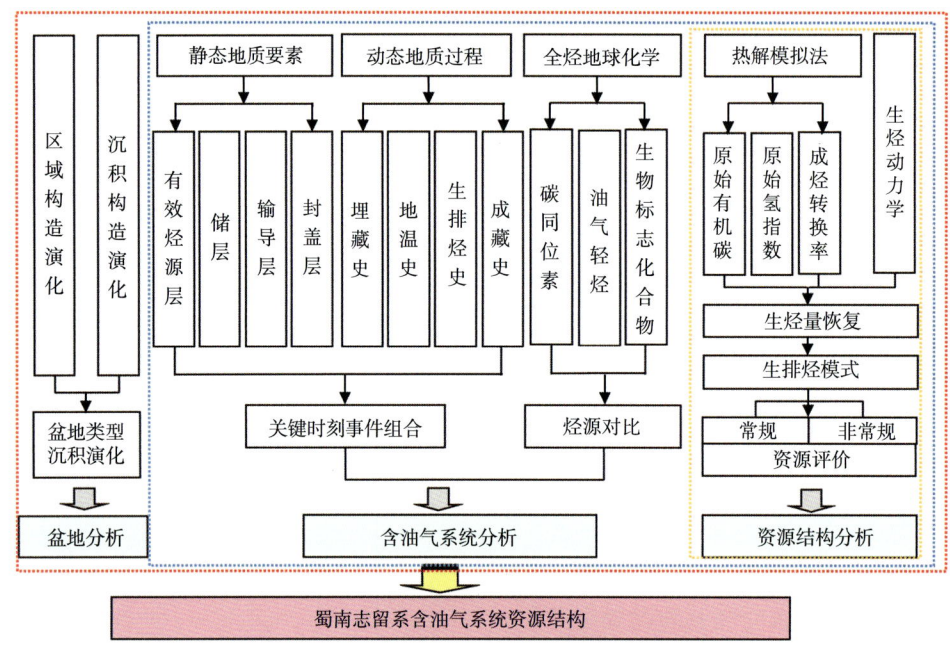

图 1-5 油气资源结构定量评价技术路线图

油气资源结构研究，可以通过建立不同类型盆地或目标区带或含油气系统内常规、非常规资源分配比例，构建资源空间分布模式，为实现常规与非常规资源一体化评价，整体勘探评价研究和立体化勘探提供地质模型和理论支持，展示出良好的应用前景。

(二) 研究流程

研究流程包括从地质评价到资源结构模型建立共 6 个方面（图 1-6）。

(1) 地质评价。从整体上认识油气成藏的基本石油地质条件和油气富集规律，研究内容包括对评价对象的烃源条件、储层条件、圈闭条件、保存条件和配套条件的分析以及对油气成藏主控因素、"四史"分析和总结。

(2) 生排烃全过程模型的建立。采用生烃动力学法，建立烃源岩热演化与埋深、地史的对应关系，定量化评价烃源岩生排烃潜力，构建生排烃全过程模型。

(3) 参数体系建立。是由地质体向资源量转化的必经环节，所需参数主要有两个方面，包括烃源岩厚度、有机碳含量、储层物性、圈闭面积系数等基本石油地质条件参数，以及油气藏 3P 储量、提交年份、钻探工作量等统计法资源评价参数。通过这两类参数构建评价对象的地质模型，并通过统计的手段来反映地下资源的自然特征与勘探的行为过程。

(4) 刻度区解剖。精细解剖勘探程度高、资源探明程度高和地质认识程度高的"三高"地区，通过深入客观地分析地质条件、资源参数以及资源潜力，为资源评价中的类比分析提供参照对象和定量依据。

(5) 资源量计算。利用多种方法（成因法、类比法、统计法），从不同角度估算评价研究对象的常规与非常规资源量，各方法相互验证，并由特尔菲法求取最终资源量评价结果。

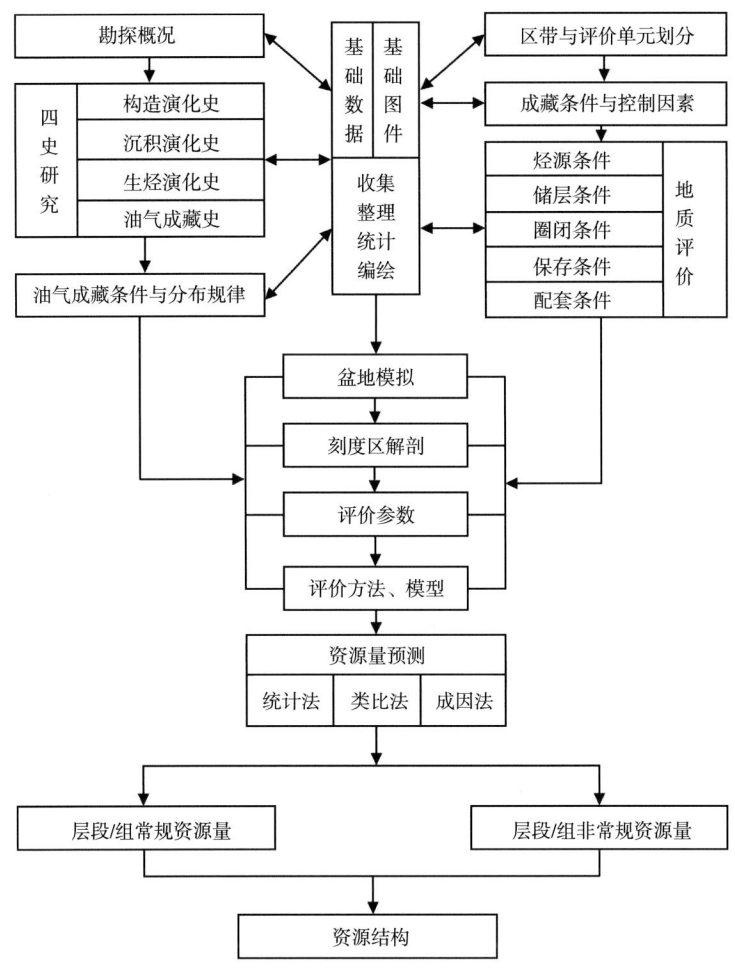

图1-6 "油气资源结构"研究流程图

（6）资源汇总与资源结构建立。通过各评价单元资源量计算汇总层系资源量，再得到区带和坳陷/盆地资源量。获得各层系常规与非常规资源量及分布，最终获取盆地级/坳陷级、区带级资源结构。

（三）油气资源评价方法

油气资源评价方法主要包括成因法、统计法和类比法三大类评价方法体系。不同勘探程度的盆地、区带/区块的地质规律把握程度及勘探数据的丰富程度不同，不同油气资源类型的成藏主控因素和分布富集规律不同，需要根据研究对象的特点优选评价方法。

常规油气具有油气藏的概念，一般发育在正向构造单元，具有常规二级构造单元控制油气分布的特征，其资源评价方法见表1-2。区带/区块级评价对象，中低勘探程度区主要采用资源丰度类比法和运聚单元资源分配法等，中高勘探程度区主要采用油气藏发现过程模型法、油气藏规模序列法、广义帕内托分布法和圈闭加和法等。盆地/坳陷级评价对象，较高勘探程度区主要采用区带/区块资源直接汇总的方法得到资源量，在有条件的情况下可采用趋势预测法评价资源量；较低勘探程度的盆地/坳陷，主要采用成因法和类比法，包括盆地模拟法、氢指数质量平衡法、氯仿沥青"A"法和资源丰度类比法等。

表1-2 油气资源结构评价方法

分级		成因法	统计法	类比法
常规资源	盆地/坳陷级	盆地模拟法、氢指数质量平衡法和氯仿沥青"A"法	翁式旋回法、Compertz法、探井饱和勘探法等	资源丰度类比法
	区带/区块级	盆地模拟法、运聚单元资源分配法	油气藏发现过程模型法、油气藏规模序列法、广义帕内托分布法、圈闭加和法	资源丰度类比法
非常规资源		盆地模拟法、聚集数值模拟法	体积法（小面元）、资源空间分布预测法	资源丰度类比法（分级）、EUR类比法

非常规油气资源并不局限于二级构造单元，而是涵盖了盆地中心及斜坡，具有大面积分布、丰度不均一的特征，其资源评价方法见表1-2。类比法国内主要用面积资源丰度类比法（分级）、EUR类比法，统计法主要有体积法（小面元）、资源空间分布预测法等，成因法主要有盆地模拟法和聚集数值模拟法。

三、主要成果认识

认识一：建立并完善"油气资源结构"的概念与内涵，提出"油气资源结构"的评价思路与评价方法。"油气资源结构"概念不同于油气资源的储量分级分类，也不同于油气资源品质分类，它是指基于复杂含油气系统综合分析，通过深入分析含油气系统范围内的生、排、运、聚、散、滞留过程，建立常规油气资源与非常规油气资源之间的成因关系，定量化表征滞留烃、聚集烃、逸散烃量，及其油气赋存状态和油气类型，量化系统内资源分配比例，从而构建常规、非常规资源空间分布模式。

认识二：有机质生烃过程与模式非常复杂，在成岩作用阶段，岩石中的可溶有机质（或分散沥青，或类脂物），一部分将直接转化为未成熟石油，另一部分将缩合到干酪根中去；而在深成作用阶段，干酪根在热降解成烃的过程中，同时还生成部分非烃和沥青质等中间产物，甚至在较高成熟阶段，当干酪根的成烃潜力基本枯竭后，由干酪根衍生而来的缩合焦沥青就成为高成熟轻质石油的主要贡献者。根据蜀南地区高成熟页岩样品的热模拟结果来看，晚期高温裂解气产率平均为2.6mg/g，折算下来约0.2m^3/t。但作为晚期高温裂解生成的天然气，几乎全部滞留于海相页岩内部而成为页岩气，以我国蜀南地区志留系龙马溪组页岩气实测含气量约3m^3/t计算，高温裂解产气将占到6.7%的比重。

认识三：海相叠合盆地蕴含丰富的油裂解气资源，其晚期成藏过程经历了早期古油藏成藏与晚期油裂解成气阶段，受构造演化控制作用明显。四川盆地蜀南地区构造演化与晚期油裂解气成藏关系密切，蜀南地区寒武系筇竹寺组烃源岩存在三次生烃期和两次生烃停滞期，筇竹寺组烃源岩在加里东期和海西期发生的沉积埋藏和抬升剥蚀事件出现了两次生烃和两次生烃停滞，印支期和燕山期上覆巨厚沉积地层使得筇竹寺组烃源岩持续生烃；龙王庙组古油藏内原油存在一次油裂解生气过程，印支后三叠系埋藏深度足够大并激发了龙王庙古油藏内原油的裂解成气，持续到燕山晚期，提供充足的气源。总体而言，海相叠合盆地的构造沉积演化控制了油气基础地质条件的发育，控制了古老烃源岩生烃过程，控制了古构造发育、古油藏聚集与保存,控制了古油藏的原油裂解与晚期聚集成藏。

认识四:成岩作用、烃源岩热演化与有机孔、无机孔发育之间规律性明显。蜀南地区龙马溪组岩石样品的场发射扫描电子显微镜(SEM-FIB)测试结果显示,有机孔随热演化程度 R_o 呈明显的三段式变化:(1) $R_o<1.2\%$,有机孔随 R_o 的增大而增大;(2) $1.2\%<R_o<2.4\%$,有机孔保持一定值不变;(3) $R_o \geqslant 2.4\%$,有机孔相对于 R_o 呈对数递减。

认识五:结合油气地质新认识评价油气资源潜力,确定蜀南地区常规与非常规油气资源量,建立"钻石型"资源结构模型。蜀南地区龙马溪组生烃量 $1520000\times10^8m^3$,常规天然气资源量 $3656\times10^8m^3$,非常规页岩气 $12.27\times10^{12}m^3$,从纵向层系分布来看,呈"钻石型"资源结构模型。从常规与非常规油气资源的比例来看,非常规页岩气是常规天然气的33倍,也就是说常规与非常规油气资源之比为1:33,与福特沃斯盆地的常规与非常规气之比相同。

由于油气资源结构涉及源储层系多、源储年龄古老、生烃演化过程复杂、构造变动改造强等特点,且涉及油气资源类型多、油气地质学科多,综合性较强,加之笔者水平有限,书中尚有诸多不妥之处,加之文献引用较多难免挂一漏万,敬请广大读者批评指正。

第四节　油气资源源储组合类型

非常规油气已成为我国油气领域乃至能源领域关注的热点。讨论的重点主要有:(1)关于我国非常规油气的资源潜力。目前的评价结果显然差别很大,不少专家对有些乐观评价结果持有疑问,其原因在于我国具有多期活动的构造背景、高演化程度的海相层系以及横向变化大、非均质性强的陆相沉积等特殊性,加之勘探程度和认识程度较低,资源评价方法与标准不统一。(2)关于我国油气勘探目前所处的阶段。主要有三种观点,一种认为常规油气资源仍有很大勘探潜力,尤其是天然气勘探程度更低,常规资源仍是未来勘探的重点;另一种观点认为我国部分盆地勘探程度已相当高,发现常规大油气田的可能性很小,将全面进入非常规油气发展阶段;还有一种观点认为我国早已进入常规与非常规油气并重发展阶段,过去很多低渗透—特低渗透油气藏实际上就是致密油气资源,在全国储、产量中已占相当比例。(3)关于我国非常规油气的发展重点及发展前景,意见并不统一,尤其是关于页岩气的发展前景分歧更大。(4)关于致密油、页岩气等非常术语的内涵还存在争议。美国在非常规油气方面取得的巨大成功显然提供了极好的示范,2012年美国非常规天然气产量达 $4800\times10^8m^3$、致密油产量达 9700×10^4t(EIA,2013),使得美国的油气对外依存度大幅下降。2017年中国石油消费增速回升,全年原油表观消费量达 6.10×10^8t,同比增长6.0%,增速较2016年扩大0.5个百分点,以日均消费 100×10^8bbl 排名全球第二。而国内原油产量受低油价影响连续两年下降,2017年全年石油产量 1.915×10^8t,同比下降3.1%(刘朝全等,2018),中国原油对外依存度超过68%,加上进口石脑油和液化石油气等折算,对外依存度高达72.3%(王能全,2018),亟须国内油气勘探获得更大突破与长足发展。如果我国非常规油气能获得大规模发展,无疑对改善油气供应形势具有重大战略意义。然而,目前对地下资源的认识程度还很低,对非常规油气的复杂性估计不足,未来发展之路依然任重而道远。

依据近年来相关研究成果，从成因角度来认识常规与非常规油气资源地质特征和资源分布规律，划分油气资源的源储组合类型，讨论其形成条件、地质特征与资源潜力，以期对我国复杂地质条件下油气资源结构研究提供借鉴意义，对我国常规与非常规油气长远发展有所帮助。

一、油气资源形成条件与成因机制

烃源岩中生成的油气大致有5种主要去向：（1）沿高效运移通道在各类圈闭中聚集成藏，在浮力作用下产生油气水分异，形成传统意义上的常规油气藏；（2）油气排出烃源岩后未进行大规模运移，在烃源岩附近就近聚集，含油气面积可以很大但富集程度低，即所谓的连续聚集；（3）还有一部分油气未排出烃源岩层而残留下来，如煤层气、页岩气、油页岩等，实际上属于烃源岩中滞留的油气；（4）油气藏形成后遭受物理化学作用导致原始产状和流体性质发生改变，如稠油、油砂、原油裂解气等；（5）油气在运移过程中和路径上逸散以及油气藏形成后彻底被破坏，属于无效资源（图1-7）。

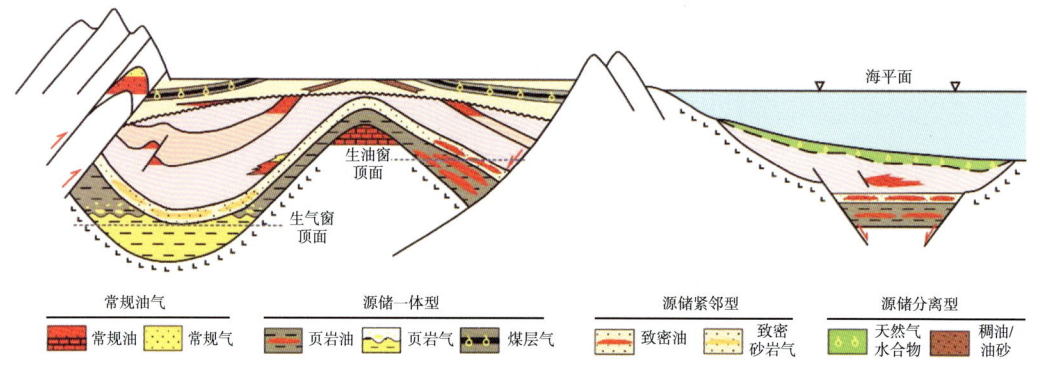

图1-7 源储组合类型与油气资源分布模式图

传统意义上的常规油气资源主要来自上述第一种去向，一般都经历了明显运移，由于圈闭的集聚效应使得油气由分散走向集中，富集程度高，通过常规技术就可以效益开采。非常规油气虽然泛指在现有经济技术条件下通过常规技术无法效益开发的油气资源，主要包括致密气、煤层气、页岩气、致密油、油页岩、油砂以及天然气水合物，但实际上应主要指第二种和第三种去向形成的油气资源，一般具有以下共性：（1）烃源岩与储层紧邻或者一体，缺乏显著运移；（2）储层致密，甚至是传统认为的非渗透层，如泥页岩；（3）含油气范围大，呈现大面积连续聚集的特点；（4）由于渗透率极低，油气不能依靠地层压力自然流向井筒，必须进行大规模压裂才可能有商业产量；（5）增加工程措施必然会增加成本，因此非常规油气效益开发需要3个基本因素：大幅提高单井产量、通过规模化降低综合成本、较高的油（气）价格。

因此，表面上看常规资源与非常规资源的差异是技术经济条件造成的，实质上是由于资源的形成条件与成因机制不同所决定的。

二、源储组合类型与特征

(一) 源储组合类型划分及其意义

关于非常规油气资源特征的描述很多（关德师，1996；孙赞东，2011；邹才能，2013），概括起来有：(1) 大面积分布、连续型聚集；(2) 没有明显的盖层和圈闭；(3) 不受流体动力学的影响而聚集成藏；(4) 较低的孔隙度以及极低的渗透率；(5) 要实现经济产量需要大规模的增产措施和"工厂化"生产方式等。这些特征总结偏重于现象笼统描述，无法反映非常规油气资源之间的本质差异。因此，需要进一步从成因角度探讨控制非常规油气形成的主要因素，分析总结基本地质特征和分布规律。

烃源岩与储层在空间上的组合关系对非常规油气的形成具有关键控制作用。关于常规油气的源储组合，传统石油地质学进行过系统研究，认为主要有自生自储、下生上储和上生下储三种类型。然而油气勘探实践证实，源储组合关系对常规油气藏的形成并不是决定性的，自生自储、下生上储和上生下储三种类型均可以形成大油气田，也有很多即使生烃条件和储层条件都很优越但找不到大油气田的实例。可见，常规油气藏的形成对各种地质要素的时空配置要求更为严格，在源储条件一定的情况下，大油气田的形成更加依赖良好的运移通道、圈闭条件和封盖条件。非常规油气则不同，由于烃类以滞留或短距离运移为主，对圈闭与盖层条件要求相对降低，因此烃源岩与储层的组合关系就变得至关重要，成为决定性因素。

笔者将控制非常规油气资源形成的源储组合关系划分为三种类型：源储一体型、源储紧邻型和源储分离型（图1-8，表1-3）。划分源储组合类型的意义在于：(1) 进一步细化非常规油气资源类型，便于深入研究其成因机理、微观特征与分布规律，丰富和发展非常规油气地质理论；(2) 研究有针对性的地质评价、资源评价方法与标准，发展非常规油气地质综合评价技术；(3) 制定科学合理的发展对策与措施，有效指导非常规油气勘探开发工作。

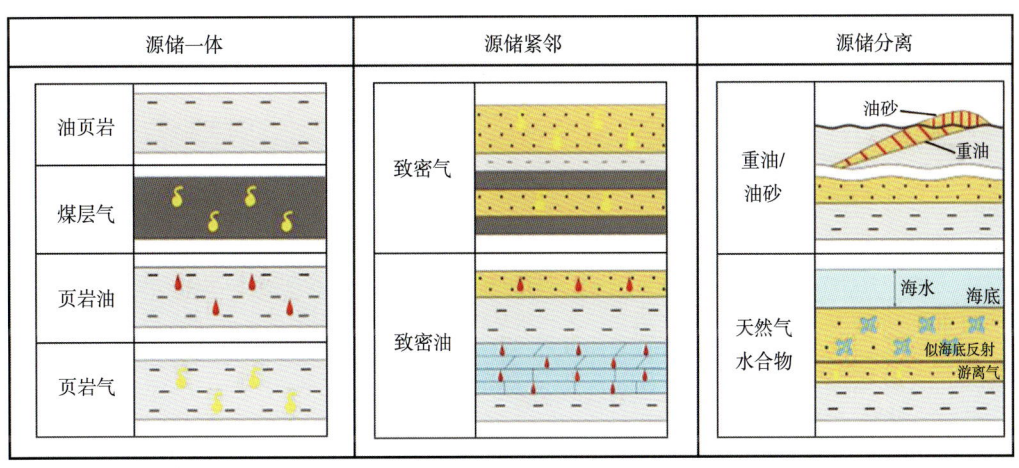

图1-8 非常规油气三种源储组合的概念模型

表 1-3 中国非常规油气源储关系分类及其特征简表

源储组合类型		源储一体				源储紧邻		源储分离	
资源类型		煤层气	页岩气	页岩油	油页岩	致密油	致密气	油砂	天然气水合物
烃源岩	岩性	煤层	泥页岩	泥页岩	泥页岩	泥页岩	煤系烃源岩为主	泥页岩	—
	沉积环境	海陆过渡相、陆相	海相、海陆过渡相、陆相	陆相	陆相	陆相	海陆过渡相、陆相	陆相	
	热演化程度	低煤阶—高煤阶	高—过成熟	成熟	低成熟	成熟	高—过成熟	成熟	微生物气、热成因气
储层	岩性	煤层	泥页岩	泥页岩	泥页岩	砂岩、碳酸盐岩	砂岩	砂岩为主	海底沉积物、陆上冻土层
	储集空间	煤孔隙、割理、裂缝	有机质孔、粒间孔、粒内溶孔、黏土矿物层间孔、裂缝	粒间孔、粒内溶孔、层状片理面、有机质孔、裂缝	—	粒间孔、粒内溶孔、裂缝	粒间孔、粒内溶孔、裂缝	原生孔隙为主	粒间孔、裂隙
运聚特征	运移方式	无运移	无运移	无运移	无运移	初次或短距离二次运移	初次或短距离二次运移	二次运移	二次运移
	运移动力	—	—	—	—	源储压差	源储压差	水动力、浮力	水动力、浮力
分布特征	主要层系	C—P、J、E	ϵ、S、C、P、T、J、K、E	P、T、J、K、E	P、T、J、K、E	P、T、J、K、E	C、P、T、J、K、E	J、K、E	—
	有利区	向斜区	凹陷、斜坡	生油凹陷	盆缘斜坡	生油凹陷及斜坡	凹陷、斜坡	盆缘、凸起	水深大于300m的海底沉积物或陆上永久冻土带
开采技术	技术原理	降压解吸附、增加渗透性	增加渗透性	—	固体矿产、干馏、热解、人造石油	增加渗透性	增加渗透性	固体矿产、加热、物理分离	降压或升温、固态水合物释放甲烷
	关键技术	羽状水平井、压裂	水平井、体积压裂	—	干馏、原位开采	水平井、体积压裂	水平井、体积压裂	萃取、原位开采	热解法、降压法、CO_2置换法

(二) 源储一体型资源

源储一体型是指在各类烃源岩内部聚集的油气资源，本质上是滞留在烃源岩中的油气。由于烃源岩层既是烃源岩也是储层，因此又可称为"烃源岩油气"，主要包括煤层气、页岩气、页岩油、油页岩等。源储一体型资源之所以在全球得到广泛关注和高度重视，主要得益于煤层气和页岩气的突破与规模开发，尤其是美国的"页岩气革命"，颠覆了传统油气地质认识和开发技术，使人们意识到油气资源可以追溯到油气生成的源头，能够在过去认为是生烃岩和盖层的烃源岩里去开发油气。对于烃源岩，过去主要评价其生烃能力和生烃量，现在则需要评价滞留烃量、储集能力和生产能力。

源储一体型资源主要赋存于富含有机质的泥页岩以及煤层中。富有机质泥页岩控制页岩气、页岩油和油页岩资源的形成与分布，煤层气则受煤层控制，二者在成因机理和控制因素方面有很大差异。

1. 页岩油气

泥页岩中滞留的油气是最主要的源储一体型资源，广泛分布于各类沉积盆地。泥页岩属于粒径小于 0.0039mm 的细粒沉积产物，主要形成于水动力条件微弱的沉积环境。而富有机质泥页岩则需要更苛刻的缺氧、还原环境，如海相深水陆棚、海湾、潟湖及陆相深湖—半深湖等，主要由细粒碎屑、黏土和有机质组成，一般以Ⅰ、Ⅱ型有机质为主（邹才能，2010）。富有机质泥页岩中的滞留烃是否具有工业开采价值一方面取决于资源条件，即滞留烃量与油气赋存条件；另一方面也取决于工程开采条件，如可钻性、可压性以及地应力状况等。

生产实践证实，评价泥页岩中的油气资源需要考虑八个方面的因素：(1) 有机质丰度 (TOC)。滞留烃量与 TOC 含量呈正相关关系（卢双舫，2012），一般要求 TOC 含量>2%。(2) 有机质类型。理论上，由于Ⅰ—Ⅱ型有机质的生烃能力高所以更为有利，目前工业开采的页岩气以Ⅰ—Ⅱ型为主；以Ⅲ型为主的碳质泥页岩较为特殊，可能在高演化阶段有利于页岩气富集。(3) 热演化程度 (R_o)。处于主生气阶段是页岩气富集的基本条件，如北美海相页岩 R_o 一般为 1.1%~2.5%；我国海相页岩以下古生界为主，热演化程度高普遍较高，R_o 一般大于 2.5%~4%，分散液态烃"接力生气"新认识不仅解释了页岩气的来源，也为在古老海相层系寻找大油气田提供了重要依据（赵文智，2011）。我国陆相泥页岩主体处于生油窗及湿气—凝析气热演化阶段，R_o 一般为 0.8%~1.4%，近期有学者研究认为 R_o 在 0.9%~1.4%对寻找页岩气是有利的，而处于生油窗的泥页岩中残留的液态烃构成了页岩油资源。油页岩是未成熟的生油岩，R_o 一般小于 0.6%，含油率大于 6%的作为富矿。(4) 储集空间。泥页岩的基质孔隙度一般在 1%~2%，最高不超过 4%~5%，随着热演化程度的提高，可以形成丰富的有机质孔，从而提高总孔隙度，满足烃类赋存需要（Passey 等，2010；Roger M，2011）。(5) 富有机质集中段厚度。一般要求连续厚度大于 30m，以满足工业开采的资源规模要求（图 1-9）。(6) 脆性矿物与黏土矿物含量。主要是适宜开展大规模压裂改造的要求，一般要求石英、长石等脆性矿物含量大于 40%，黏土矿物含量小于 30%。(7) 地层压力。超压的存在有利于滞留烃的保存，并更易获得较高产量。(8) 保存条件。泥页岩自身具有封闭性，然而强烈的构造抬升和断裂发育可以使其中的油气散失，因此一般情况下凹陷、斜坡及平缓的复背（向）斜是泥页岩油气有利区（郭彤楼，2013）。开采泥页岩油气的核心是改善渗透性，钻探水平井、实施体积压裂可大幅提高单井产量。

2. 煤层气

煤层气即煤矿瓦斯，是煤化过程中形成的以甲烷为主的烃类气体，主要以吸附方式赋存于煤岩表面和微裂隙中（张新民，2002）。开发煤层气的初衷源于防止煤矿瓦斯爆炸，最初以矿井抽排为主，目前已发展成为以地面钻井开采为主的新兴产业。

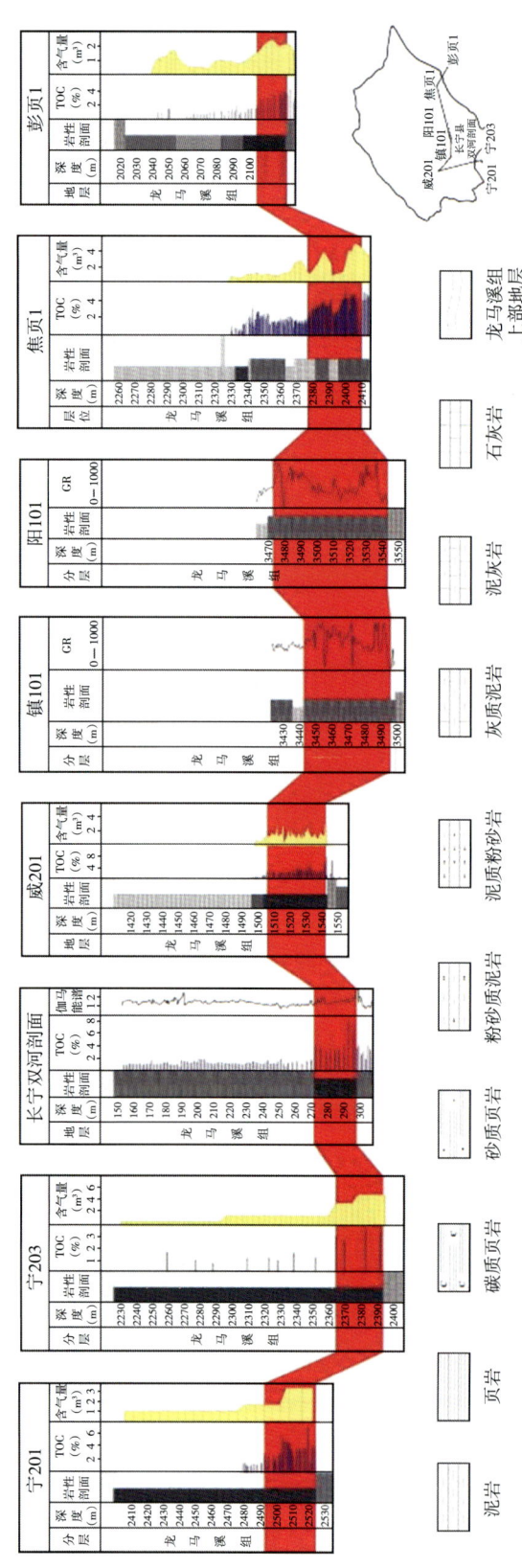

图1-9 四川盆地志留系龙马溪组源储一体型(页岩气)组合关系对比图

煤层气的富集控制因素主要有：（1）生气潜力，主要与煤型、热演化程度有关。据大量实验分析和生产测试数据，煤层的生气量远大于滞留量，煤的生气量一般大于 $50m^3/t$，主体在 $300m^3/t$ 左右，而煤层的含气量变化很大，一般为 $1\sim30m^3/t$。煤在高演化阶段仍有一定生气能力，为评价我国高煤阶煤层气资源提供了理论支持。（2）吸附能力，受 R_o、显微组分及埋深等因素影响。吸附气是煤层气的主体，占70%以上，而吸附能力与镜质组含量正相关；随 R_o 的增加，吸附量增加；随着深度增大，煤层吸附量先增后减，存在吸附拐点，受控于温压综合作用。（3）封闭条件。封闭条件是煤层气富集的必要条件，受温压场以及构造背景等多种因素控制，具有向斜富集的特点。（4）煤层气开采的关键一是降压解吸附，二是通过压裂改善煤层渗透性，提高单井产量（苏现波，2008；宋岩，2012，2013）。目前主体技术是羽状水平井和压裂技术。

需要指出的是，源储一体型与源储紧邻型有时存在过渡类型，有的甚至很难区分。例如，渤海湾盆地冀中坳陷束鹿凹陷沙三段下部发现的泥灰岩致密油（梁宏斌，2007），烃源岩与储层基本混杂在一起，很难严格区分。

（三）源储紧邻型资源

源储紧邻型是指与优质烃源岩紧密接触的致密储层中聚集的非常规油气资源，又可称为"致密型油气"。致密储层可以夹持于烃源岩之中，也可以位于烃源岩上下，纵向上构成"三明治"式或间互式结构（图1-10）。致密储层中的流体相态取决于烃源岩热演化程度，以油为主的形成致密油，以气为主的形成致密气，也可以油气兼有。在沉积盆地中，与烃源岩紧密接触的致密储层类型具有多样性，可以是碎屑岩、碳酸盐岩，也可以是火山岩。近期我国火山岩勘探与研究表明，松辽盆地营城组、北疆地区石炭系—二叠系发育两类火山岩油气资源，一类是储层物性较好的火山岩油气藏，受局部构造或不整合面控制，以构造—岩性、岩性地层型为主；一类是大面积致密型火山岩油气，与优质烃源岩紧密接触范围内的致密火山岩普遍含油气，通过压裂改造可以形成较高产量，勘探潜力很大（侯连华，2012）。可见，致密型油气具有普遍性。

源储紧邻型资源虽然分布广泛，但要形成较大规模且具有工业价值的油气聚集需要具备一定的条件：（1）发育优质烃源岩，一般要求 TOC 含量>2%，当然不同盆地烃源岩标准有差异。优质烃源岩一方面提供充足油气源，另一方面通过生烃增压产生强大的源储压差，克服致密储层较高的毛细管阻力而成藏。（2）尽管储层致密，但仍要求具有一定的孔隙度（一般要求>8%），以保证最低的储集空间要求。（3）致密储层分布稳定，而且要有较大的分布面积，保证具有较大资源规模，如北美的 Bakken、Eagle ford 等致密油区面积可达数万平方千米，我国致密油气范围也在数百至数千平方千米。（4）构造作用较弱，没有破坏性大断裂，以免造成油气逸散。

上述条件决定了源储紧邻型资源通常具有下列基本特征：（1）以初次运移或短距离二次运移为主，源储压差是主要动力；（2）储层岩性包括致密砂岩、碳酸盐岩和火山岩等，主要发育微—纳米级无机成因孔隙，如粒间孔、粒内孔、溶蚀孔、气孔等，连通性差，地下渗透率一般小于 0.1mD；（3）含油气饱和度较高，一般大于70%，最高可达90%以上；（4）运移路径上散失量少，运聚效率高；（5）主要分布于凹陷及斜坡区，含油气面积大，但资源品质差，局部发育甜点；（6）提高单井产量是技术措施的主要目标，水平井和体积压裂是有效开发的关键技术。

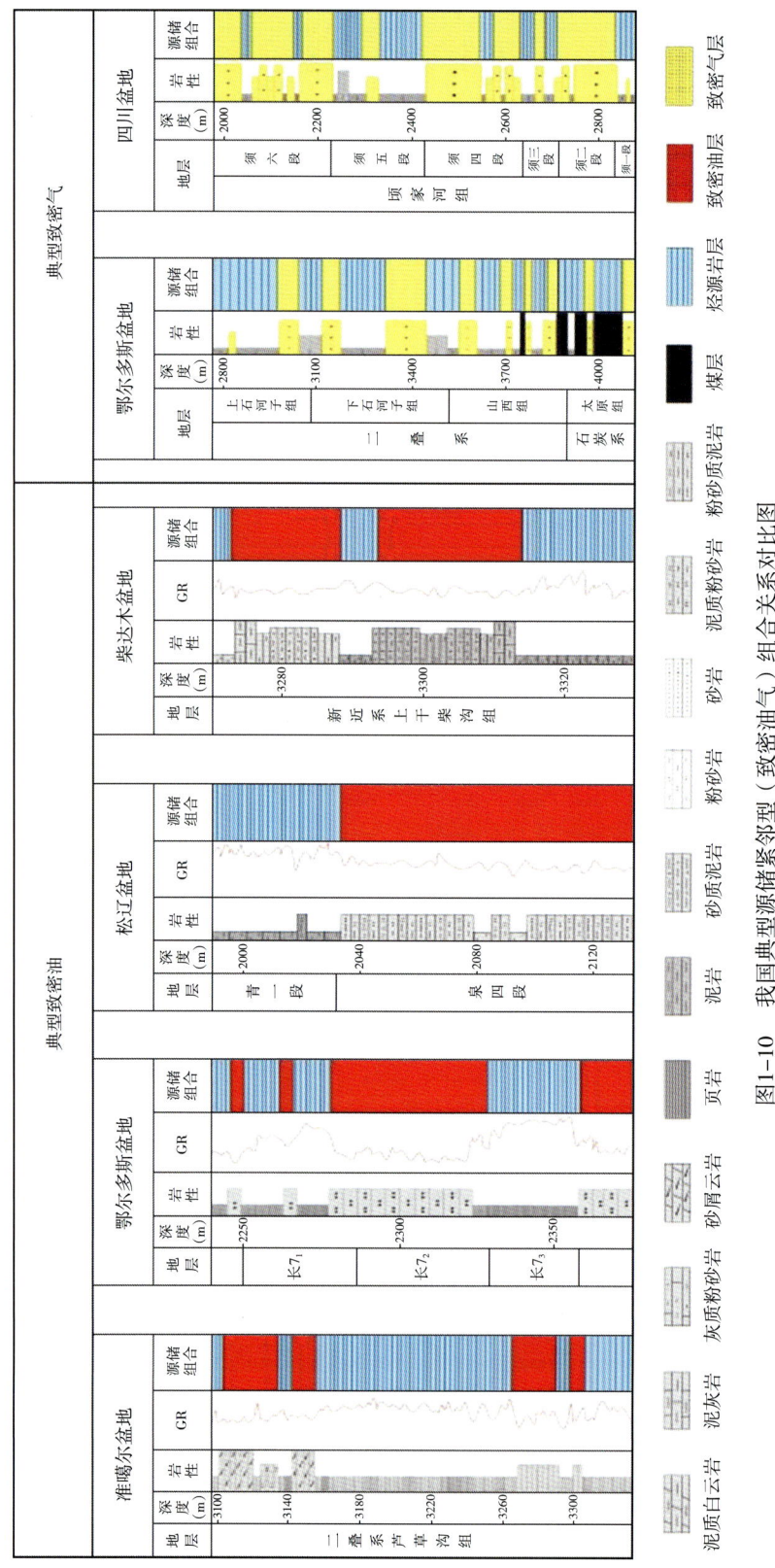

图1-10 我国典型源储紧邻型（致密油气）组合关系对比图

(四) 源储分离型资源

按照传统油气成藏模式，源储分离情况下油气一般都要经历运移过程，以形成常规资源为主。但如果这类油气资源经过了改造作用则成为一类特殊的非常规油气资源，最有代表性的是重油、油砂等。由于重油资源一般可以通过钻井方式开采且技术较为成熟，这里仅讨论油砂。天然气水合物是另一种特殊的源储分离型非常规资源。

1. 油砂

油砂是指富含天然沥青的沉积砂，是原油在运移过程中失去轻质组分后的产物，又称沥青矿，地下黏度一般大于10000mPa·s。油砂主要分布于盆地边缘或隆起带，烃类（古油藏）受到水动力、生物降解以及氧化等作用一般仅残留重组分（曹鹏，2012）。由于流动性很差，油砂开采主要采用固体矿产开采办法，通过热洗、溶剂萃取和热干馏等方法提取石油。油砂在全世界分布极为广泛，但富集程度差别很大，衡量油砂矿工业开采价值的主要指标有：(1) 较高的含油率，富矿一般要求含油率大于10%，而含油率的高低与油源条件、储层物性以及破坏程度有关；(2) 较大的资源规模，如加拿大阿尔伯达盆地油砂矿可采资源量高达$283×10^8$t（刘成林，2011）；(3) 较好的开采条件，较浅的埋深、平坦地形有利于油砂开采。中国油砂可采资源量$22.58×10^8$t（国土资源部油气资源战略研究中心，2010），在各主要含油气盆地均有分布，但点多、面广、类型复杂，含油率较低，开发前景总体评价不高。

2. 天然气水合物

天然气水合物是在适宜的温度、压力条件下由水和天然气组成的结晶状笼形固体络合物，又称可燃冰，主要形成于海底沉积物或陆上永久冻土带（金庆焕，2000）。在所有油气资源类型中，天然气水合物的研究与认识程度可谓最低，机理认识还有待持续深入，未来发展面临很多复杂性。目前看，天然气水合物的形成有三个基本条件（金庆焕，2005；李清平，2011）：(1) 适宜天然气水合物存在的稳定带，主要受温度、压力、气体组成等控制。该稳定带相当于常规油气的圈闭和盖层，具有非稳态特点，一旦条件发生变化，稳定带就会被破坏，导致天然气水合物逸散。(2) 能够储集大量天然气水合物的储层。天然气水合物是富含水分子和天然气分子的固态晶体，因此要求储层具有较高的孔隙度和渗透性，显然新生代粗碎屑沉积最为理想。(3) 气源条件。天然气水合物的气源有生物成因型和热成因型，然而无论哪种成因类型，天然气生成后都要运移至稳定带内才能形成天然气水合物，一般情况下气源岩与储层是分离的，因此将其列为源储分离型资源。目前世界各国普遍将天然气水合物作为一种具有巨大潜力的远景非常规天然气资源，正在加紧开展基础研究和开采技术攻关。

第五节 研究区确定与关键方法技术介绍

为了完成油气资源结构定量化表征，本书优选四川盆地蜀南地区作为研究目标区，以海相叠合层系油气资源分布富集作为资源结构研究的对象；涉及生烃潜力恢复与评价方面的相关内容，主要以志留系龙马溪组烃源岩作为主要的示例层系进行论述；涉及古油藏裂解及其受构造演化控制程度等相关研究，以寒武系筇竹寺组作为主要研究的烃源岩层系。优选蜀南地区及相关层系作为研究目标，主要有三方面的原因：(1) 蜀南地区是一个常规油气勘探程度较高的地区，已有60余年勘探开发历史，为开展常规资源潜力研究提供了有利条件。（2）蜀南地区处于寒武系筇竹寺组、志留系龙马溪组川南强生烃中心范围内，烃源条件优越，可以为上覆储层提供丰富的油气来源。但截至目前，蜀南地区在二叠系、三叠系累计探明天然气地质储量 $1400\times10^8m^3$，且以中小型裂缝气藏为主。对比同样以下志留统为主力烃源的川东石炭系勘探成效较好，发现了以五百梯、沙坪场等为代表的一批大中型气藏。说明蜀南地区生烃基础与聚集量存在明显不匹配现象。（3）蜀南地区发现了丰富的非常规页岩气资源，是我国目前最现实的页岩气勘探区域。威远—长宁示范区及富顺—永川合作区威201、威201—H1、威202、宁201、宁201—H1、阳101井等页岩气井在志留系龙马溪组获得工业气流。页岩气有望成为蜀南地区重要接替资源，其资源潜力和分布富集规律需要进一步研究。

鉴于该地区烃源岩演化程度高，在研究过程中需要建立多种技术进行评价研究，这些关键技术包括：（1）原始有机碳恢复技术；（2）原始生烃潜力恢复技术；（3）"生排烃全过程"定量评价技术；（4）构造演化与沉积演化分析技术；（5）有机孔演化评价技术。从含油气系统分析出发，明确烃源岩生烃潜力及成藏贡献，从定量化表征生成烃、滞留烃、排出烃、聚集烃入手，量化含油气系统内常规与非常规资源比例，构建蜀南地区含油气系统资源结构模式。

第二章 四川盆地蜀南地区含油气系统概况

油气资源结构研究可以分为盆地级、坳陷级、区块级三个级别，不同级别所对应的研究对象不同，研究目标和研究内容有所差异。每一个级别的油气资源结构研究，都需要依托勘探开发周期长、源储层系与资源类型认识程度高，以及研究资料相对丰富的典型地区开展研究，建立典型概念模式与结构比例，供后续研究参考。本书优选四川盆地蜀南地区作为研究目标区，以志留系龙马溪组作为主要研究烃源层系，以寒武系筇竹寺组作为研究古油藏裂解受构造演化控制程度的主要烃源岩层系，一是因为蜀南地区已有近70年的常规油气勘探开发历史；二是蜀南地区处于寒武系、志留系烃源岩川南强生烃中心范围内；三是蜀南地区上覆多层系获得油气勘探发现；四是蜀南地区具有丰富的非常规页岩气资源，是一个相对合适的源储层系多样、常规与非常规资源并存的勘探成熟目标区。

第一节 油气勘探概况与基础地质条件

一、油气勘探概况

蜀南地处四川盆地南部，主要位于资阳—乐山一线南东，重庆—綦江一线以西，南达川黔边界，勘探面积约 $4.2 \times 10^4 \mathrm{km}^2$（图2-1）。

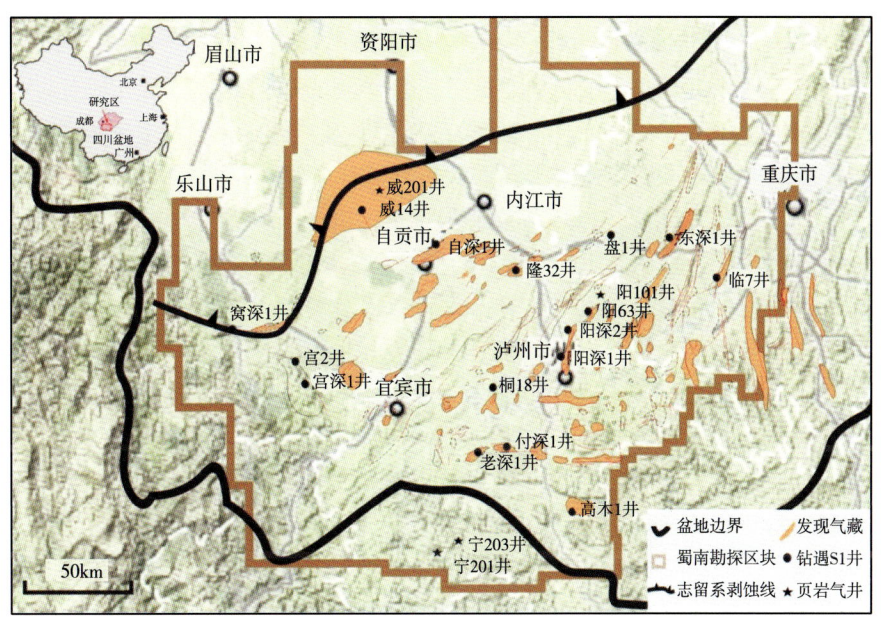

图 2-1 研究区地理位置及基本概况

蜀南地区是中国天然气工业发源地，是四川盆地重要的天然气生产基地，也是油气勘探开发程度较高的老探区（图2-2）。自1953年6月15日在隆昌构造隆1井（是新中国成立后四川盆地第一口油气勘探井）开钻至今已有近70年勘探开发历史。截至2010年底，已对73个地面构造和107个潜伏构造开展了大规模油气勘探开发工作，共获得工业产层15个（须六段、须五段、须二段、嘉四^3、嘉三、嘉二^3、嘉二^2、嘉一段、飞三段、飞一段、长兴组、茅四段—茅二段、栖二段—栖一段、宝塔组、灯影组），发现气田66个。累计探明天然气地质储量$2972.2×10^8m^3$（其中须家河组$1349.3×10^8m^3$），可采储量$1769.4×10^8m^3$（其中须家河组$607.2×10^8m^3$）。

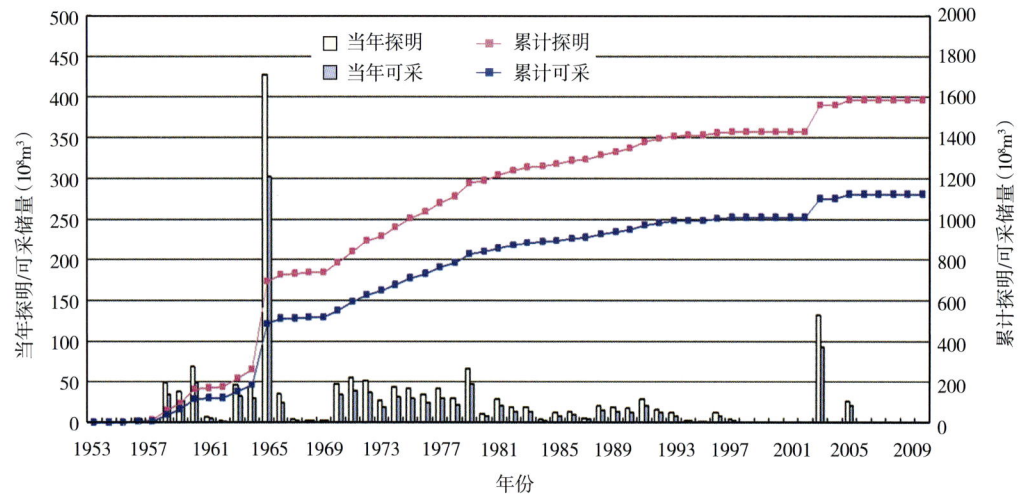

图2-2 蜀南气矿历年探明储量及可采储量（未含须家河组）

1955年在圣灯山构造钻隆10井，在下二叠统日产气$16.3×10^4m^3$，是四川盆地下二叠统第一口工业气井。自流井构造上的自2井下二叠统日产气高达$200×10^8m^3$以上，1960年至今该井累计产气$48.9×10^8m^3$，是全国罕见的长期稳产、高产的天然气井，被命名为"功勋气井"。1964年威远构造上的威基井钻达震旦系，测试日产气$7.8×10^4m^3$，这是我国首次在震旦系古老地层中找到工业气流。1999年麻柳场构造上麻2井在嘉三^2—嘉二段完井测试获气$10.27×10^4m^3/d$，拉开了重新认识嘉陵江组勘探序幕。2011年高石1井测试获日产$102.14×10^4m^3$高产工业气流，震旦系沉寂47年后的又一重大突破。螺观1井测试获日产$45.39×10^4m^3$工业气流，为螺观山地区立体勘探打下基础，同时也为蜀南茅口组勘探挖潜树立信心。

总体上，自1998年以来蜀南常规天然气勘探大发现较少，储量增长缓慢（图2-2），亟须寻找新的储量增长点。随着2009年中国石油启动了威远—长宁页岩气工业化先导试验区建设，2012年获批成立了"长宁—威远国家级页岩气示范区"。2013年在长宁H2和长宁H3平台首次实施了我国页岩气井的"工厂化"钻井作业，首次实施了多口页岩气井的"拉链式"和"同步式"压裂作业先导试验，均获得了成功。通过实施勘探开发一体化作业，2009—2016年，3500m以浅已实现效益开发（钻探评价井24口，开发井200口）；2017年以来，3500~4500m攻关也已取得突破（钻探评价井24口，生产井29口）。至2017年页岩气产量已达$90×10^8m^3$，截至2018年底在长宁、威远区块提交页岩气探明储量$2673×10^8m^3$，

2018年产页岩气 $31×10^8 m^3$,成功实现工业化开发。目前几乎所有具有商业价值的页岩气均产自四川盆地南部海相层系及周缘的五峰组—龙马溪组。在四川盆地能够有效动用的资源基本都是3500m以浅超压海相页岩气资源,也是目前集中建产的主要领域,包括焦石坝、威远、长宁和昭通等。已完成开发井600余口,平均内部收益率(在财政补贴情况下)高于10%,主体工艺技术、工具装备已经实现国产化,整体上实现了规模有效开发。

二、构造发育特征

(一)次级构造单元

蜀南地区的局部构造在垂向上自上而下褶皱增强,断层增多,特别是构造中部二叠系、三叠系构造往往出现多高点、多断块格局,形成众多的气藏圈闭(图2-3)。平面上,根据构造格局分布特征,蜀南地区可分为川南低陡带和川西南低缓带。

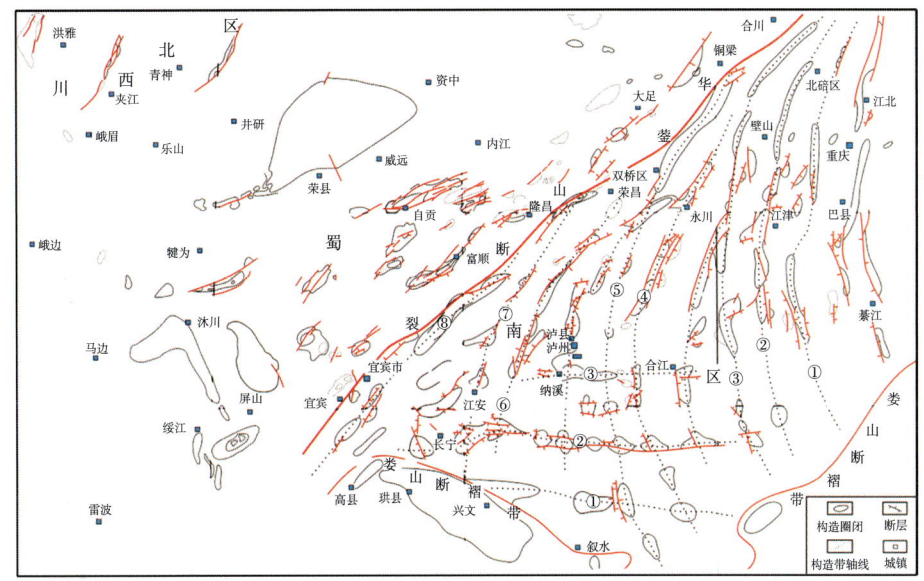

图2-3 蜀南地区构造纲要图(据蜀南气矿现场资料修改)

川南低褶带位于华蓥山断裂以东,是由东北向西南延伸、呈帚状撒开的雁行式低陡背斜群构造区。其西北为华蓥山—青山岭大断裂,东为华蓥山—中梁山大断裂,南为娄山褶皱带,三者构成了泸州地区独具特色的三角形区带。川南低褶带地面构造是以北东向的华蓥山背斜群为主体,北部背斜隆起高,构造轴线向东北方向收敛,其特征是:褶皱强,多为狭长梳状的高尖、高陡背斜,断层发育,陡翼常有大断层切割,核部多出露三叠系;向西南褶皱逐渐减弱,多为丘状的低陡、低缓、平缓背斜,地面断层少,规模小。地面多出露侏罗系沙溪庙组或自流井组。从东北向西南,可分支8个褶皱带:即(1)中梁山—石龙峡构造带;(2)温塘峡—临峰场—梁董庙构造带;(3)沥鼻峡—西温泉—花果山—六合场—塘河构造带;(4)东山—黄瓜山—坛子坝—庙高寺构造带;(5)龙洞坪—中兴场及九奎山—阳高寺雁行式排列构造群;(6)西山—古佛山—海潮—荔枝滩—南井构造带;(7)梯子岩—广福坪—桐子园构造带;(8)宋家场、牟家坪、莲花寺构造(图2-3)。泸州以南,受盆地南缘娄山断褶带的影响,为东西向构造分布区,主要有高木顶、长垣坝、纳溪等三排构造带,其中以长垣坝构造带为代表(图2-3)。其特征是由一列呈串珠状排列的背斜构造组成,伴生东西向断层,核部多出露中—上侏罗统。

川西南低缓带是介于川中隆起和川东南拗褶带之间的过渡地区,构造较为平缓。现今构造轴线方向主要为北东向,有邓井关、兴隆场、自流井等几排构造,其特征:多为梳状和膝状构造,核部出露中—下侏罗系和上三叠统,其褶皱及断裂程度均不及川南低褶带,背斜轴线自北东向西南方向逐渐下倾,并出现了褶皱幅度较弱的观音场、大塔场、青杠坪、天宫堂、麻柳场、高葙、大窝顶等低平构造。

(二) 构造类型特征

1. 构造褶皱强度分类

根据1984年第一次《四川盆地油气资源评价》,按现今褶皱强度将地面背斜构造分为:高尖构造、高陡构造、高缓构造、低陡构造、低缓构造、低平构造等6种类型(表2-1),此6种构造类型在蜀南地区均有发育。

表2-1 局部构造类型划分标准表

构造类型		出露地层	褶皱强度系数	陡翼最大倾角	构造实例	相当以往形态分类
高	尖	雷口坡组及其以下	>0.25	>45°	临峰场	高梳正梳
	陡		>0.1~0.25	>45°	古佛山	似梳箱状
	缓		≤0.1	≤45°	威远	高丘膝状
低	陡	须家河组及其以上	>0.1	>45°	黄瓜山	似梳箱状
	缓		>0.05~0.1	>10°~45°	自流井	高丘膝状
	平		≤0.05	≤10°	兴隆场	低丘

2. 构造圈闭类型

由于受多期构造叠加,完整的褶皱圈闭不多,多数构造都受断层影响,特别是切轴断层形成了复杂的断层—褶皱复合圈闭类型,使蜀南地区构造圈闭类型众多。归纳起来主要有8种类型(图2-4)。

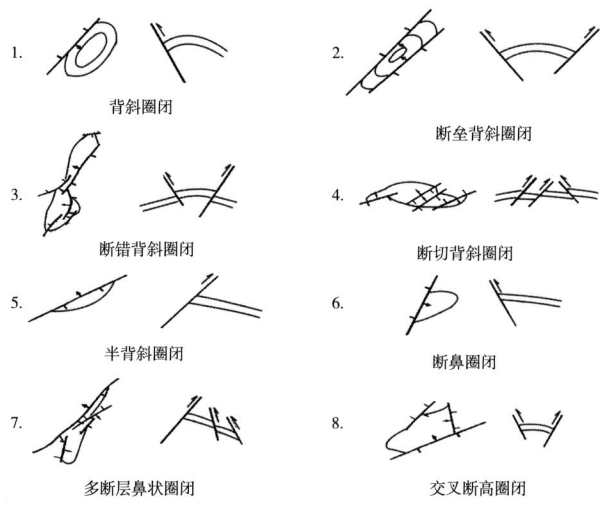

图2-4 蜀南地区构造圈闭类型图(据蜀南气矿资料修改)

目前勘探发现气田按圈闭分类统计（表2-2），属于断错背斜圈闭、断垒背斜圈闭、断切背斜圈闭及背斜圈闭的气田数量最多，断鼻仅有庙高寺—二里场气田。

表2-2 蜀南气区不同圈闭类型气田统计表

圈闭类型	背斜	断垒背斜	断错背斜	断切背斜	断鼻
气田	杨家山、隆昌、龙市镇、坛子坝、永安场、丹凤场、榕山镇、李子坝、鹿角场、高木顶、付家庙、老翁场、沈公山、荔枝滩、二里场、宋家场、中兴场、临峰场、梁董庙、古佛山、威远、瓦市、观音场、大塔场、荷包场、朱沱、青杠坪	邓井关、灵音寺、阳高寺、九奎山、黄瓜山、龙洞坪、花果山、塘河、打鼓场、长垣坝、宜宾	麻柳场、自流井、孔滩、同福场、合江、白节滩、纳溪	兴隆场、黄家场、圣灯山、五通场、广福坪、桐梓园、牟家坪	庙高寺—二里场

三、地层发育特征

蜀南地区地层发育较全，地面出露最新地层为侏罗系及白垩系。残留白垩系主要分布在南部地区向斜内，部分构造主体部位已出露上三叠统以下地层，在挤压变形较高的威远地区及蜀南东北部，出露嘉陵江组。基底是前震旦系板溪群变质岩系。震旦纪至中三叠世为海相沉积，厚约6000m，中间缺失泥盆系、石炭系；晚三叠世至白垩纪为陆相沉积，厚约4000m，沉积总厚达万米（图2-5）。

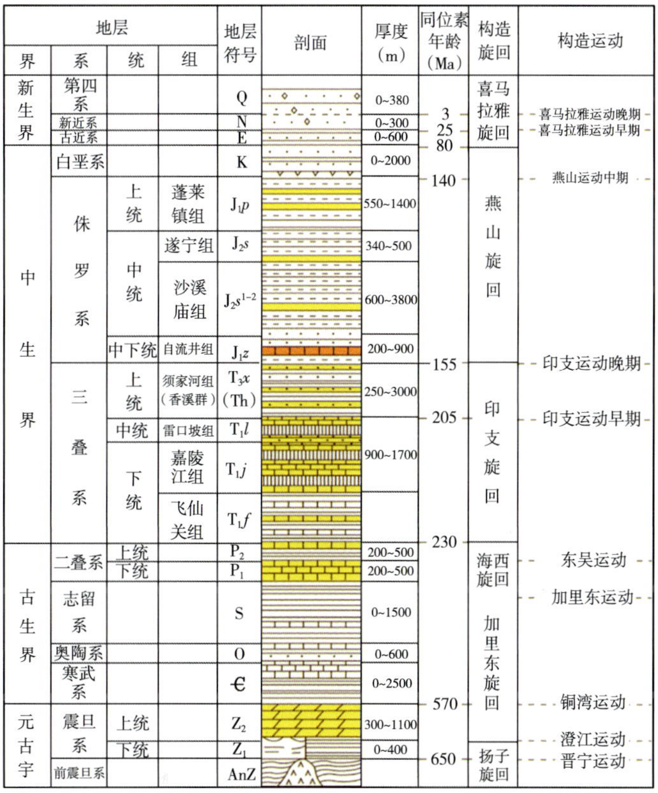

图2-5 蜀南地区综合地层柱状图

四、油气藏类型

(一) 常规气藏

蜀南地区已发现的主力气藏按储渗类型可分为裂缝—孔隙型、裂缝—孔洞型及裂缝型等三种气藏(表2-3)。

表2-3 蜀南地区气藏分类表

储集类型	钻井显示	储层渗透率(K_R)和基质渗透率(K_m)比较	压力恢复特征	初期产能特征	主要储集空间	主要渗滤通道	储集模式	气藏实例
裂缝—孔隙型	轻微钻时加快	$K_R > K_m$	台阶不明显	初期产能高、生产平稳	孔隙	孔隙和裂缝		花果山、麻柳场嘉陵江组气藏
裂缝—孔洞型	放空、漏失	$K_m \to 0$ $K_R \gg K_m$	过渡段对斜线	初期下降快、后期较平稳	孔洞	裂缝		威远震旦系、宋家场茅口组气藏
裂缝型	放空、漏失	$K_m \to 1$ $K_R \gg K_m$	凸型曲线	下降快	裂缝	裂缝		纳溪茅口组气藏

据大量物性资料统计,以碳酸盐岩占主导地位的二叠系、三叠系储层,岩石平均孔隙度均低。孔隙(洞)是主要储集空间,但渗透率低;裂缝是主要的渗流通道,孔洞与裂缝匹配形成储渗体。如麻柳场嘉陵江组为裂缝—孔隙型整装气藏;宋家场构造茅口组和威远构造震旦系气藏均为裂缝—孔洞型气藏;纳溪构造茅口组气藏为裂缝型气藏。

(二) 非常规气藏

页岩气是指产自极低孔渗、以富有机质页岩为主的储集岩系中的天然气,页岩气是蜀南地区主要的非常规油气资源类型。气体成分以甲烷为主,赋存方式以游离气和吸附气并存,属自生自储、原位饱和成藏。页岩气的开发必须通过大型人工造缝(网)工程才能形成工业产能,因此,也将其称之为"人造气藏"。

与常规及其他非常规天然气藏不同,页岩气具有明显特殊性,主要表现在:(1)页岩气成因类型多,可以生成于有机质演化的各阶段,包括生物成因气、热成因气和热裂解成因气;(2)源储一体,成藏过程为持续充注、原位饱和聚集;(3)页岩储层超致密,孔隙类型多样,孔隙大小以微米—纳米级为主;(4)页岩气组成以甲烷为主,乙烷、丙烷等含量少,可以存在 N_2、CO_2 等非烃气体,极少有 H_2S 气体,气体赋存方式以吸附气、游离气两种方式为主,吸附气占总气量的比例为20%~80%;(5)页岩气分布不受构造控制,没有(或无明显)圈闭界限,含气范围受成气源岩面积和良好封盖层控制;(6)资源规模大,可采程度低(一般10%~35%),存在高丰度"甜点"核心区;(7)页岩气产出以非达西渗流为主,存在解吸、扩散、渗流等相态与流动机制的转化,生产周期长;

（8）页岩气开发形成工业产能必须进行储层大型体积压裂，改造前一般低产或无产，生产过程中不产水或产水很少。

蜀南地区主要涉及下寒武统筇竹寺组、上奥陶统五峰组—下志留统龙马溪组两套海相页岩，主要页岩气储层评价参数见表2-4。

表2-4 蜀南地区主要页岩气层评价参数

主要参数		蜀南龙马溪组	蜀南筇竹寺组
厚度（m）		30~50	30~66
有机碳含量（%）		1.88~4.36	1.5~5.7
热成熟度（%）		2.2~4.8	2.3~5
矿物组成	脆性矿物（%）	40~57	47~62
	黏土矿物（%）	26.5~48.5	10.2~43
总孔隙度（%）		1~5	1.5~2.6
充气孔隙度（%）		2.4~2.7	0.1~1.7
含气量（m³/t）		0.29~5.01	0.85~3.51

第二节 蜀南志留系烃源岩特征

志留系烃源岩是全球范围下古生界资源贡献率最高的烃源岩。蜀南志留系含油气系统具有多套生烃层系和储集层系的完整生储盖组合，是一个混源贯通的复合含油气系统。既对蜀南地区常规天然气成藏具有重要作用，又是该地区非常规天然气的主要发育层系。本书涉及生烃潜力恢复与评价方面的相关内容，主要以蜀南志留系含油气系统内的志留系烃源岩作为主要的示例层系进行论述。

一、分布范围与厚度变化

据蜀南地区最新地震反演资料（图2-6），志留系龙马溪组烃源岩全区分布。乐山、成都及川中龙女寺一带因后期抬升遭受剥蚀而大范围缺失志留系，研究区下志留统龙马溪组现今底界埋深呈东深西浅、南北深、中部及盆地边缘浅的格局，埋深大体介于1000~6000m。其中中西部的威远—隆昌—富顺—永川地区及盆地边缘的天宫堂—长宁地区埋深总体位于1000~4000m之间。

研究区内龙马溪组页岩的分布明显受古陆和沉积环境的控制。受盆地西部康滇古陆、中西部逐渐抬升的乐山—龙女寺古隆起以及盆地南部的黔中古陆的三面夹持，使得川南—川东南一带的页岩极为发育，其厚度一般分布在100~800m，向古陆方向，页岩厚度逐渐变薄，甚至缺失。其中富顺—永川及天宫堂地区沉积厚度大，厚达700m以上（图2-7）。高伽马页岩与地层厚度分布趋势基本一致，厚10~130m。其中富顺—永川地区80~120m，长宁地区25~60m，威远地区10~50m（图2-8）。

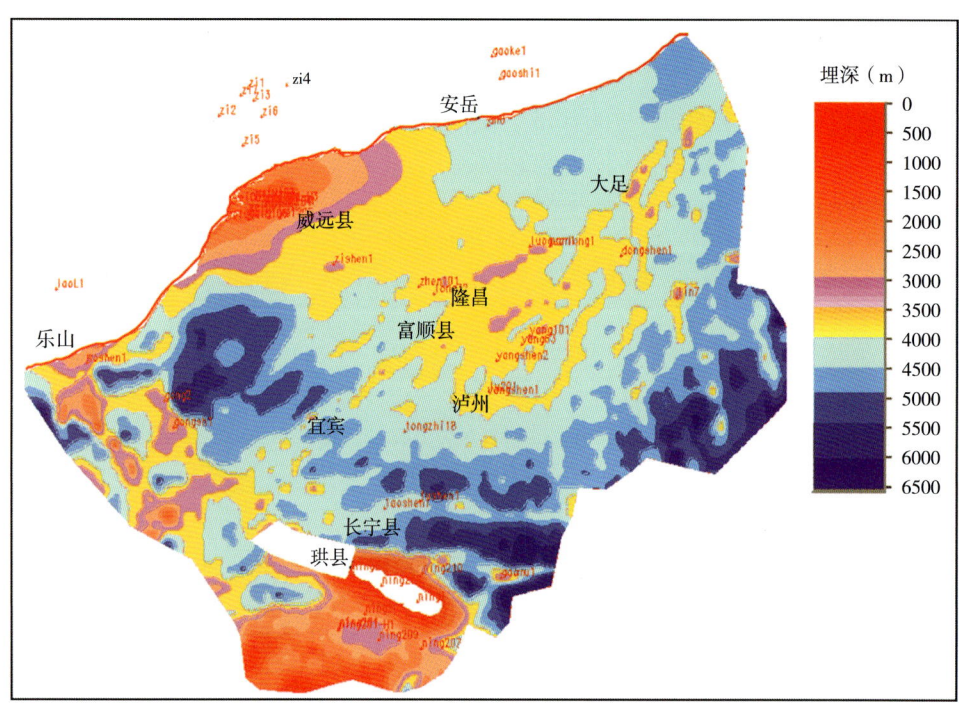

图 2-6　蜀南龙马溪—五峰组底界埋深图（据西南油气田，2011）

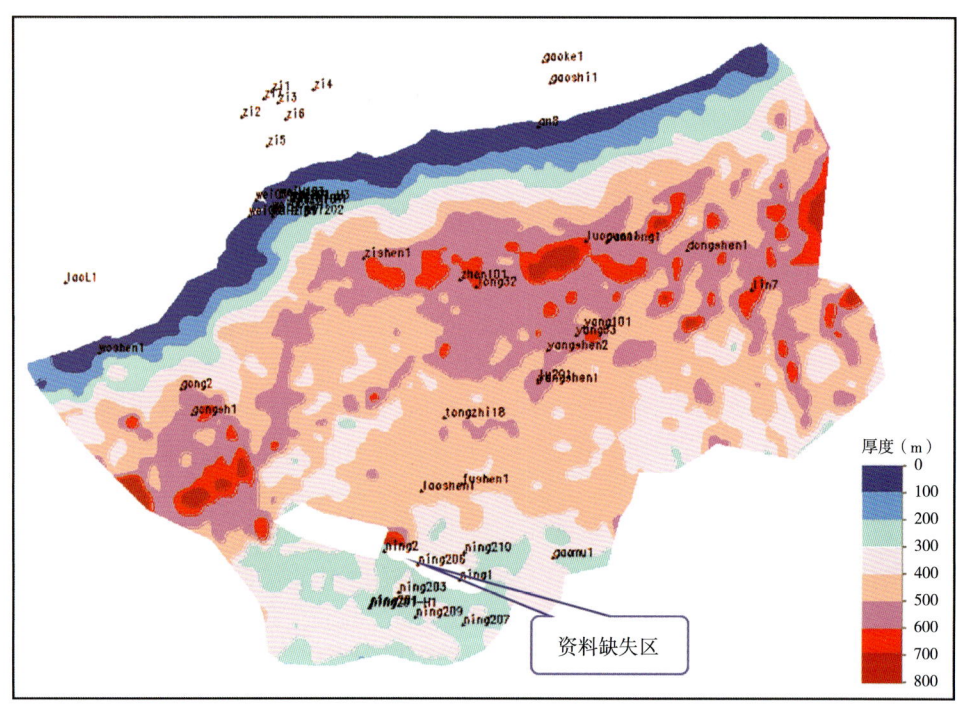

图 2-7　蜀南志留系龙马溪组页岩厚度分布图（据西南油气田，2011）

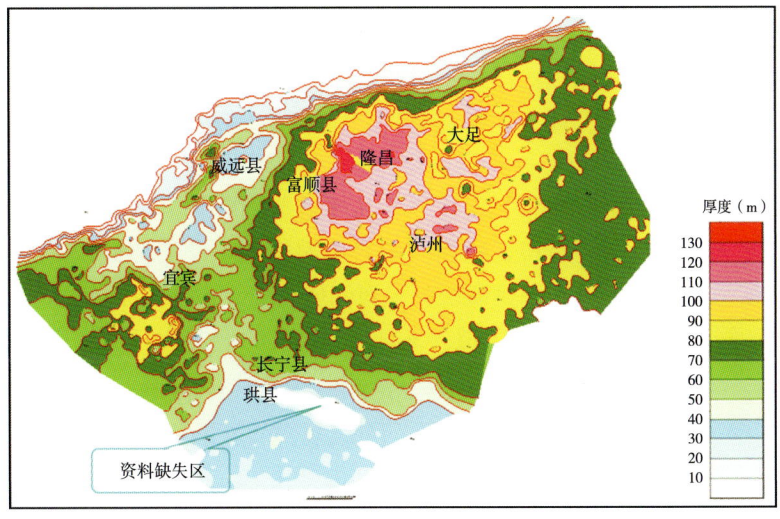

图 2-8　蜀南志留系龙马溪组高伽马页岩厚度分布图（据西南油气田，2011）

二、烃源岩地球化学特征

（一）有机质丰度

志留系龙马溪组富有机质页岩主要发育于地层下部，向上随着砂质含量增加，页岩颜色变浅，TOC 含量降低。据周边露头及井下岩样有机碳含量分析结果，研究区龙马溪组 TOC 含量 0.35%~18.4%，平均 2.52%；其中 314 块井下样品 TOC 含量 0.5%~8.75%，平均 2.53%，TOC 含量>2% 以上占 45%（图 2-9），TOC 含量>2% 的高有机碳页岩主要分布于龙马溪组下部。

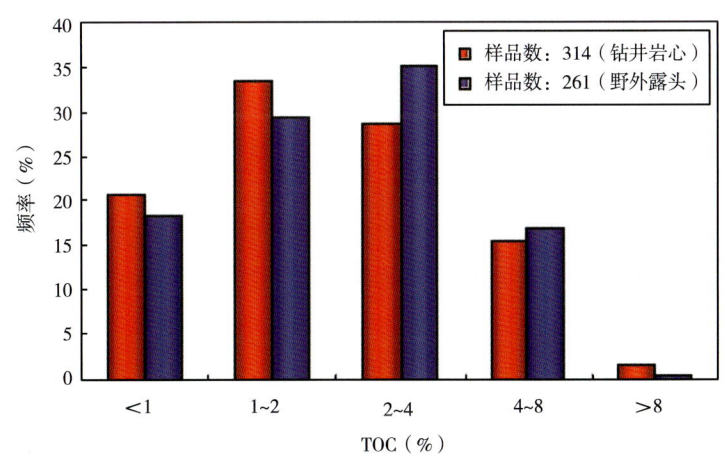

图 2-9　蜀南龙马溪组页岩有机碳含量分布

（二）有机质类型

据黄籍中等（2009）研究，四川盆地龙马溪组黑色页岩有机质呈无定形状，占 95%，表明其母质来源于低等水生生物；干酪根在扫描电镜下为絮状体；H/C 比值为 0.20~1.10；碳同位素轻，$\delta^{13}C$ 值介于 -26‰~-29‰。川南太 15 井龙马溪组黑色页岩干酪根为粒状、絮状腐泥及霉状黄铁矿结合体，无定形体大于90%（朱光有，2006）。马永生等（2007）对中—上扬子地区3条骨干剖面的地化剖面有机岩石学特征研究表明，龙马溪组底部硅质、碳质页岩以藻屑体、动物表皮层、矿物沥青基质等油倾组分，以及次生有机显微组分沥青体、微粒体为主，所获干酪根类型指数>80，干酪根碳同位素小于-28‰，反映其类型属Ⅰ型干酪根。

长宁构造上长芯1井岩石样品下志留统龙马溪组页岩的有机显微组分结果（表2-5）表明，龙马溪组底部黑色页岩有机显微组分中含有腐泥质、藻类体以及碳沥青、微粒体、动物体、黄铁矿等。龙马溪组有机显微组分以腐泥质为主，占73.6%，其次为藻类体，占9.5%，也反映龙马溪组母质类型以Ⅰ型为主，这与上述资料分析结果一致。

表2-5 长芯1井下志留统龙马溪组底部黑色页岩有机显微组分

深度（m）	层位	岩性	黄铁矿（%）	腐泥质（%）	藻粒体（%）	碳沥青（%）	微粒体（%）	动物体（%）
19.5	S_1^1	黑色页岩	1.2	75.8	7.8	2.7	4.6	9.1
40	S_1^1	黑色页岩	0.7	74.4	10.2	—	4.7	10.7
60	S_1^1	灰黑色砂质页岩	0.4	68.7	8.3	4.9	6.5	11.6
80	S_1^1	灰黑色砂质页岩	1.5	77.4	7.7	6.8	6	2.1
100	S_1^1	黑色页岩	0.6	72.2	9.6	3.1	7.9	7.3
120	S_1^1	黑色页岩	1.6	70.3	11	2.4	6.4	9.9
140	S_1^1	黑色页岩	1.5	75.8	10.4	—	7.7	6.1
153	S_1^1	黑色页岩	1.9	74	11.2	—	9.4	5.3
平均值			1.2	73.6	9.5	2.5	6.7	7.8

（三）有机质成熟度

1. 镜质组反射率 R_o

四川盆地内下志留统龙马溪组成熟度总体展布格局为由乐山—龙女寺古隆起向四周逐渐增高，其展布特点与区域性的古隆起和坳陷带的继承性发展、古断裂的活动密切相关。

蜀南地区龙马溪组 R_o 在2.0%~4.2%之间，以临峰场—东山构造一带相对较低，为2.2%左右，主体分布在2.6%~3.8%之间（图2-10）。威远地区龙马溪组成熟度可达2.6%，向东南方向逐渐增加，在长宁—高木顶构造一带增加到3.6%（李延钧，2011）。

2. 有机岩石学特征

由于演化程度很高，龙马溪组页岩中原始有机质组成、形态结构和分布形式都发生了很大的变化。在荧光下主要为无荧光的黑色物质组成，很难观察和分辨原始有机母质类型。

由于经历了较强的成岩作用和热演化生烃作用，无定形体有机质生烃的残余缩聚成大量1μm左右、反射率较高的球状微粒体（图2-11b）。而且在粉砂屑等矿物的粒间，存在比较广泛的残余固体沥青（图2-11a），条带状或透镜状，沿层理面分布，表面均一，不具光学结构，具强烈的各向异性。其成因主要由于黑色页岩是原始有机质丰富的优质生油岩，在生油阶段，不仅有大量液态烃类流体排出，而且生油岩的微孔隙中也存在未排出的残留烃，特别是原油中的重烃、沥青质和胶质，易残留在各种孔隙或矿物晶粒间，并进一

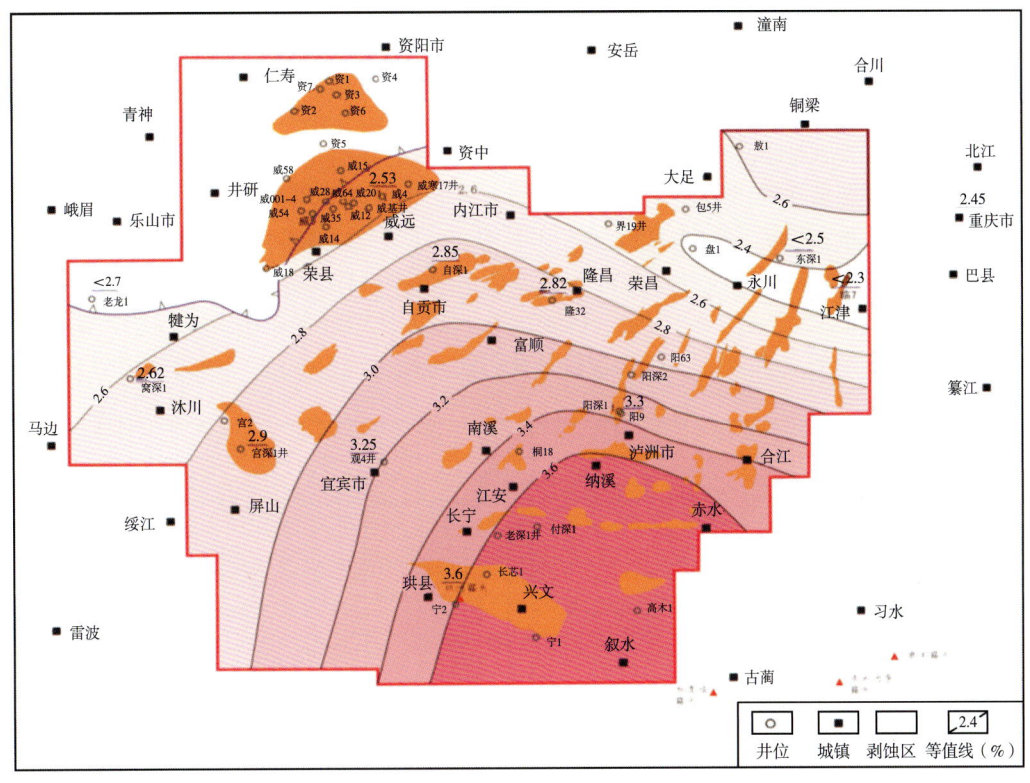

图 2-10　蜀南地区龙马溪组 R_o 等值线图（据蜀南气矿，2011）

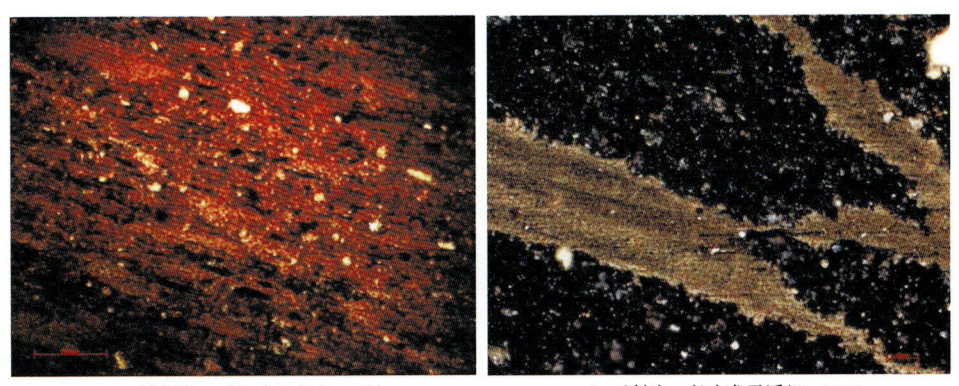

a. 透射光，威远龙马溪组，1502m　　　　b. 反射光，长宁龙马溪组，2505m

图 2-11　蜀南龙马溪组页岩有机岩石学特征

步经热演化转变成微细充填状的残余固体沥青。

龙马溪组黑色页岩中含有较多残余固体沥青，反映了地质历史中，黑色页岩较强的生油能力，残留的沥青是高—过成熟阶段二次裂解生气的母质，产生的裂解气一部分向外排出成为常规气藏重要的气源；一部分滞留在页岩中，是高—过成熟页岩高含气量的重要原因。

三、有效烃源岩划分

(一) 有效烃源岩及有效页岩划分标准

1. 有效烃源岩

据梁狄刚等（2008）对扬子地区 29 个下志留统龙马溪组地表及钻井剖面 TOC 标定结果显示，优质烃源岩主要发育于龙马溪组底部，向上随着含砂质的增加，TOC 含量迅速减小（图 2-12）。例如黔西北习水良村剖面（图 2-12a）下志留统—上奥陶统底部页岩 TOC 含量可达 8%；距底 37m 以浅开始含粉砂，TOC 小于 1%；距底 80m 以浅，页岩颜色发绿，TOC 含量小于 0.5%，已是非烃源岩；丁山 1 井（图 2-12b）下志留统龙马溪组厚 145m，其中底部 TOC>1% 的页岩 40m，TOC 含量最高可达 4%，距底 133m 以浅为非烃源岩。

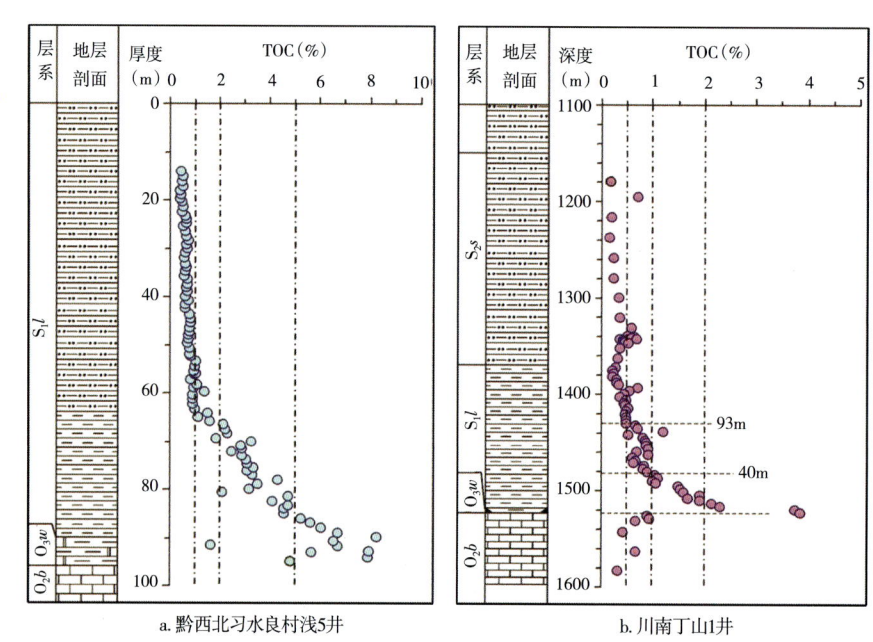

a. 黔西北习水良村浅5井　　b. 川南丁山1井

图 2-12　四川盆地下志留统—上奥陶统烃源岩典型 TOC 含量分布图（据梁狄刚等，2008）

以往计算下志留统生烃量时只考虑平面上 TOC 的变化，而龙马溪组烃源岩纵向 TOC 变化很大，上段生烃贡献很小。因此过去的资源评价只关注 TOC 横向变化，将烃源岩总厚度全部纳入计算，会夸大其生烃总量。故本书以页岩气研究带来的便利，将烃源岩层（页岩层）按 TOC 等级细分，首先确定有效的烃源岩，再进行生烃量评价。

有机质丰度是评价烃源岩好坏的重要指标，常用有机碳含量来定量评价，其下限值的确定一般是依据经验而定。对于泥质烃源岩，国内外大多数学者的看法基本一致，有机质丰度下限为 0.4%~0.5%，较为统一的标准是有机碳含量的下限值为 0.5%。我国中—新生代主要含油气盆地 1080 个样品有机碳含量数据统计研究表明，暗色泥质生油岩的有机碳含量下限值约为 0.4%，较好的生油岩为 1.0%（尚慧芸，1981）。黄第藩（1991）对我国主要陆相含油气盆地的有机质丰度进行了总结，结果表明，在陆相淡水—半咸水沉积中，主力油源层的有机碳含量均在 1.0% 以上。中国石油天然气总公司 1995 年发布的行业标准（SY/T 5735—1995）（主要适用淡水—半咸水湖相沉积的生油岩，海相泥岩也可参照此标准评价），认为好的生油岩 TOC 应大于 1.0%。付小东等（2008）认为优质烃源岩的有机碳丰度须大于 2.0%，高—过成熟阶段的有机碳丰度应大于 1.5%。

2. 有效页岩

有效页岩是针对页岩气的有效勘探开发而提出的概念。含气页岩的有机质丰度（有机碳含量），不但决定页岩气的生成量，而且决定对天然气的吸附能力，影响页岩气的赋存和富集，进而影响页岩气的资源丰度。根据斯伦贝谢公司 Charles Boyer 等（2006）提出的页岩气藏有机碳含量评价标准，把烃源岩有机质丰度定为 6 级，即 TOC<0.5% 为很差；0.5%~1% 为差；1%~2% 为一般；2%~4% 为好；4%~12% 为很好；TOC>12% 为极好。Burnama 等也提出，页岩中有机碳含量至少为 2%。残余有机碳可表征含气量大小，特别是两者呈正相关的情况下。北美页岩气勘探目标绝大多数选择 TOC 含量大于 2%，甚至 4% 以上。美国从事页岩气藏勘探开发的油公司一般将有效页岩 TOC 含量下限值确定为 2.0%，这一选值实际上相当于石油地球化学家在评定源岩等级时所确定的"好生油岩"标准。

蜀南龙马溪组页岩有机碳含量也较丰富，与 Lewis 页岩有机碳含量相当，但成熟度较高。若按含气量大于 1.0m³/t 标准时具有开采价值来计算，龙马溪组所对应的有机碳含量在 1.0 % 左右（图 2-13）。

为便于研究，统一有效烃源岩和有效页岩的内涵差异，认为 TOC>1% 的页岩，一方面具有较好的生烃潜力，另一方面也有较高的滞留气量，值得作为页岩气开采，将其称为有效页岩。另外，国内外页岩气勘探生产表明，页岩气富集区的 TOC 一般都大于 2%，故将 TOC>2% 的页岩称为优质页岩（相当于国外文献中的"hot shale"），是寻找页岩气核心区的关键指标之一。

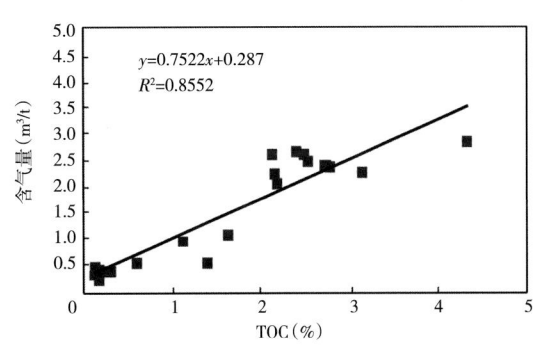

图 2-13 威 201 井龙马溪组有机碳与含气量关系图

3. 优质页岩或凝缩段的发育

富有机质黑色页岩是指 TOC>2% 的优质页岩，其集中段是页岩气勘探开发的主力层段。研究表明页岩中有机碳含量与页岩气生气率具较好的正相关性。在相同温压条件下，富有机质页岩比贫有机质页岩具有更多的纳米级孔隙空间，赋存更多的天然气。富有机质黑色页岩厚度确定方法与依据为：露头上依据对剖面进行 TOC 样品密集采样和分析，进行剖面 TOC 标定，在未能进行连续采样剖面上，进行详细岩性描述，建立岩性、岩相与 TOC 关系，其中黑色页岩、黑色硅质页岩、黑色粉砂质页岩、碳质页岩段作为高 TOC 含量页岩重点统计对象。岩心上通过密集采样，进行 TOC 含量测试，并建立 TOC 含量与 GR、Rt、AC 等关系，从而利用完钻井测井资料，开展大范围 TOC 含量估测，进而确定富有机质黑色页岩集中段厚度（图 2-14）。

我国海相富有机质黑色页岩集中段大多分布在各套泥页岩地层的中下部，分布稳定（图 2-15）。根据扬子地区的统计，下寒武统筇竹寺组页岩厚 23~670m，TOC>2% 页岩厚度 2~180m，高 TOC 页岩厚度比例 0.7%~80%，平均 34%。下志留统龙马溪组页岩厚 16~

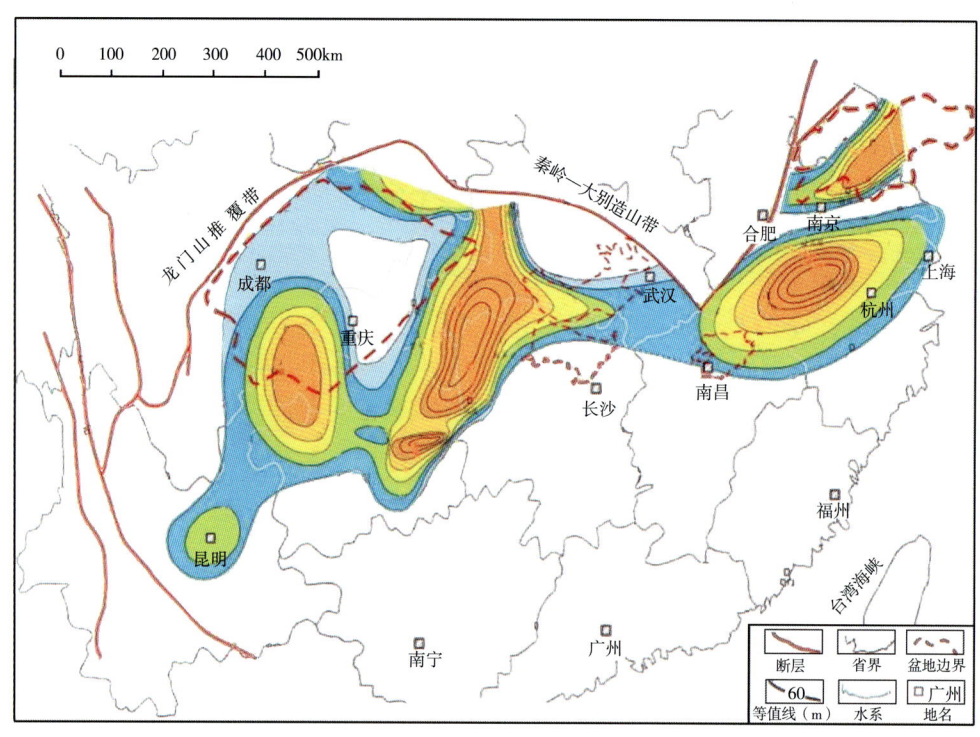

图 2-14 中国南方地区寒武系筇竹寺组 TOC 含量>2% 页岩厚度等值线图

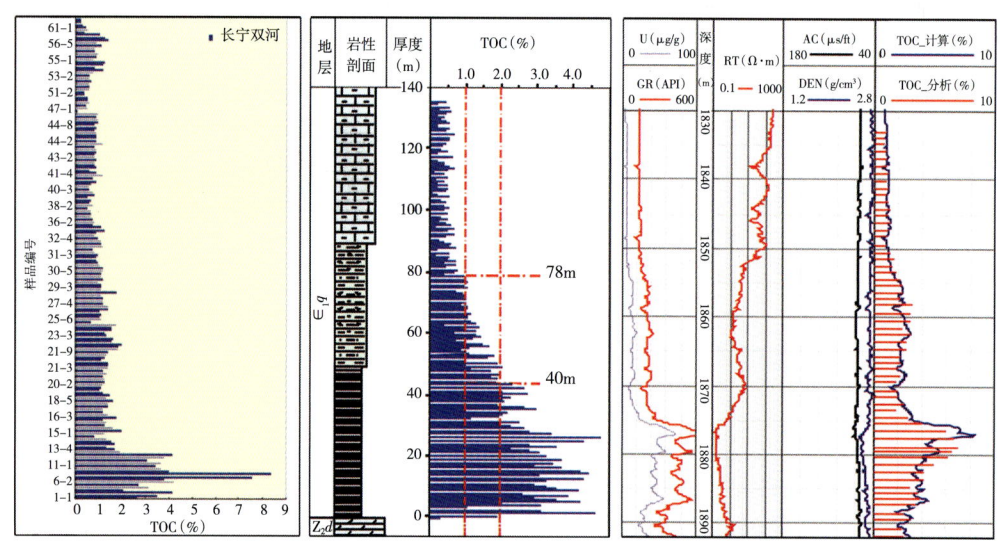

图 2-15 扬子地区下寒武统筇竹寺组页岩有机地球化学剖面

677m，TOC>2% 厚度 1~135m，高 TOC 页岩厚度比例 0.7%~46%，平均 19%。

富有机质黑色页岩集中段一般要满足两个条件：一是泥页岩的 TOC 大于 2%；二是岩性要连续，或者主体为泥页岩，间夹薄层粉砂岩或灰岩亦可，一般要求泥地比大于 80%，夹层的单层厚度小于 1m。

(二) 有效页岩发育特征

有效页岩有高自然伽马测井值、高声波测井值、高中子测井值、低密度测井值的特征。选取威201井和宁201、203井取心井段做TOC分析，取已测量TOC井段深度处的密度测井值与自然伽马测井值做散点图，如图2-16所示，可以发现龙马溪组TOC>1%的点基本上分布在GR>125API，DEN<2.68g/cm³范围内，TOC>2%的点基本上分布在GR>160API，DEN<2.60g/cm³范围内。

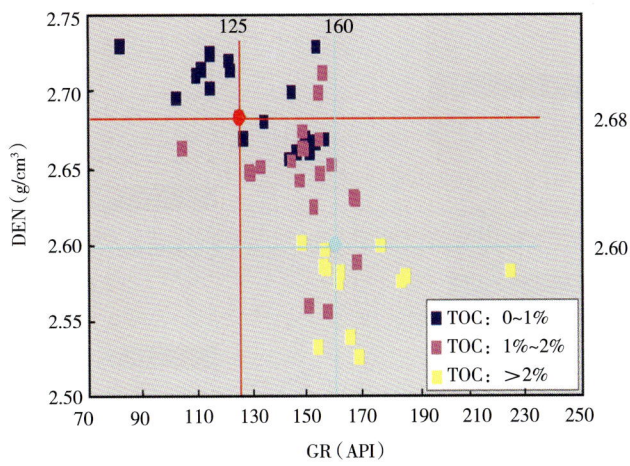

图2-16 宁201、203井和威201井龙马溪组不同类型页岩GR与DEN交会图

有效页岩的划分方法是如果连续取心且有实测TOC数据的井可以直接划出，无取心的井段首先要根据岩性来判断，有效页岩的岩性应是深灰色、灰黑色、黑色页岩、碳质页岩、砂质页岩、泥岩，而不能是灰色、灰绿色页岩，然后根据测井曲线特征来划分（表2-6）。

表2-6 有效页岩与优质页岩划分标准

级别		TOC (%)	伽马 (API)	密度 (g/cm³)	电阻率 (Ω·m)	中子 (%)	声波 (μs/m)	颜色
有效页岩	一般页岩	1~2	125~160	2.60~2.68	高值	高值	高值	深灰色、灰色
	优质页岩	≥2	>160	≤2.60	高值	高值	高值	黑色、灰黑色

按照上述方法划分出龙马溪组有效页岩和优质页岩，地层对比图见图2-17、图2-18。由地层对比图可以看出龙马溪组有效页岩和优质页岩由西向东明显增厚。东部地区有效页岩和优质页岩由北向南先增厚后变薄。

图2-19、图2-20为等厚图，可以看出龙马溪组有效页岩和优质页岩在研究区中部大范围稳定分布。在阳高寺构造、长宁构造北部较厚，有效页岩厚120~140m，优质页岩厚约50~90m。向西北、向南逐渐变薄，威远构造有效页岩厚约0~50m。长宁构造有效页岩厚120m左右，优质页岩厚30~50m。天宫堂构造有效页岩厚约100m，优质页岩厚约40m。

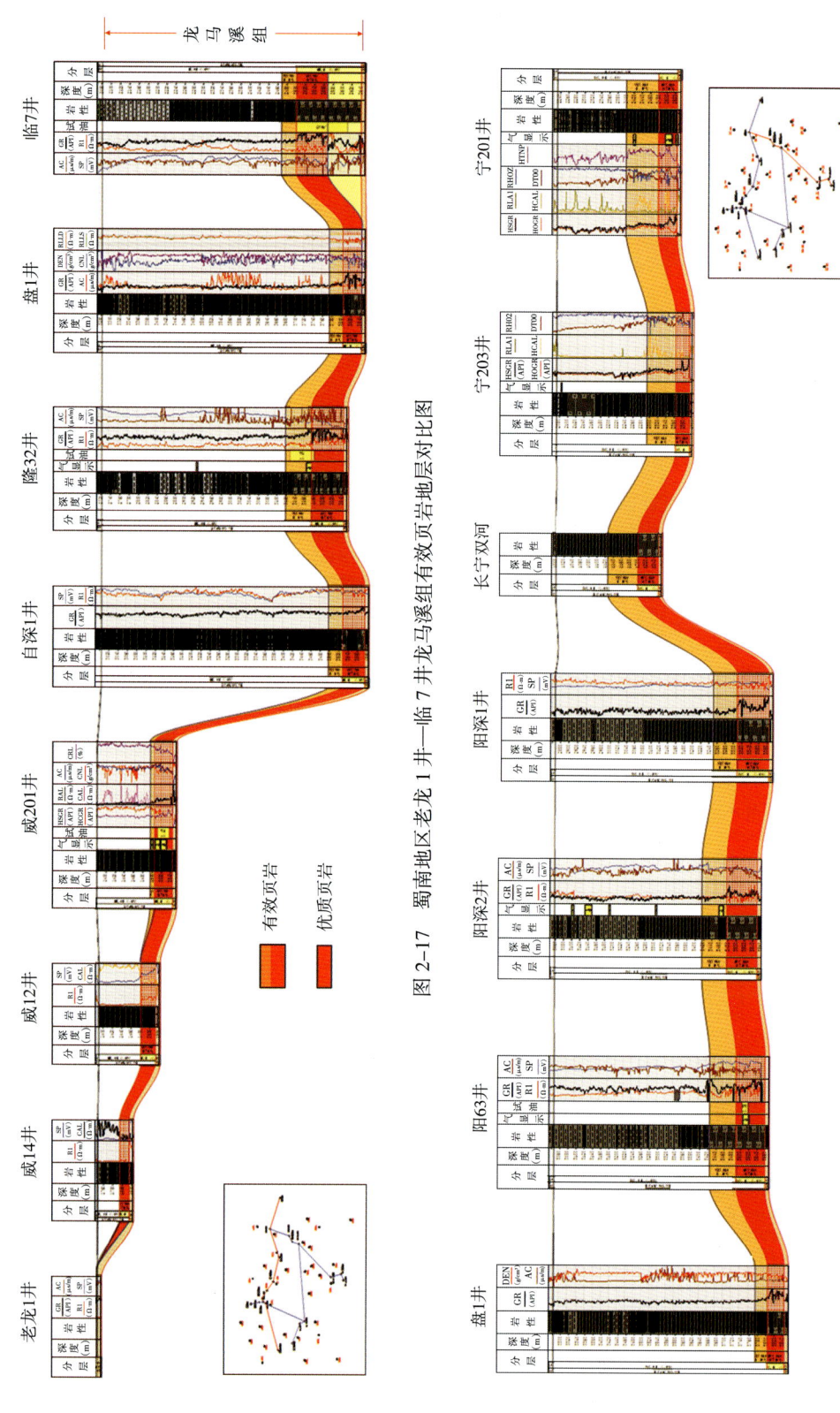

图 2-17 蜀南地区老龙 1 井—临 7 井龙马溪组有效页岩地层对比图

图 2-18 蜀南地区盘 1 井—宁 201 井龙马溪组有效页岩地层对比图

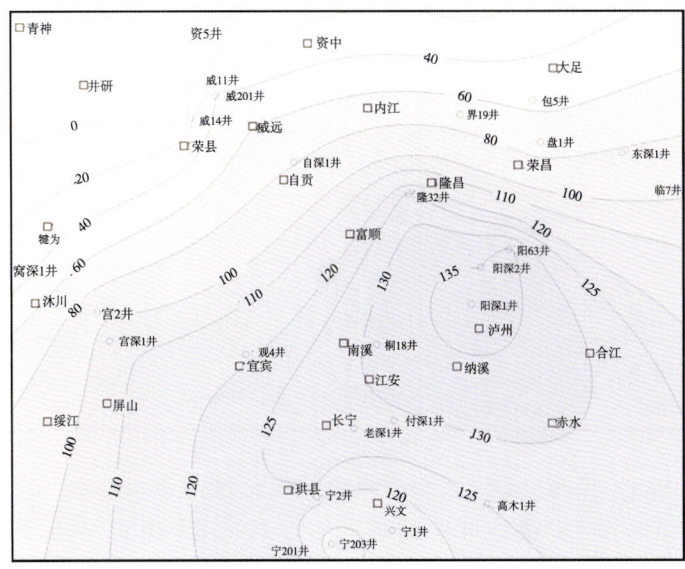

图 2-19　蜀南地区有效页岩厚度（m）分布图

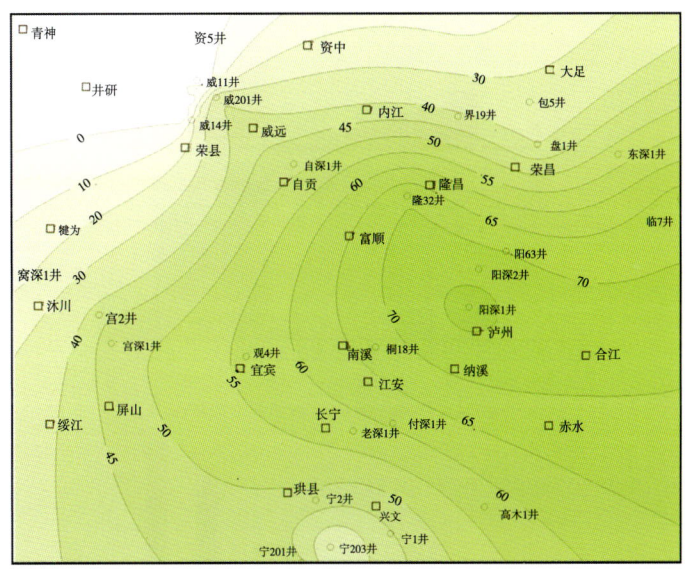

图 2-20　蜀南地区优质页岩厚度分布图

第三节　蜀南志留系含油气系统特征

一、国外志留系含油气系统概况

全球范围来看，志留系烃源岩主要分布在中东、北非以及美国等地区（Permian、Anadarko 和 Michigan 盆地），主要充注了中东二叠系碎屑岩—碳酸盐岩，北非的古生界—三叠系砂岩以及美国的志留系碳酸盐岩油气藏（表 2-7）。据 Emery & Myers（1996）按大于 7800×10^4 t 资源量统计，志留系共有 8 个含油气系统，其中下志留统 6 个。

表 2-7　国外主要志留系含油气系统（据 Rasoul Sorkhabi，2009）

盆地或区带	构造环境	烃源	干酪根类型	储层	成烃时期	参考资料
Arabian-Iranian	台地	Gahkum & Tabuk 笔石页岩层	Ⅱ型	Khuff Fm（Perm）；carb & clastics	Late Perm-Tr	Ala et al，1980；al-Laboun，1986
Erg Oriental，Erg Occidental	台地	志留系笔石页岩	Ⅱ型	Camb-Trss	Cret	Tissot，1984；Balducchi & Pommier，1970；Magloire，1970
Permian，Anadarko	台地	志留系海相页岩	Ⅱ型	Sil carb	Penn-Early Perm	Jones & Smith，1965
Michigan	克拉通内坳陷	Niagara 离礁碳酸盐岩	Ⅱ型	Sil carb	Late Cret-Early Tert	Gardner & Bray，1984

据 Grunau（1983）预测，全球最终可采天然气总量为 $55.17 \times 10^{12} m^3$，其中志留系贡献 14.6%（约 $8 \times 10^{12} m^3$）；最终可采石油总量为 $1017.7 \times 10^8 t$，其中志留系贡献 1.6%（$16.3 \times 10^8 t$）。Klemme & Ulmishek（1991）认为志留系对全球常规油气资源量贡献率为 9.0%（油气当量）（图 2-21）。

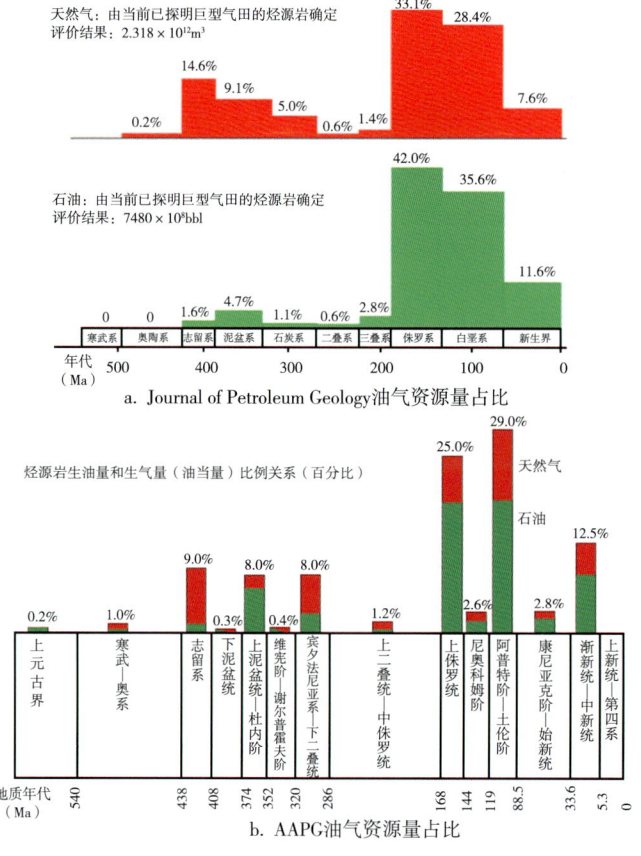

图 2-21　全球各烃源岩贡献的常规油气资源量及所占份额
（来源：Journal of Petroleum Geology，1983；AAPG，1991）

由于时代老、演化程度高，志留系烃源岩以形成气藏为主，对常规石油资源贡献不大。但是可以发现，志留系烃源岩是下古生界资源贡献率（特别是天然气资源）最高的烃源岩。这一认识对我国海相克拉盆地下古生界碳酸盐岩领域油气勘探具有较大的启示意义。

二、蜀南志留系含油气系统成藏条件分析

蜀南志留系含油气系统具有完整的生储盖组合。含油气系统内下二叠统茅口组、上二叠统龙潭组、下志留统龙马溪组是其主要的烃源岩层系。该含油气系统具有多产层、多气藏的特点，嘉陵江组、茅口组是主要的产气层，另外在志留系韩家店组、石牛栏组，长兴组，飞仙关组等多层系都有不同程度的井涌、井漏现象。

（一）烃源条件

蜀南志留系含油气系统是一个从志留系到中三叠统混源贯通的复合含油气系统，结合前人对蜀南地区烃源岩的研究成果，分析认为含油气系统范围内主要涉及 3 套烃源岩（表2-8）：下二叠统茅口组的深灰—灰色灰岩、生屑灰岩、泥灰岩及其所夹的灰黑色泥岩，上二叠统龙潭组的泥页岩及煤、下伏志留系龙马溪组泥质页岩。

表 2-8　志留系含油气系统内三套主要烃源岩

层位	岩性	有机质丰度	有机质类型	有机质成熟度	综合评价
P_2	煤系暗色岩类	TOC=1%~3%（泥质岩类） TOC>60%（煤岩类）	Ⅱ—Ⅲ	R_o=1.8%~2.0%	好
P_1	灰岩夹泥质岩类	TOC=0.2%~0.6%	Ⅱ	R_o=1.9%~2.3%	一般
S_1	泥质岩类	TOC=0.5%~5%	Ⅰ	R_o=2.5%~3.8%	好

1. 下志留统

下志留统龙马溪组为广海陆棚环境沉积的一套泥质岩类，志留系烃源岩有机质丰度高，类型好，成熟度高，生烃强度高。

2. 下二叠统

下二叠统的栖霞组和茅口组以台地相灰岩沉积为主，夹少量页岩及泥质灰岩，生物繁多，碳酸盐岩中有机质较丰富。川东实测有机碳含量为 0.2%~0.6%，有机质以Ⅱ型为主，成熟度 R_o 为 1.90%~2.27%，厚度大，该区多在 250m 以上，是一套较好的碳酸盐岩烃源岩。

3. 上二叠统

上二叠统煤系烃源岩，主要分布在龙潭组，属于海陆交互相沉积的煤系地层，主要由暗色泥质和煤组成，煤系沉积中心在新津—资阳—安岳—自贡一带和重庆—江津地区。泸州古隆起区上二叠统泥质烃源岩厚度相对较薄，多分布在 50~100m 之间，向斜坡及外围东、西方向厚度增大；煤岩厚度在古隆起区，特别是核部一带也较薄，一般不大于 5m，而且向西北的内江和西侧的宜宾方向更薄，一般低于 2.5m，向古隆起的东侧和南部边缘及其斜坡及外围煤岩厚度增厚，最厚可达 15m 以上。

上二叠统煤系烃源岩与海相碳酸盐岩共生，成煤母质中有很多藻类和水生生物的成分，有机质丰度较高，为Ⅲ型有机质，也有部分Ⅱ$_2$型。蜀南地区暗色泥质烃源岩有机碳含量一般为 1%~3%，煤岩有机碳含量高达 60% 以上。蜀南地区实测成熟度 R_o 为 1.6%~2.2% 之间，处于高熟晚期阶段。

通过3套主要烃源岩在研究区内的生烃强度分析（图2-22，图2-23），可见含油气系统内志留系烃源岩全区分布，生烃强度远高于二叠系烃源岩，是含油气系统内的主力烃源岩。

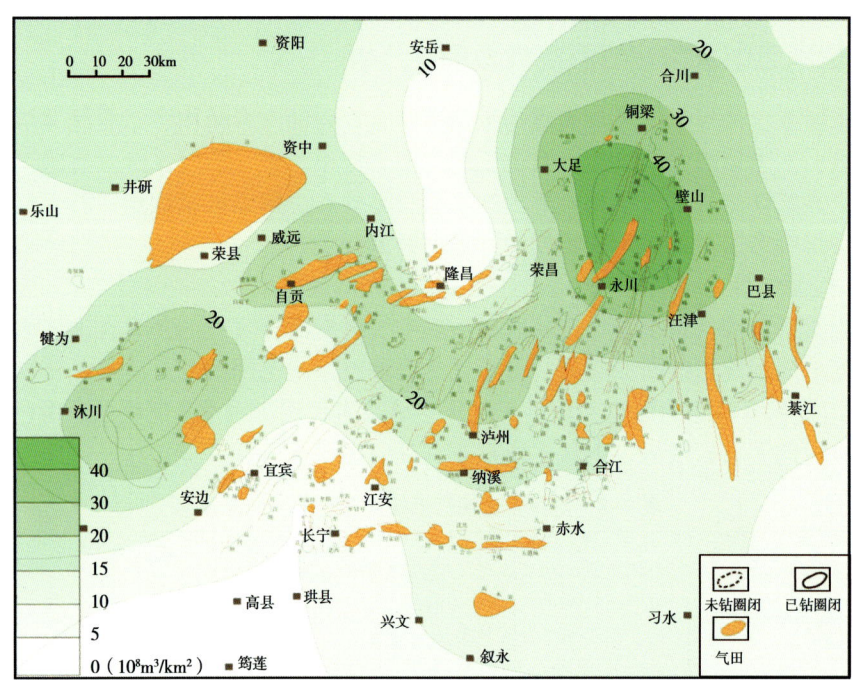

图2-22　蜀南地区下二叠统（茅口组）烃源岩生烃强度图

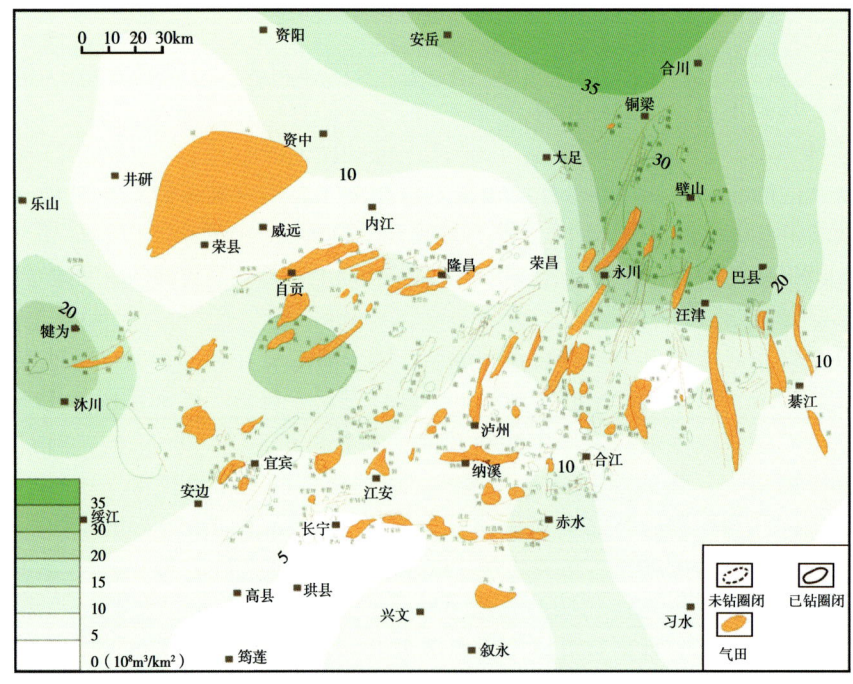

图2-23　蜀南地区上二叠统（龙潭组）烃源岩生烃强度图

(二) 储层条件

蜀南地区二叠系、三叠系碳酸盐岩储层孔隙度、渗透率及孔隙喉道半径都很低，基质孔隙度通常<1%，渗透率<9.87×10^{-3} mD，喉道中值半径仅 0.00894μm（表 2-9）。据 14518 块储层样品分析，最大孔隙度为 21.8%，最小为 0.03%，平均为 0.91%。而据 4886 块物性分析，渗透率<9.87×10^{-3} mD 的样品占 76.4%。因此，储层孔渗均很低，多属超致密的非渗透层。研究区储层的最大特征是构造缝和溶蚀缝洞储气，其中裂缝最为关键，它既是储集空间，又是运移通道。

表 2-9　蜀南地区二叠系、三叠系碳酸盐岩储层特征表

层位	下二叠统	长兴组	飞仙关组	嘉一—嘉二^1	嘉三—嘉四^1
储层岩性	石灰岩、生物灰岩、灰质白云岩	生物灰岩、泥质灰岩	石灰岩鲕粒灰岩	白云岩、灰质云岩、灰岩、白云质灰岩	灰岩夹白云岩
厚度（m）	200~400	10~90	T_1f_3: 120~180 T_1f_1: 80~120	200	80~150
基质孔隙度（%）	<1.0	<1.0	<1.0	1.0	1.0
基质渗透率（10^{-3} mD）	<9.87	<9.87	<9.87	<9.87	<9.87
裂缝孔隙度（%）	0.044~0.286		0.65~1.95	0.151~0.682	0.344~0.752
裂缝渗透率（10^{-1} mD）	277~1167			372~384	
喉道半径（μm）	中值 0.00894，最大 0.03454				

嘉陵江组储层的储集类型有孔隙型、裂缝—孔隙型及裂缝型三种，以裂缝—孔隙型为主。在气藏范围内，储层横向分布比较稳定。构造张性缝（含溶缝）发育，钻井过程中多见放空、井喷、井漏现象。具有孔隙（洞）为主要储集空间，裂缝为主要渗滤通道的储渗特点。在孔隙度与渗透率关系分布图呈两个区域分布，在关井复压曲线上具裂缝与孔隙双重介质渗滤特征。

茅口组碳酸盐岩为基质致密的厚层块状灰岩，厚度 200~500m，茅口组储层主要发育于上部茅四—茅二段。蜀南地区茅口组储层具有孔隙、溶洞、裂缝等多种储集空间，它们在空间上相互搭配形成了孔洞缝相结合的储渗体，总体上以裂缝—溶洞型储层为主。溶洞是主要储集空间，裂缝主要起沟通溶洞的作用。

蜀南地区志留系储层的岩石类型主要为石牛栏组的碳酸盐岩，其次为韩家店组的碎屑岩。石牛栏组储层岩性主要为石灰岩、砂岩，普遍含泥质。石牛栏组又可细分为石二段、石一段。石二段储层主要发育在上部，单层石灰岩厚度较薄，高木 1 井厚 17m，全区厚度 886m；石一段发育在中—上部，具单层厚度大特点，高木 1 井厚 114 m，全区厚度 4~133m。

通过蜀南二郎、建东等 10 条剖面样品分析认为，石牛栏组孔隙度最小 0.6%，最大 11.2%，平均 2.79%，渗透率 0.028~0.098mD（图 2-24）。表明石牛栏组储层物性较差，以低孔、低渗储层为主。

志留系钻井显示较普遍、显示级别高，但测试效果欠佳。其中，唯有太 13 井 3110.20~3113.20m 井段的浅灰、灰色泥灰质粉砂岩中测初产气 6.2×10^4~7.2×10^4 m³/d，但不能稳产。

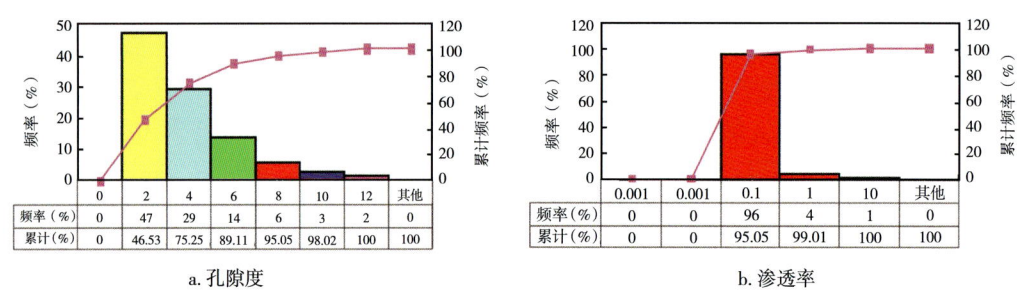

图 2-24 蜀南二郎、建东剖面样品孔隙度和渗透率分布直方图（据蜀南气矿资料，2012）

（三）保存条件

影响保存条件的主导因素是封盖与散失。良好的盖层可以阻滞天然气的散失，而断层可成为天然气散失的通道。气藏的盖层可分为直接盖层和间接盖层。下二叠统储层上覆的上二叠统龙潭组滨海含煤泥沼相沉积岩厚 80~120m，为其直接盖层，而其上覆的中、下三叠统一般厚约 50~100m 的石膏、盐岩既为嘉陵江组和飞仙关组储层的直接盖层，又是下二叠统储层的间接盖层。除此之外，作为基质岩的致密碳酸盐岩也是气层的重要盖层。

龙潭组泥岩的排替压力在 2.0~4.0MPa 之间，以泸州南部为高值中心，向外逐步变小（图 2-25），可见该泥岩具较好的封盖能力。此外据实验表明，龙潭组泥岩的扩散系数一般在 $5 \times 10^{-7} cm^2/s$，可见它对天然气扩散亦有良好的遮挡作用。

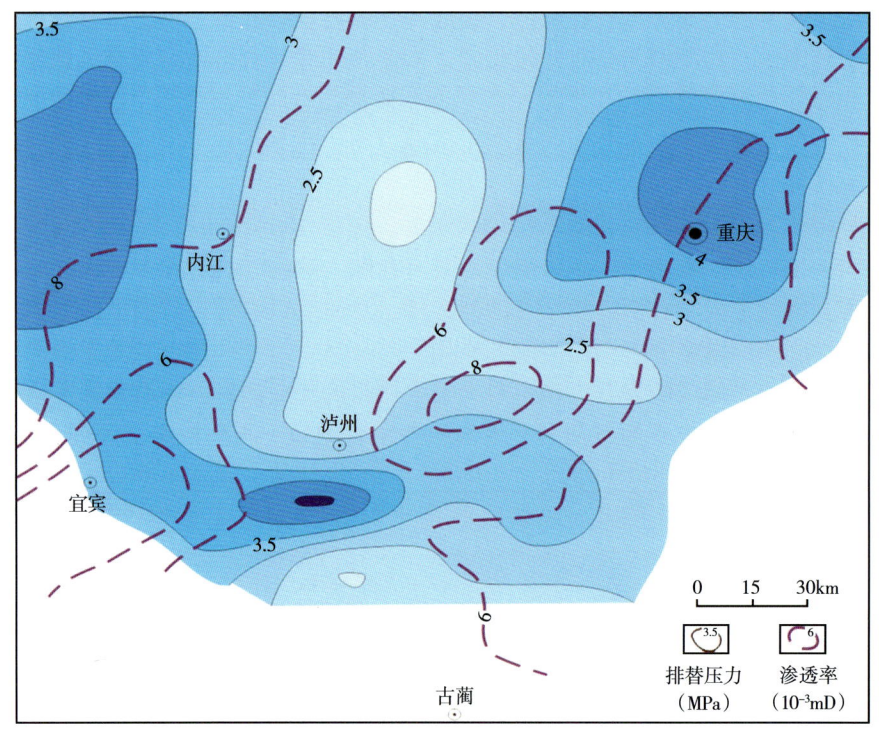

图 2-25 蜀南地区上二叠统龙潭组泥岩排替压力、渗透率分布图

作为嘉陵江组和飞仙关组的直接盖层的中、下三叠统石膏、盐岩夹层，厚40~130m（图2-26），都是致密的非渗透层，对气藏的封堵能力极强，是公认的良好盖层。

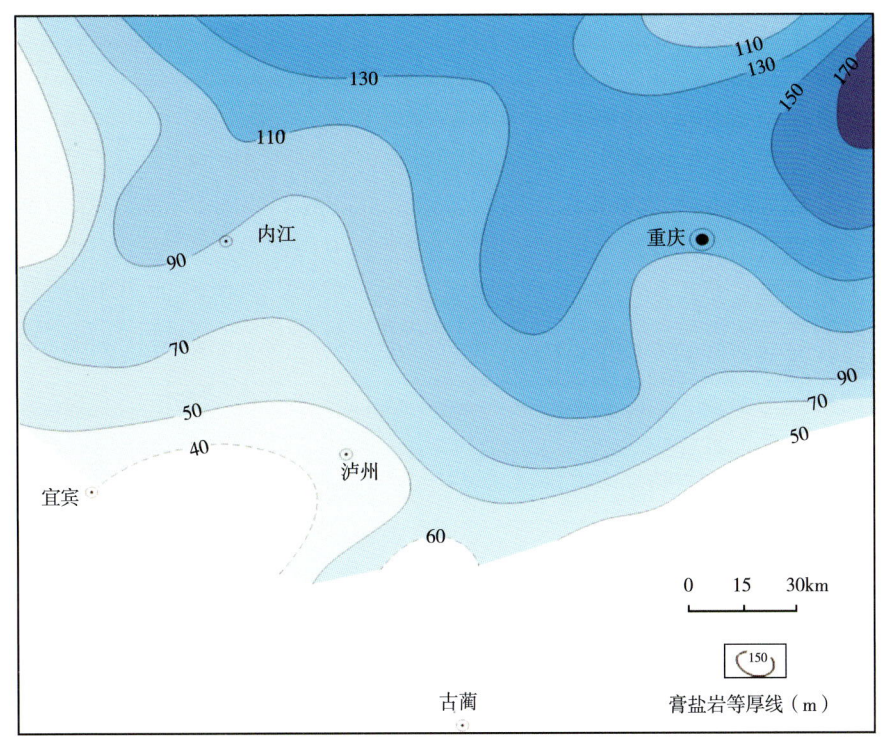

图2-26 蜀南地区下三叠统嘉陵江组膏盐岩等厚图

另外，作为基质岩的致密碳酸盐岩孔隙度一般在0.5%左右，其排替压力在3.0 MPa左右，亦具有良好的封盖作用。据研究，在致密储层与上覆盖层二者共同作用下，即使在地下状态下盖层封堵的气柱高度也能达到100~130m（图2-27），可见其封盖能力之强。综上分析，可以看出蜀南二叠系、三叠系具有良好的封盖条件，因此在不同深度和构造部位均可形成二叠系、三叠系碳酸盐岩气藏。

三、烃源对比

二叠系、三叠系是蜀南最早发现和开发利用天然气的层系，经半个多世纪勘探，在雷口坡组、嘉陵江组、飞仙关组和茅口组等层系都发现工业性气藏。20世纪80年代以来，进行过三轮四川盆地油气资源评价，对四川盆地的烃源岩分布、烃源岩的地化特征、生油气条件及资源潜力等做过研究。但迄今为止，从含油气系统的角度对蜀南二叠系、三叠系的气源对比及资源潜力等尚缺乏系统的研究与评价。

（一）前人研究认识

1. 嘉陵江组烃源

蜀南地区三叠系烃源条件，前人已经做了大量的研究工作。早在"一次资评"时，程耀黄等（1982）即指出，川南地区某些嘉陵江组气藏，即使在一个构造（带）里，重烃含量变化也极大。不是与构造部位有关，而是与气井产能有关。出现产量大的井重烃含量低，$\delta^{13}C$

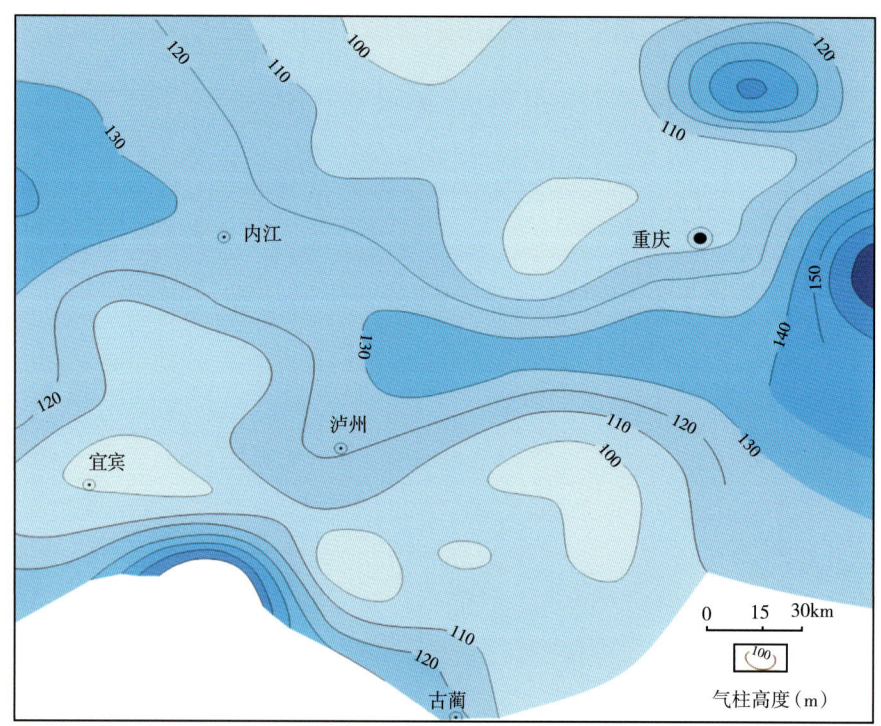

图 2-27　蜀南地区龙潭组+茅口组地下状态封堵气柱高度分布图

值高，重烃含量与 $\delta^{13}C$ 值呈负相关的特征，表明有深部 $\delta^{13}C$ 值高的干气窜入嘉陵江组气藏高渗透区所致。部分井重烃高而 $\delta^{13}C$ 值较低，并伴产少量原油，与嘉陵江组所处的热演化阶段相吻合。这类井多处于低渗透区，产量低、下降快，以阳高寺地区表现最明显。

宋华清、赵路子等（2003）在系统研究嘉陵江气藏天然气组分与碳同位素特征的基础上，认为在泸州古隆起顶部嘉陵江气藏中有不同热演化程度的外源天然气混入，特别在储量较大天然气储集系统中外源高熟—过熟天然气混入更为显著，而储量较小的储集系统中的天然气可能主要来源于自身相对较低成熟度的烃源层，其生烃量一般较小，难以形成较大规模的天然气储量。这一研究成果深化了"一次资评"对嘉陵江气藏气源的认识。

黄藉中等（1994）通过天然气及岩石有机地球化学、同位素特征等分析研究，认为中—下三叠统本身有机质含量较低，大中型气藏如卧龙河气田嘉五^1、磨溪气田雷一^1 以及川东南地区局部构造的嘉陵江组气藏中的天然气主要来源于下伏的二叠系烃源岩。王兰生、张鉴等（2001）通过天然气及储层沥青对比，认为嘉陵江组自身生成的天然气气量相对较少，其气藏主要由下二叠统生成的天然气通过裂缝自下而上运移至储层，同时有部分志留系油系烃源岩和上二叠统煤系烃源岩生成的天然气混入。

王廷栋（1994）、李延钧（2004）用全烃地球化学方法对蜀南地区嘉陵江组的油气源进行了对比研究。认为泸州古隆起嘉陵江组存在多期多源烃类注入，但不同区域烃源贡献大小不同。古隆起核部以志留系烃源为主，近核部边缘，特别是南缘出现上二叠统龙潭组煤系烃源的混入，甚至局部呈现以之为主的特征。在远离古隆起核部的上斜坡区以下二叠统碳酸盐岩烃源为主，同时存在上二叠统龙潭组煤系烃源的注入。

2. 茅口组烃源

据三次资评研究，认为蜀南茅口组以自生自储为主。李延钧等（2004）认为蜀南泸州古隆起区茅口组碳酸盐岩属于浅水台地，发育风暴岩（如眼皮构造），水体动荡，为弱氧化还原环境，不利于有机质发育和保存，干酪根镜下鉴定为Ⅱ型有机质。虽然有机碳测定含量较高，有时高达 2.0% 以上，但岩石薄片观察其中含有大量外来沥青，即不具有有机质原生性。因此从生烃能力和贡献大小上看，都不如有机质丰富的、具备典型的Ⅰ型干酪根的志留系泥质烃源岩，但也不能否定局部相带变好、有利于碳酸盐岩烃源岩发育的地区，特别是泸州古隆起上斜坡或以外地区。

另外，付家庙构造的付17井茅口组高产气层具有典型的志留系烃源生物标志物特征，TIC 总离子流图奇碳优势明显，分布在 nC_{23}—nC_{30} 之间，以 nC_{19} 为主峰的前单峰峰形，Pr≪Ph；甾萜类同样呈现志留系烃源特征（图 2-28）。

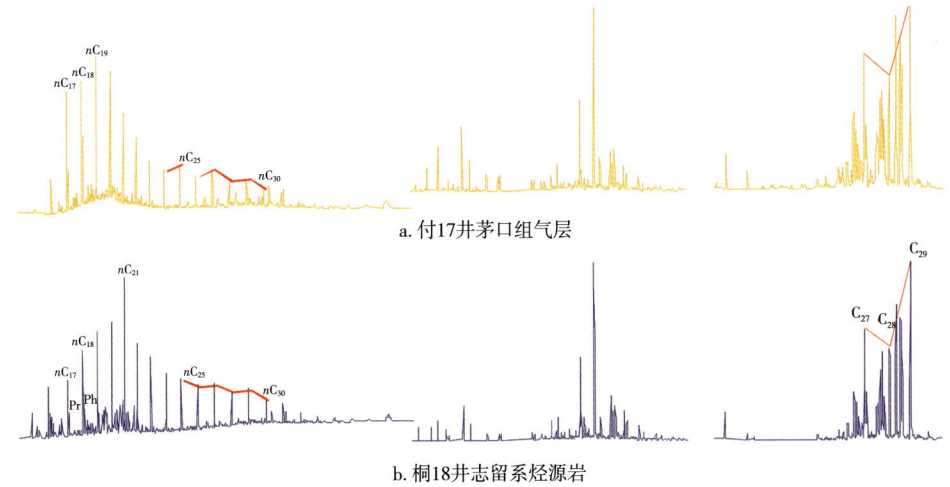

图 2-28 茅口组气藏与志留系烃源岩饱和烃总离子流（TIC）和甾萜类色质图（据李延钧等，2004）

（二）气体同位素分析

王廷栋等（1994）认为四川盆地天然气碳同位素存在年代积累效应（图 2-29），志留系来源气 $\delta^{13}C_2$ 最轻，一般轻于 -34.0‰。川东地区石炭系天然气已证实多为志留系产物，$\delta^{13}C_2$ 一般分布在 -33.2‰~-38.0‰ 之间，有的可达 -40.0‰ 以下，如大池干井构造的池6井为 -40.16‰（图 2-30），按照分段捕获理论，显然捕获到了志留系早期生成的天然气。所以，采用 $\delta^{13}C_2$ 以 -34‰ 作为区分志留系腐泥型烃源岩成因气的界限。

由于属于龙潭组煤系成因的川东板东4井天然气 $\delta^{13}C_2$ 为 -29.56‰，故选取 -30‰ 作为 $\delta^{13}C_2$ 划分腐殖气（煤型气）和腐泥气（油型气）的界限。而 $\delta^{13}C_2$ 在 -30‰ 和 -34‰ 之间分布的天然气属于二者的不同程度的混合，这样又可进一步将 $\delta^{13}C_2$ 为 -32‰ 作为偏腐殖型和偏腐泥型成因天然气的划分界限，实际上这一范围天然气主要为志留系泥岩或（和）下二叠统局部碳酸盐岩与上二叠统龙潭组煤系不同演化阶段烃类的混合，只是比例不同而已。

这样，将蜀南二叠系、三叠系气藏分为 A、B、C、D 四个区间。A 区 $\delta^{13}C_2$ 轻于 -34‰，主要为志留系泥岩烃源贡献区；B 区以志留系泥岩或（和）下二叠统局部碳酸盐

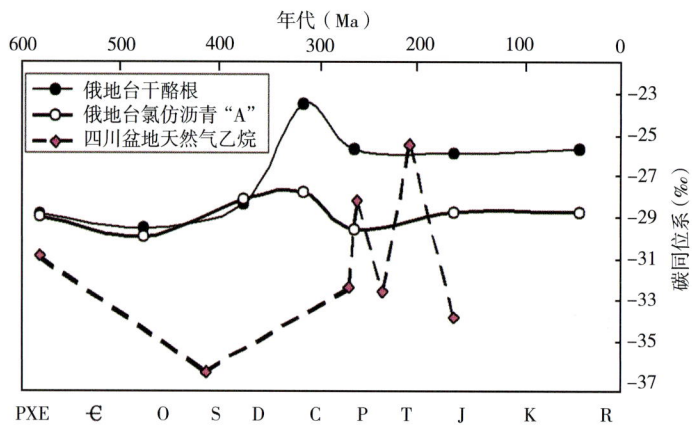

图 2-29 各地质时代干酪根及其产物碳同位素组成分布（据张水昌等，2010）

岩烃源贡献为主；C 区以龙潭组煤系烃源贡献为主，同时混有腐泥型烃源；D 区 $\delta^{13}C_2$ 重于 -30‰，为龙潭组煤系烃源贡献区（图 2-30）。

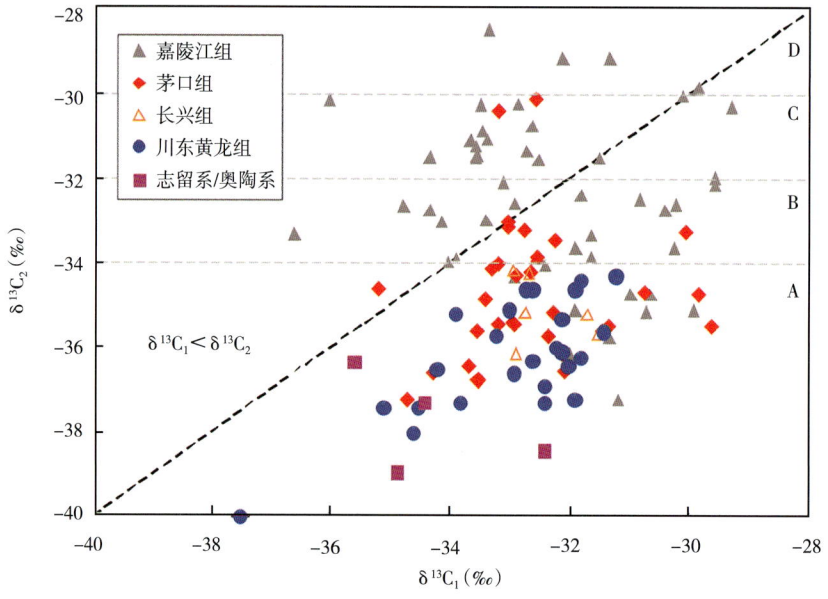

图 2-30 川东石炭系及蜀南主要气藏甲烷、乙烷同位素分布

从图 2-30 中可见，蜀南地区志留系龙马溪组烃源气及小河坝、韩家店组及邻近的奥陶系宝塔组天然气乙烷同位素 $\delta^{13}C_2$ 较轻，主体分布在 -35.76‰～-38.92‰，川东石炭系黄龙组天然气主体分布在 -34.30‰～-38.00‰，二叠系茅口组、长兴组天然气 $\delta^{13}C_2$ 分布在 -33.21‰～-37.20‰，嘉陵江组天然气 $\delta^{13}C_2$ 主体分布在 -27.26‰～-36.12‰。可见，从烃源岩层往上至嘉陵江组气藏，总体趋势 $\delta^{13}C_2$ 逐渐增重。反映了二叠、三叠系气藏除来自志留系烃源岩外，存在志留系之上的有机质类型较差的二叠系烃源岩生成的天然气混入，地层越往上，混入比例逐渐增加。二叠系茅口组、长兴组气藏，$\delta^{13}C_2$ 分布范围与黄

龙组相对比较接近，主要分布在 A 区，以志留系烃源贡献为主。茅口组部分气藏 $\delta^{13}C_2$ 在 $-34.00‰\sim-32.00‰$ 之间，说明有自身烃源气的贡献，川西南灵音寺、孔滩气藏乙烷同位素较重（图 2-30），以龙潭组腐殖型煤系烃源贡献为主，甲乙烷碳同位素也未发生倒转。

嘉陵江组气样在 B 区和 C 区气样个数占到 60% 左右，可见大部分属于混合来源。而志留系和以志留系烃源为主的腐泥型气样（AB 区）又稍多于龙潭组煤系和以之为主的气样（CD 区）。相对而言前者多处于泸州古隆起核部，后者处于泸州古隆起边缘和上斜坡区（李延钧等，2004）。

从图 2-30 中还可见，除了半数嘉陵江组气样，其余气藏包括志留系烃源气样都存在甲烷与乙烷碳同位素倒转现象，表现为 $\delta^{13}C_2$ 值比 $\delta^{13}C_1$ 的轻。

由于石炭系黄龙组储层中广泛分布沥青，且储层下伏的志留系为一套优质的海相页岩，根据原油裂解气的特征，不少学者认为石炭系气藏为志留系烃源岩形成的原油，而后发生热裂解而形成。由于石炭系气藏经历了较长的成藏过程，从油到气，又到干气，热演化过程的多阶段性，很可能是气藏中聚集了志留系龙马溪组不同成熟阶段和过成熟度阶段的气，而且还可能混有干酪根继续热降解生成的气，从而导致川东石炭系所有气藏都呈现出甲、乙烷碳同位素倒转。

戴金星等（2010）研究川东石炭系时认为，导致倒转的原因不是有机与无机烷烃气的混合，不是煤成气与油型气的混合，也不是烷烃气的某一组分被细菌氧化所致，而是志留系烃源岩先期形成的轻 $\delta^{13}C_2$ 的伴生气和后期形成的重 $\delta^{13}C_2$ 的裂解气的混合。一般原油伴生气，重烃气（C_{2-4}）含量高，甲烷及其同系物碳同位素相对较轻，天然气成熟度低。而裂解气重烃气含量低，甲烷和乙烷的碳同位素重，成熟度高。通过混合模拟计算，随着裂解气在混合气中比例的递增，混合气的碳同位素组成越来越接近于裂解气的碳同位素组成，即甲烷的碳同位素组成越来越重，甲烷及其同系物的碳同位素组成分布模式趋于同位素部分倒转。

因此，蜀南地区茅口组、长兴组气样呈现甲、乙烷碳同位素倒转主要是由于志留系原油伴生气、后期油藏裂解气及志留系源内滞留油二次裂解气混合导致的。

嘉陵江组半数气样同位素未出现倒转，从热演化史分析（图 2-31）可知，嘉陵江组的最大古地温为 150℃，并未达到油藏裂解温度，没有油藏裂解气的充注。另外，$\delta^{13}C_2$ 小于 $-34.00‰$ 的样品甲、乙烷碳同位素皆出现倒转（图 2-30），表明志留系烃源贡献的气藏经历了志留系不同演化阶段包括二次裂解气的多期充注。甲、乙烷碳同位素出现倒转的气样，主要集中在印支期古隆起核部及边缘地区，且靠近纳溪、华蓥山、中梁山等基底断裂附近（图 2-30、图 2-32）。在这些地区，志留系烃源岩二次裂解气可以通过烃源断裂向上运移至储层与之前的原油伴生气混合，导致甲、乙烷碳同位素倒转（表 2-10）。

本书在前人研究基础上，结合烃源岩的地化特征、储层生物标志化合物特征及天然气碳同位素分析，取得两点认识：（1）除川西南灵音寺、孔滩气藏以龙潭组腐殖型煤系烃源贡献为主以外，蜀南地区茅口组气藏以志留系烃源贡献为主，聚集了志留系龙马溪组不同演化阶段生成的天然气，包括原油伴生气、油藏裂解气及志留系后期高演化气，致使甲、乙烷碳同位素倒转；部分气藏有自身烃源的贡献，使得 $\delta^{13}C_2$ 重于 $-34.00‰$。（2）嘉陵江组气藏的天然气主要来源于下伏志留系和二叠系烃源层，大部分属于混合来源，但以志留系和以志留系烃源为主的腐泥型气样居多，主要集中在泸州古隆起核部及其边缘，且靠近基底断裂附近。川西南区内（图 2-31 红色虚线范围内）嘉陵江组气藏以龙潭组煤系烃源贡献为主。

表 2-10 蜀南地区二叠系、三叠系及川东石炭系气藏甲烷、乙烷同位素数据表

(据李延钧, 2004; 王廷栋, 1994; 张水昌, 2010; 戴金星, 2010; 朱光有, 2006; 黄文明, 2010)

序号	井号或气藏	层位	δC_1 (‰)	δC_2 (‰)	序号	井号或气藏	层位	δC_1 (‰)	δC_2 (‰)	序号	井号或气藏	层位	δC_1 (‰)	δC_2 (‰)
1	付11	P_1m	-32.74	-33.21	33	瓦9井	P_1m-P_1q	-35.19	-34.61	65	丹20	$T_1j_2^2-T_1j_3^1$	-32.40	-34.02
2	阳65	P_1m	-33.39	-34.84	34	青13井	P_1m	-30.53	-29.38	66	纳1	$T_1j_3^1$	-33.38	-32.97
3	纳6	P_1m	-32.25	-35.17	35	塔15井	P_1m	-38.10	-28.79	67	纳1	$T_1j_1^2-T_1j_3^1$	-33.88	-33.86
4	寺47	P_1m	-31.42	-35.57	36	界4井	P_1m	-38.90	-29.33	68	寺10	$T_1j_1^2$	-31.32	-35.73
5	合4	P_1m	-30.72	-34.67	37	大13	S_1h	-32.42	-38.41	69	寺2	$T_1j_2^2-T_1j_3^1$	-31.62	-33.34
6	合31	P_1m	-29.82	-34.72	38	东深1	O_2	-34.88	-38.92	70	寺3	$T_1j_2^2-T_1j_3^1$	-31.88	-33.62
7	自3	P_1m	-33.18	-35.42	39	宁201	S_1l	-21.75	-35.76	71	寺3	$T_1j_2^2-T_1j_3^1$	-32.90	-34.32
8	自2	P_1m	-32.21	-33.47	40	威201	S_1l	-21.98	-37.50	72	寺6	$T_1j_2^2-T_1j_3^1$	-30.82	-32.46
9	纳5	P_1m	-33.18	-33.99	41	河湾场	S/O	-35.61	-36.32	73	寺26	$T_1j_1^2$	-30.63	-34.70
10	纳33	P_1m	-32.95	-35.38	42	五百梯	S_1x	-34.41	-37.27	74	寺28	$T_1j_1^2$	-34.32	-31.48
11	纳17	P_1m	-32.91	-35.44	43	牟浅1	$T_1j_2^2$	-30.86	-27.95	75	白1	$T_1j_1^2$	-33.10	-32.08
12	纳21	P_1m	-32.09	-36.14	44	牟16	$T_1j_2^2$	-31.32	-29.11	76	二6	$T_1j_1^2$	-30.96	-34.70
13	丹4	P_1m	-32.64	-34.20	45	同福1	$T_1j_2^2-T_1j_3^1$	-30.40	-32.72	77	二9	$T_1j_2^2-T_1j_3^1$	-31.81	-32.35
14	寺47	P_1m	-31.42	-35.57	46	同福7	$T_1j_3^3$	-31.49	-31.50	78	二16	$T_1j_2^2-T_1j_3^1$	-31.17	-37.20
15	来1井	P_1m	-32.34	-35.71	47	塘32	$T_1j_3^3$	-31.63	-33.85	79	黄20	$T_1j_3^3$	-36.01	-30.13
16	永12井	P_1m	-32.07	-36.54	48	长7	$T_1j_3^3$	-31.97	-36.12	80	昌10	$T_1j_1^4-T_1j_2^2$	-34.74	-27.59
17	阳65井	P_1m	-33.39	-34.84	49	长7	$T_1j_1^4-T_1j_2^2$	-30.70	-35.12	81	家2	$T_1j_1^4-T_1j_2^2$	-32.11	-29.11
18	董6井	P_1m	-30.04	-35.35	50	五3	$T_1j_1^4-T_1j_2^2$	-30.12	-30.03	82	家8	$T_1j_1^4-T_1j_2^2$	-32.91	-32.57
19	丹8井	P_1m	-32.53	-33.84	51	沈12	$T_1j_2^2$	-33.36	-31.06	83	灵2	$T_1j_1^4-T_1j_2^2$	-33.55	-31.22
20	威远	P_1m	-34.70	-37.20	52	沈17	$T_1j_3^3$	-32.70	-31.35	84	灵4	$T_1j_1^4-T_1j_2^2$	-33.48	-30.23
21	新场	P_1m	-29.61	-35.47	53	付1	$T_1j_2^2$	-32.51	-31.52	85	自10	$T_1j_1^4-T_1j_2^2$	-34.03	-33.98
22	高木顶	P_1m	-31.31	-35.48	54	付4	$T_1j_3^3$	-36.59	-33.31	86	自18	$T_1j_1^4-T_1j_2^2$	-33.35	-28.46
23	家6井	P_1m	-33.02	-33.14	55	付15	$T_1j_3^3$	-38.59	-27.26	87	孔3	$T_1j_1^4-T_1j_2^2$	-32.61	-30.73
24	家20井	P_1m	-33.67	-36.44	56	付21	$T_1j_1^4-T_1j_2^2$	-29.55	-32.15	88	兴3	$T_1j_1^4-T_1j_2^2$	-33.44	-30.85
25	家30井	P_1m	-34.27	-36.58	57	合7	$T_1j_1^4-T_1j_2^2$	-29.55	-31.94	89	兴6	$T_1j_1^4-T_1j_2^2$	-33.56	-31.46
26	家41井	P_1m	-33.52	-36.77	58	合9	$T_1j_2^3$	-29.91	-35.08	90	兴8	$T_1j_1^4-T_1j_2^2$	-33.54	-31.42
27	灵1井	P_1m	-33.19	-30.36	59	合10	$T_1j_3^3$	-30.24	-33.60	91	宣2	T_1j	-29.85	-29.84
28	自6井	P_1m	-33.02	-33.00	60	合12	$T_1j_3^3$	-34.34	-32.71	92	山11	T_1j	-33.65	-31.07
29	自30井	P_1m	-33.29	-34.12	61	阳1	T_1j	-34.13	-33.02	93	包61	T_1j	-31.90	-35.10
30	孔6井	P_1m	-32.54	-30.13	62	阳23	$T_1j_3^3$	-34.76	-32.61	94	麻3	P_2ch	-29.30	-30.28
31	昌1井	P_1m	-33.53	-35.56	63	阳29	$T_1j_3^1$	-34.34	-30.23	95	花12井	P_2ch	-31.69	-35.18
32	包37井	P_1m	-32.88	-34.28	64	丹18	P_2ch	-32.86	-30.20	96	朋15井	P_2ch	-31.52	-35.66

序号	井号或气藏	层位	δC_1 (‰)	δC_2 (‰)
97	寺25井	P_2ch	-32.72	-35.17
98	丹10井	P_2ch	-32.92	-34.17
99	寺23	P_2ch	-32.72	-35.17
100	丹7	P_2ch	-32.66	-34.22
101	界14井	P_2ch	-32.88	-36.12
102	卧48	C_2hl	-32.20	-36.00
103	卧52	C_2hl	-32.10	-35.30
104	卧58	C_2hl	-32.60	-36.30
105	卧88	C_2hl	-32.70	-34.60
106	卧65	C_2hl	-32.10	-36.10
107	卧94	C_2hl	-32.40	-36.90
108	相14	C_2hl	-33.90	-35.20
109	相18	C_2hl	-34.50	-37.40
110	相22	C_2hl	-33.00	-35.10
111	天东1	C_2hl	-32.40	-37.30
112	天东2	C_2hl	-31.40	-35.60
113	天东11	C_2hl	-31.80	-36.20
114	天东21	C_2hl	-32.00	-36.40
115	天东51	C_2hl	-31.90	-37.20
116	天东9	C_2hl	-34.60	-38.00
117	成13	C_2hl	-32.90	-36.60
118	板16	C_2hl	-34.20	-36.50
119	铁4	C_2hl	-31.20	-34.30
120	张2	C_2hl	-33.20	-35.70
121	峰6	C_2hl	-32.60	-34.60
122	峰8	C_2hl	-33.80	-37.30
123	七里7	C_2hl	-31.80	-34.40
124	罐17	C_2hl	-31.80	-36.20
125	七里53	C_2hl	-31.90	-34.60
126	天东93	C_2hl	-35.10	-37.40
127	池18	C_2hl	-37.50	-40.16

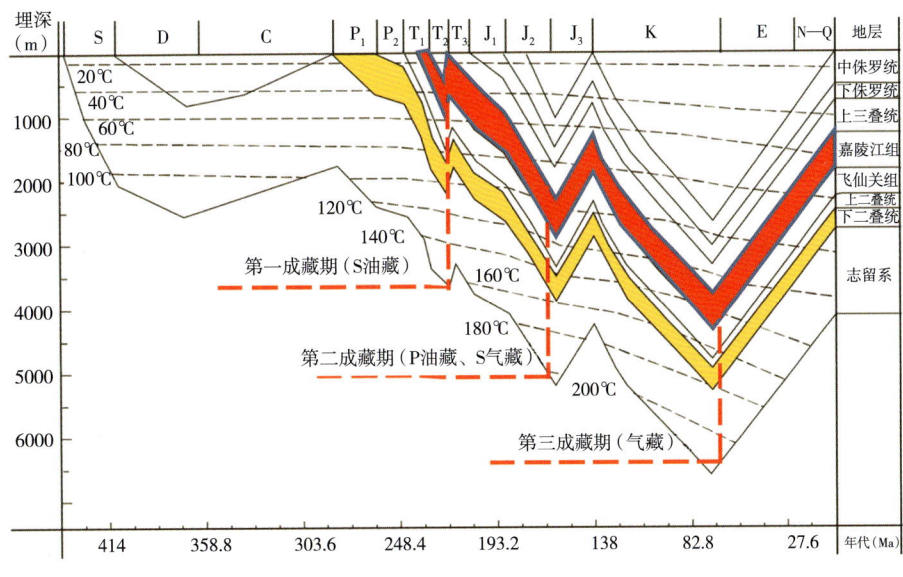

图 2-31 蜀南付深 1 井埋藏史、热演化史、成藏史图

四、生烃史、成藏史分析

(一) 泸州古隆起核心区

图 2-31 为位于泸州古隆起核部南缘付深 1 井埋藏史、古地温史图。嘉陵江组、茅口组在地史中经历了三次增温和三次降温过程,印支运动前期存在高地温,随古隆起的抬升而降温;在印支运动后期、燕山运动早期进入第二次增温过程,最大古地温在中侏罗世,尔后燕山中期因地层抬升而再次降温;燕山末期的白垩纪沉降期,地温再次增加,嘉陵江组和茅口组分别达到 130~150℃和 170~180℃,达到最大古地温,喜马拉雅造山运动再次使地温降低。

志留系沉积厚度大,而且古地温梯度高,志留系底部在志留纪末期开始进入生油门限($R_o=0.5\%$)。早三叠世志留系中下部均处于生油高峰,并达到凝析油气生成阶段($R_o=1.0\%\sim1.3\%$),底部进入湿气阶段($R_o>1.3\%$)。燕山早期(早侏罗世),志留系烃源岩整体处于湿气阶段($R_o=1.3\%\sim2.0\%$),泸州古隆起核部较边缘演化要滞后一些;燕山中期(中侏罗世末)达到生气高峰;燕山晚期整体均达到过熟干气阶段($R_o>2.0\%$)。

二叠系烃源岩在中侏罗世早期达到生油高峰,白垩纪达到湿气阶段,白垩纪末至今,下二叠统达到了过熟干气阶段,燕山末期白垩纪的大幅度沉降,促使了二叠系的两套烃源岩达到生气高峰期。

1. 嘉陵江组成藏史

嘉陵江组主要存在三期成藏关键时刻(李延钧等,2004)(图 2-32)。中三叠统雷口坡组沉积期,即为古油藏成藏期,至雷口坡组沉积期末期古油藏因古隆起的抬升剥蚀而破坏,显示这一古油藏存在的时间较短。这是该区嘉陵江组的第一次成藏期,即以志留系为源的古油藏的形成与破坏期。

图 2-33a 中可见,100~110℃为一均一温度高峰,对应燕山运动中期的中侏罗统沉积

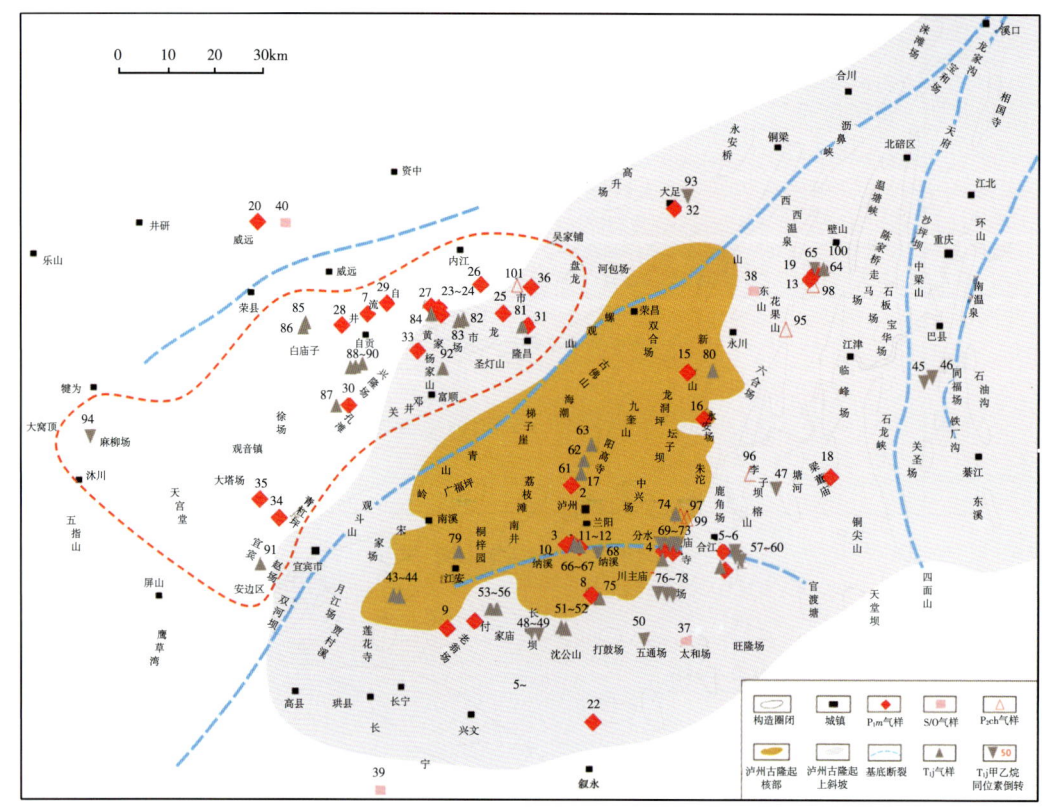

图 2-32　蜀南泸州古隆起分区及同位素气样分布特征图

期，为古隆起嘉陵江组油气又一次成藏期，称之为第二次成藏期，这一期正好基本对应志留系烃源岩生气高峰和二叠系烃源岩生油高峰阶段。

135~155℃同样为一均一温度高峰，而且一些异常高均一温度也属于这一期产物，对应燕山运动末期—喜山运动早期的白垩系沉积前后，为泸州古隆起嘉陵江组的第三次成藏期。该期主要为二叠系（包括上二叠统龙潭组煤系）成气高峰，当然也可能包括志留系部分高温裂解干气的注入，其依据是存在少量高于180℃的异常均一温度（图2-33a），这一时期只有志留系烃源岩可以达到或超过这样的高温。当烃类与高温热液一起以脉冲方式瞬间注入储层，自然可部分形成高均一温度的含烃盐水包裹体。异常高均一温度的存在进一步表明嘉陵江组油气来源于下伏地层，而且以沿基底断裂的瞬间开启脉冲为主要运移方式，这种高温热液具短暂性和间歇性，因此很快被冷却下来，不会长期影响储层温度，但形成的盐水包裹体则保留了当时的热液温度。总体上，第三次成藏期以二叠系天然气注入为主。

2. 茅口组成藏史

通过茅口组储层包裹体镜下描述（图2-34）配合均一化温度分析（图2-33b），表明茅口组气藏也主要存在三期成藏时刻。90~100℃均一化温度分布区间对应着志留系生成的原油充注期，130~150℃为主要为中侏罗世二叠系的原油和志留系的气充注，160~190℃均一化温度高峰对应晚白垩世二叠系烃源生气高峰期的充注。

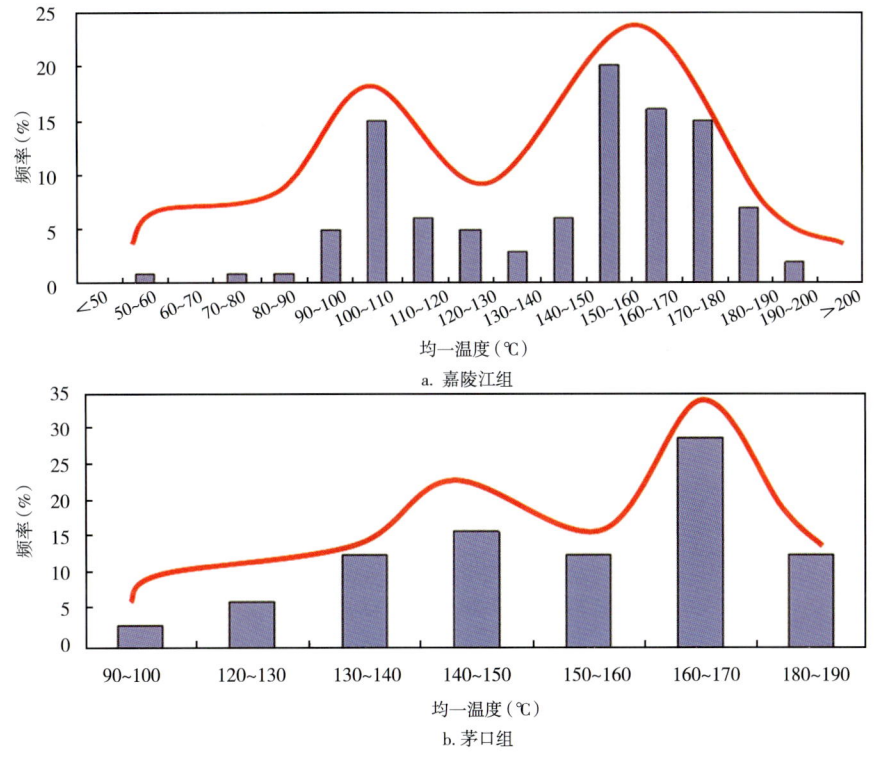

图 2-33 储层包裹体均一温度直方图

综上所述，中三叠世末泸州古隆起大幅度抬升隆起时，志留系烃源岩正处于大量生油高峰的后期阶段，印支运动导致并加剧古隆起周围的深大断裂的活动，上覆储层可捕获到志留系烃源岩生成的石油；燕山运动早期古隆起下沉，使得烃源岩进一步演化，中侏罗世二叠系达到生油高峰期，志留系烃源岩则进入生气高峰期；燕山运动中期使古隆起再度上隆，伴随着抬升运动和断裂的再次活动，烃源岩的油气发生大量排烃和充注；燕山末期白垩世的大幅度下沉，促使了二叠系烃源岩达到生气高峰期，为燕山运动末期—喜马拉雅运动早期嘉陵江组、茅口组再次补充天然气提供了物质基础；喜马拉雅运动中晚期主要是油气的再分配和再调整。

（二）泸州古隆起外围（威远地区）

受加里东运动影响，直至中石炭世海侵之前，四川盆地长期遭受剥蚀。威远地区从龙马溪组上段就遭受剥蚀，加里东期总剥蚀量在 500m 左右（朱传庆等，2009），志留系厚度较泸州古隆起区小。另外，威远地区当今地温梯度 23~30℃/km，古地温梯度 26.6℃/km，现今热流 65mW/m²，古热流 65mW/m²（中国石化南方公司，2008），比泸州古隆起区古热流高。因此与泸州古隆起区付深 1 井模拟结果相比，埋藏史及古地温演化史有较大差别。

另外，磷灰石裂变径迹反演剥蚀量研究表明（邓宾等，2006），燕山—喜马拉雅期威远隆升幅度大，剥蚀量较高。威远地表样品完全退火，约 70Ma 前进入部分退火带，具有快速—缓慢—快速退火过程，70—50Ma 前时间段热史曲线为 120~85℃，50—26Ma 前时

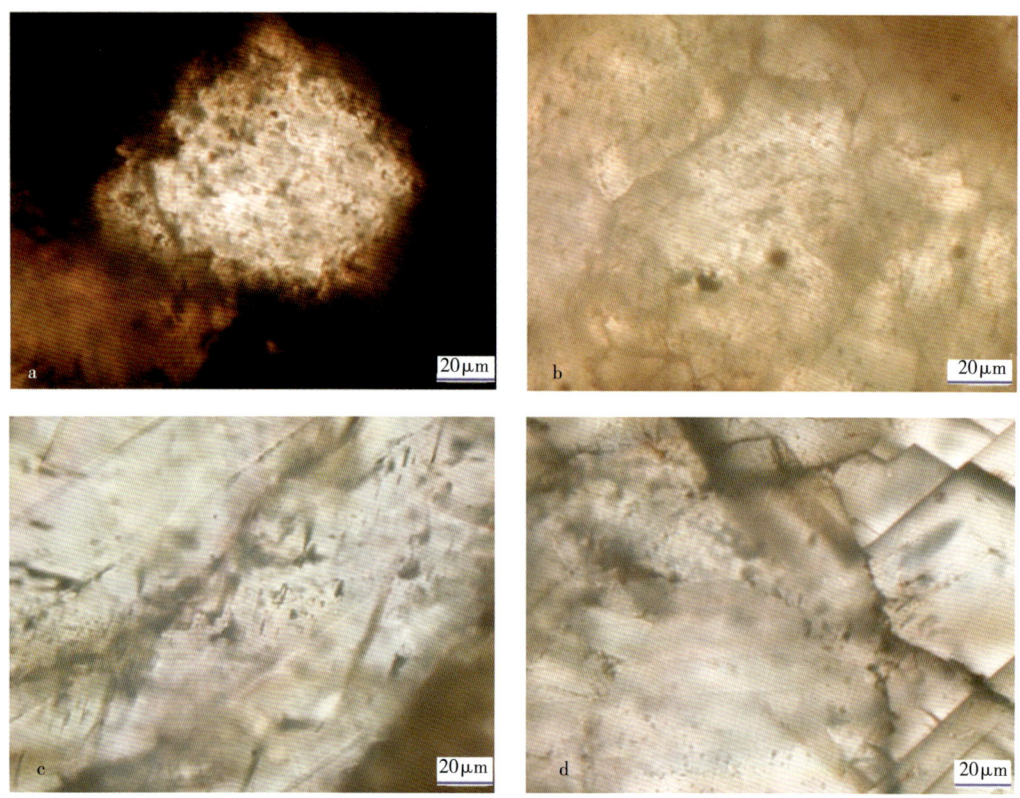

图 2-34 泸州古隆起区茅口组储层流体包裹体照片

a. 重结晶方解石内成群分布、呈深褐色的液烃包裹体及呈淡黄色的含烃盐水包裹体，均一温度 90~100℃，阳52 井；b. 重结晶方解石内成群分布、呈深褐色的液烃包裹体，均一温度 130~140℃，宋 13 井；c. 缝洞充填方解石内成带状分布、与呈灰色的气烃包裹体共生呈淡黄—灰色的含烃盐水包裹体，均一温度 140~150℃，宋 13 井；d. 缝洞充填方解石矿物内成带状分布，呈灰色的气烃包裹体，显示较强的浅蓝色荧光，均一温度 160~190℃，宋 13 井

间段热史曲线为 85~75℃，26Ma 前至今时间段热史曲线为 75~20℃。通过古地温转换计算各阶段隆升剥蚀速率与隆升剥蚀幅度分别为 66.1m/Ma，1320.7m；14.1m/Ma，377.4m；79.8m/Ma，2075.5m。威远地区经历了快速—缓慢—快速隆升剥蚀过程，快速隆升剥蚀阶段主要发生在晚白垩世—始新世以及中新世以来两个阶段，总隆升剥蚀量高达 3773.6m。

鉴于上述原因，重构威远埋藏史、热演化史（图 2-35）。加里东运动使志留系遭受大量剥蚀；东吴运动对川西南邻近峨眉山玄武岩喷发区影响也较大，早二叠系剥蚀量为 500m 左右；印支期剥蚀厚度在 550m 左右（黄先平等，2002）。因此，威远志留系烃源生油气较晚，直至早—中白垩世的持续埋深期才逐渐成熟。早白垩世下志留统龙马溪组与下二叠统茅口组烃源岩相继达到生油窗，到中—晚白垩世下志留统龙马溪组与下二叠统茅口组烃源相继进入生气窗。

薄片观察表明茅口组灰岩具泥晶结构，重结晶方解石及缝洞充填亮晶方解石较为发育，缝洞充填亮晶方解石晶间孔隙内见深褐色的沥青充填，沥青充填物无荧光显示。威远

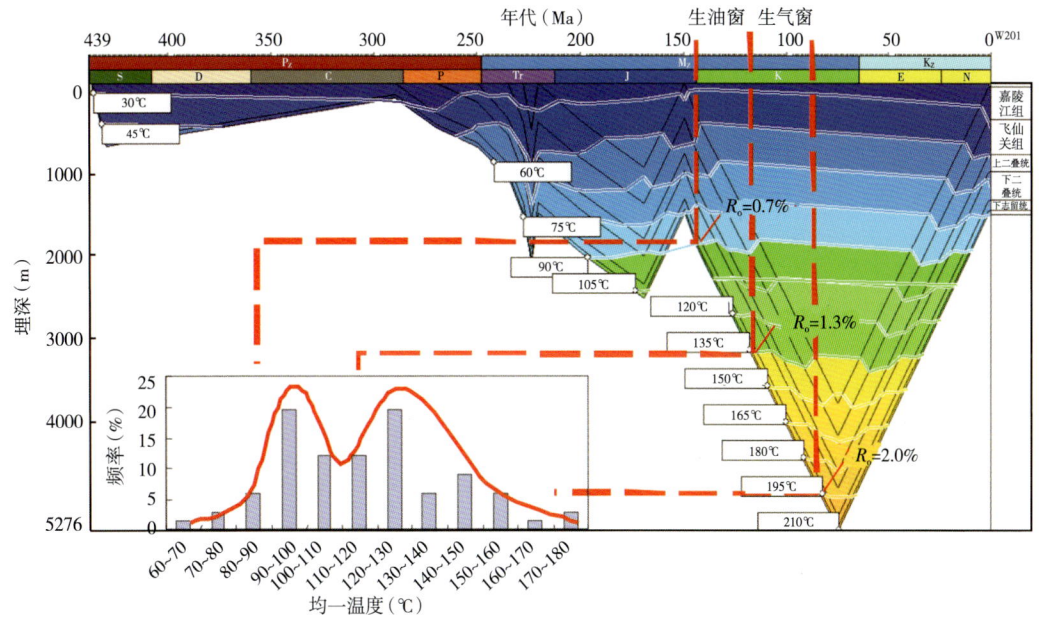

图 2-35　蜀南威远地区埋藏史、热演化史、成藏史图

茅口组岩心观察表明沥青充填裂缝高达79%，反映早期原油充注信息（秦启荣等，2007）。储层内主要发育三期次的油气包裹体：

第一期次发育于细晶方解石胶结物内或方解石重结晶期间，发育丰度极高（GOI为20%±），包裹体成群分布于重结晶方解石内，均为呈褐色及深褐色的液烃包裹体（图2-36a、b）。

第二期次发育于缝洞方解石充填期间，发育丰度极高（GOI为40%±），包裹体成群分布于缝洞充填亮晶方解石内，均为呈灰色的气烃包裹体（图2-36c、d）。

第三期次发育于缝洞方解石充填期后，发育丰度高（GOI为7%~8%），包裹体成线/带状分布于缝洞充填亮晶方解石内。包裹体中的液烃呈淡黄色及黄褐色，显示较强的浅蓝色荧光，气烃呈灰色。其中液烃、气液烃包裹体约占30%，气烃包裹体约占70%（图2-36e、f）。

威远茅口组气藏 $\delta^{13}C_1$ 为-34.7‰，$\delta^{13}C_2$ 为-37.2‰，据上文分析，$\delta^{13}C_2$ 较轻，表明以志留系龙马溪组烃源贡献为主。甲、乙烷碳同位素倒转表明，存在龙马溪组原油早期充注，原油伴生气与后期油藏裂解气或龙马溪组二次裂解气混合导致同位素倒转。

另外，威远茅口组储层沥青与龙马溪组、下二叠烃源岩生物标志化合物对比分析发现（表2-11），龙马溪组烃源岩与茅口组储层沥青甾烷谱图上均可见明显的4-甲基甾烷分布，而下二叠统烃源则未发现。在色谱图上，可发现两者都有前单峰分布，且在高碳数段具有奇碳优势。但是在三环萜烷、C_{30}藿烷、孕、升孕甾烷含量方面茅口组烃源与茅口组储层又具有相似性。规则甾烷组成反映了茅口组储层沥青生物标志化合物兼具龙马溪组、茅口组两个烃源层的性质。综合分析表明，茅口组气藏为以龙马溪组为主，同时自身烃源也有一定贡献。

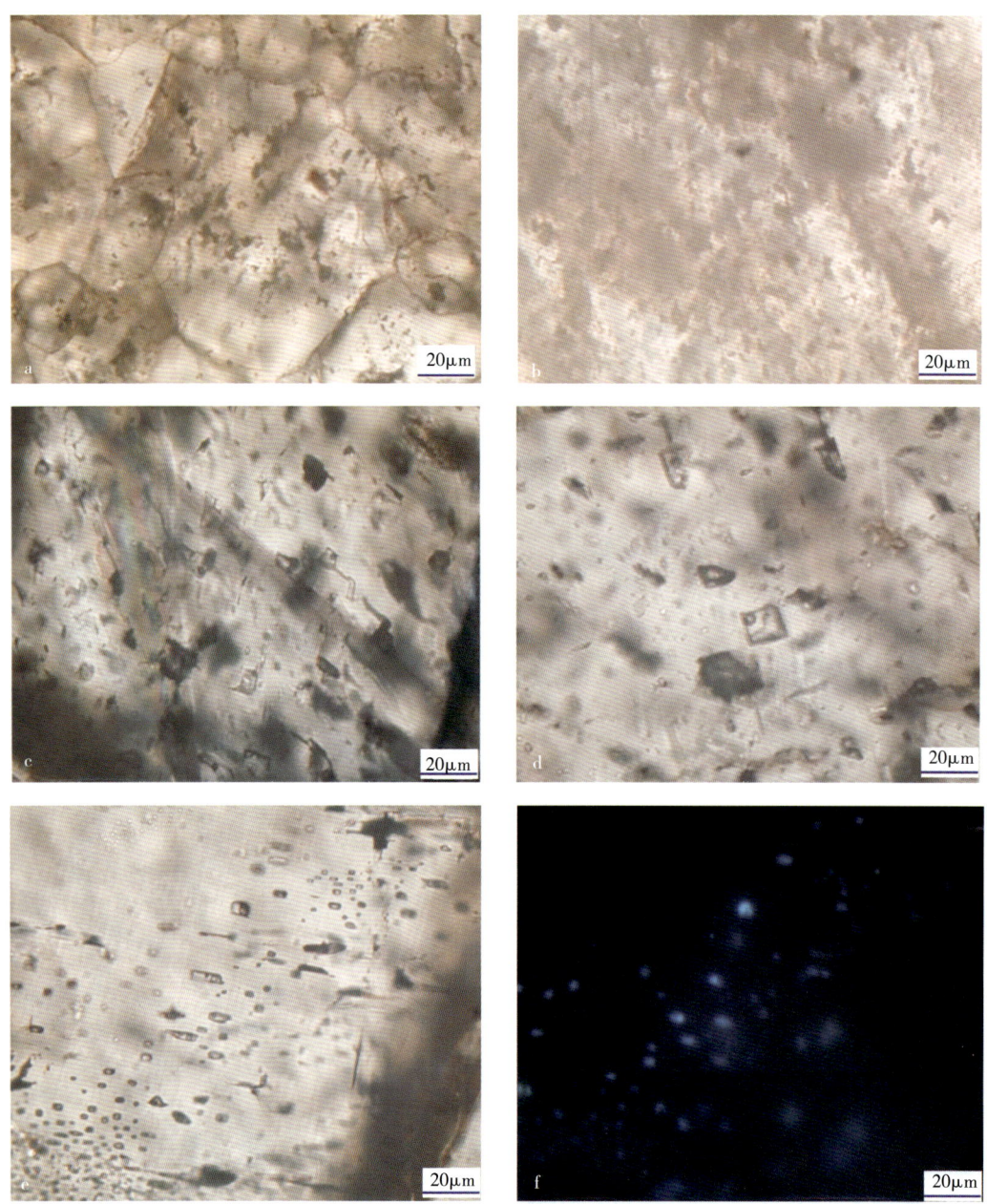

图 2-36 威远茅口组储层流体包裹体照片

a. 粒屑间细晶方解石胶结物内成群分布、呈褐色及深褐色的液烃包裹体，均一温度 80~100℃，威阳 17，$P_1^3 2A$；b. 重结晶方解石内成群分布、呈深褐色的液烃包裹体，均一温度 100~120℃，威阳 28，$P_1^3 3$；c、d. 裂缝充填方解石内成群分布，呈灰色的气烃包裹体及呈淡黄色的含烃盐水包裹体，均一温度 120~130℃，威阳 28，$P_1^3 3$；威阳 46，$P_1^3 3C$；e、f. 缝洞充填方解石矿物内成带状分布，呈淡黄—灰色显示强浅蓝色荧光的气液烃包裹体及呈灰色的气烃包裹体，均一温度 130~160℃，威阳 17，$P_1^3 2A$

表 2-11　威远茅口组储层沥青与烃源岩生标对比

层位	岩性	沉积环境	代表井	三环萜含量	C_{30}藿烷	孕、升孕甾烷含量	规则甾烷组成	4-甲基甾烷	TIC 图		
									峰形	奇碳优势	偶碳优势
龙马溪组	泥页岩	广海陆棚	威201	较高	较低	较高	$C_{27}>C_{29}>C_{28}$	明显	前单峰	nC_{23}—nC_{30}	无
下二叠统烃源	碳酸盐岩	浅海台地	寺28	中等	较高	中等	$C_{29}>C_{28}>C_{27}$	无	双峰（前峰高）	无	略显
茅口组储层	碳酸盐岩	浅海台地	威46	中等	较高	中等	$C_{29}>C_{27}>C_{28}$	明显	前单峰	nC_{25}—nC_{30}	无

通过包裹体鉴定和均一温度分析，认为威远茅口组气藏存在主要存在两期成藏关键时刻（图 2-35）。

80~120℃为一均一化温度高峰期，对应着 S_1l 与 P_1m 烃源岩生油期的原油对茅口组储层进行充注。120~160℃为又一均一化温度高峰期，其中 120~130℃对应 S_1l 与 P_1m 烃源干酪根裂解气对茅口组的充注，并在储层中形成大量灰色的气烃包裹体（图 2-36c、d）；其中，130~160℃左右为油二次裂解气充注阶段，主要为龙马溪组烃源二次裂解气沿着龙马溪组顶部不整合风化壳充注至茅口组储层，同时也有早期充注的古油藏裂解气的贡献。油裂解气在高温高压下捕获形成的包裹体中含重烃及沥青质（刘德汉等，2009），因此，在缝洞充填方解石矿物内可见成带状分布淡黄—灰色气液烃包裹体，并显示强浅蓝色荧光（图 2-36e、f）。

综上所述，从泸州古隆起核心区及外围区的单井埋藏史、热演化史以及油气成藏史剖析，也证实了志留系烃源岩对二叠、三叠系成藏都是有贡献的。包裹体均一化温度及成藏期次分析表明，志留系烃源岩生油气高峰期（后）皆对应着相应储层的关键成藏时刻。

五、成藏模式

（一）成藏事件组合

油气成藏事件与成藏史也即油气成藏过程，它是油气成藏研究的重要内容，也是成藏研究的难点。特别是复杂区的地质成藏过程涉及面广、油气充注多期多源叠加性，往往使得解释顾此失彼。

通过综合研究，泸州古隆起区志留系含油气系统油气成藏事件与成藏史如图 2-37 所示。含油气系统内三套烃源分别为志留系泥页岩、下二叠统碳酸盐岩和上二叠统的龙潭组煤系。主要储层为下二叠统和嘉陵江组。上二叠统的龙潭组煤系可以作为茅口组储层的直接盖层，嘉陵江组内的石膏层为嘉陵江组气藏的直接盖层，和茅口组的上覆盖层，区域性封盖层为未剥蚀的雷口坡组（上斜坡区）和香溪群。

（二）成藏模式

印支运动早期志留系烃源达到生油高峰，正是华蓥山、纳溪、中梁山及铜锣峡等深大或基底断裂的形成和活动期，龙马溪组烃源生成的石油沿这些断层运至上覆储层，并向泸

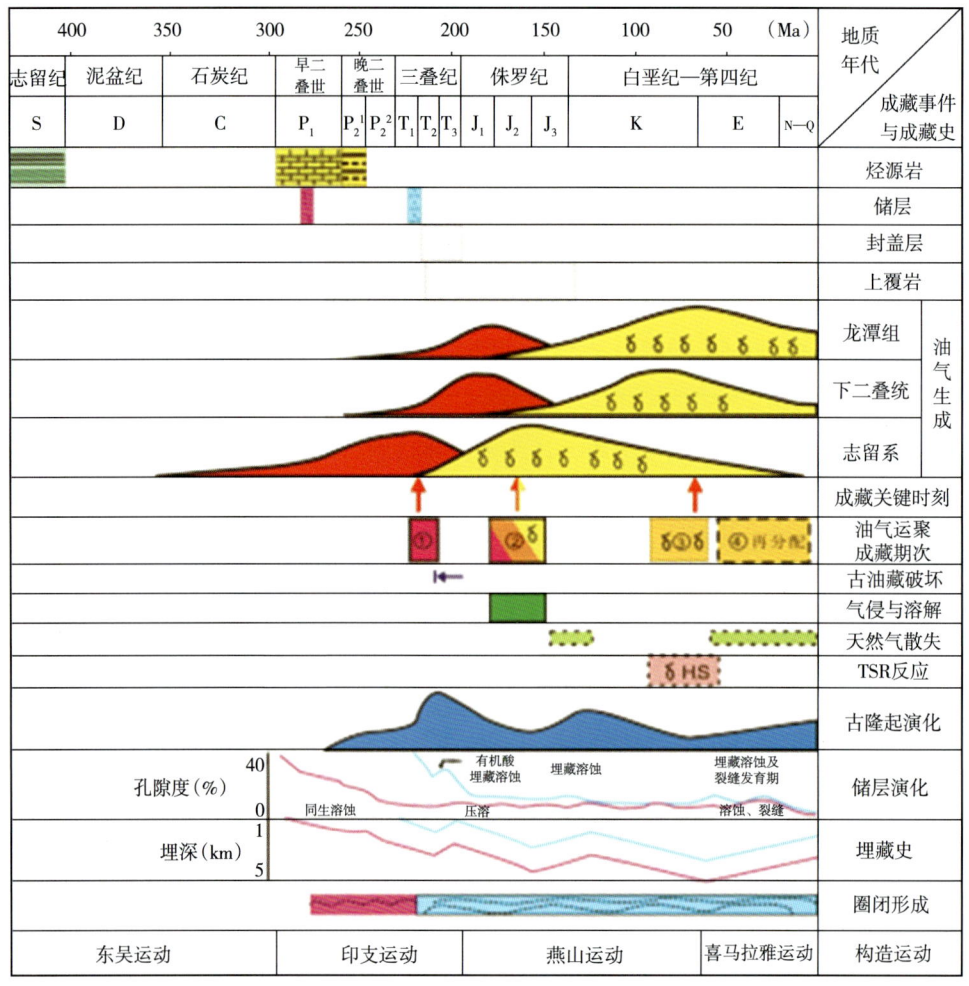

图 2-37 志留系含油气系统成藏事件组合

州古隆起核部聚集（图 2-38）。印支运动末，古隆起抬升顶（核）部遭到剥蚀削顶，古油藏被破坏，由于暴露地表，生物降解和氧化作用下使油层蚀变为氧化降解沥青带，成为后期油气聚集的封堵带。

燕山运动中期中晚侏罗世在早期深大或基底断裂背景下经强烈构造运动作用，产生了系列伴生断层，此时志留系烃源岩处于生气高峰期，天然气沿断层向上运移（图 2-38）。高演化天然气对茅口组油藏及古隆起核部边缘嘉陵江组残留油藏进行气侵，并发生脱沥青质作用，油反溶于气中成为湿气或凝析气，并形成沥青质。该时期茅口组早期聚集的大量志留系生成的原油开始裂解为气和焦沥青。

燕山末期—喜马拉雅早期，二叠系烃源高演化天然气生成并沿间歇式开启的烃源断层垂向在古隆起斜坡区嘉陵江组储层中聚集成藏，因此嘉陵江组在古隆起斜坡区以二叠系烃源为主。

喜马拉雅中晚期由于造山运动导致烃源断层间歇式的开启，下伏烃源高演化干气进一

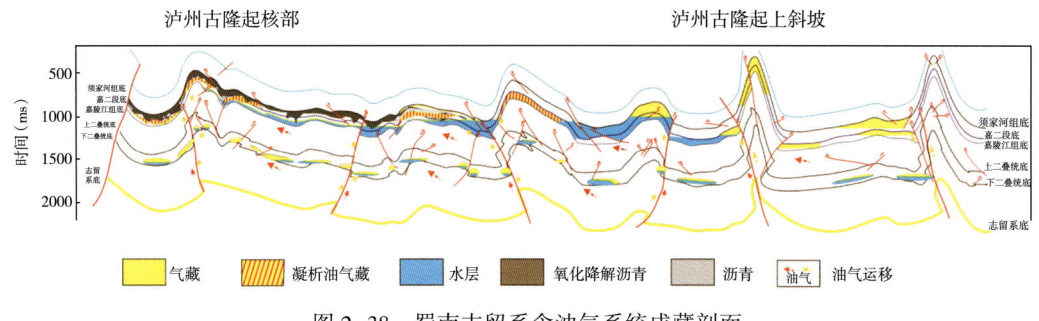

图 2-38 蜀南志留系含油气系统成藏剖面

步注入。喜马拉雅期形成的大量裂缝系统一方面成为后期高演化天然气及原油裂解气的储集空间；另一方面沟通未连通的孔隙，使已聚集的天然气进一步富集和再分配，并为新构造圈闭聚集天然气创造了条件。

六、含油气系统边界

（一）纵向分布范围

上文气体同位素分析表明，位于东山构造东深 1 井奥陶系宝塔组气藏 $\delta^{13}C_2$ 为 -38.92‰，与太 13 井志留系韩家店组及威 201、宁 201 井龙马溪组气体处在相似位置（图 2-30），乙烷同位素非常轻。

通过生物标志化合物分析，东深 1 井奥陶系储层沥青生标物谱图和东深 1 井龙马溪组、临 7 井龙马溪组谱图相似（图 2-39），样品都具有甾烷 C_{27} 相对含量高，与 C_{28}、C_{29} 甾烷构成 "L" 形分布特征，C_{27} 优势指示海洋浮游植物优势。三环萜烷的丰度很高，以 C_{21} 或 C_{23} 为主峰，与 C_{20} 三环萜一起构成 "山" 形或上升形特征，Ts≥Tm，五环三萜烷以 C_{30} 藿烷为主峰，C_{31}—C_{35} 升藿烷系列随碳数增加含量依次降低。存在一定量的伽马蜡烷以及

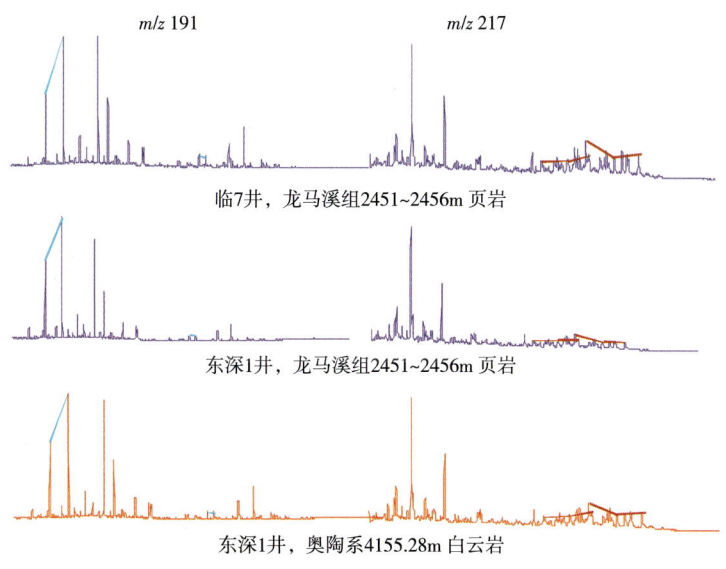

图 2-39 龙马溪组烃源岩与奥陶系储层甾萜类生标物分布图

18a（H）—30—降新藿烷（$C_{29}Ts$）和 C_{30} 重排藿烷；规则甾烷具有 C_{27} 甾烷优势，孕甾烷和升孕甾烷的丰度较高，重排甾烷丰度也很高。

由气体同位素和储层生标可以判断，东深 1 井奥陶系烃源来自上覆的龙马溪组烃源岩，也说明龙马溪组烃源岩向下发生了排烃。

另外，自贡西部地区麻柳场雷一段、大塔场雷二段甾萜类生标物分布特征与通常认为的须一段烃源特征不一致，而与龙马溪组烃源岩谱图相似（图 2-40）。表明在川西南地区志留系烃源生成的油气已上窜至雷口坡组下段。

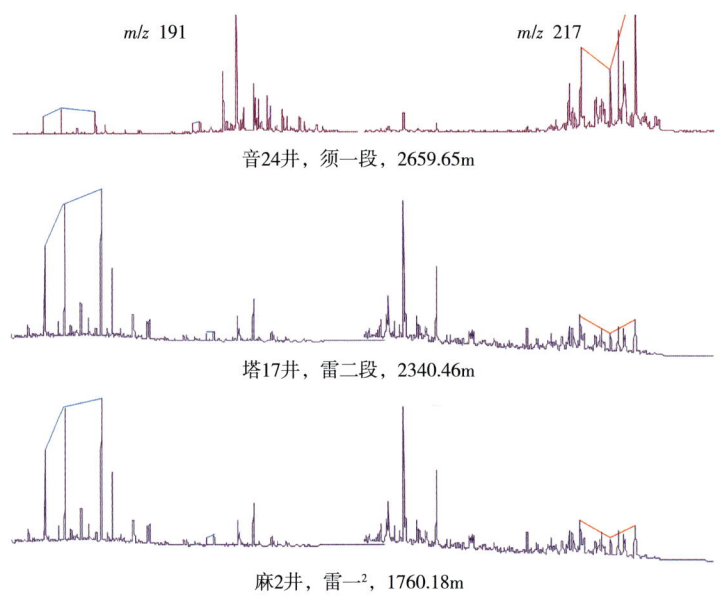

图 2-40　自贡西部地区须一段与雷口坡组甾萜类生标物分布图（据雷一文等内部资料）

综上所述，龙马溪组烃源岩生成油气上至雷口坡组下段，下至奥陶系宝塔组，为常规气藏提供充足的气源。因此，志留系含油气系统以中下三叠统膏盐层区域盖层为顶界，奥陶系宝塔组为底界，纵向上分布广泛（图 2-41）。

（二）平面分布范围

晚奥陶世末的都匀运动，造成黔中隆起及宜昌上升，江南（雪峰）隆起已具雏形。上、中扬子区志留系龙马溪组深水陆棚只分布在不受都匀运动影响的地区，发育有川东北、川东鄂西、川南三个深水陆棚区，夹持在川中、黔中、江南（雪峰）三大古隆起之间，向北开口与秦岭洋相通，形成"三隆夹一坳"的半闭塞滞流海盆。蜀南总体处于深水陆棚区，有利于龙马溪组优质烃源岩发育，分布范围广，厚度大，有机碳含量高。

据上文分析，蜀南地区茅口组气藏除川西南灵音寺、孔滩等气藏以龙潭组烃源贡献为主，及部分气藏有自身烃源的贡献外，大部分以志留系烃源贡献为主。嘉陵江组天然气除川西南地区以龙潭组煤系烃源贡献为主，主要为下伏志留系和二叠系混合来源，但以志留系烃源形成的腐泥型气居多，主要集中在泸州古隆起核部及其边缘，在泸州古隆起斜坡区则主要为志留系与二叠系烃源岩混源区。另外，威远茅口组、川西南雷口坡组下段也证实有志留系烃源贡献。

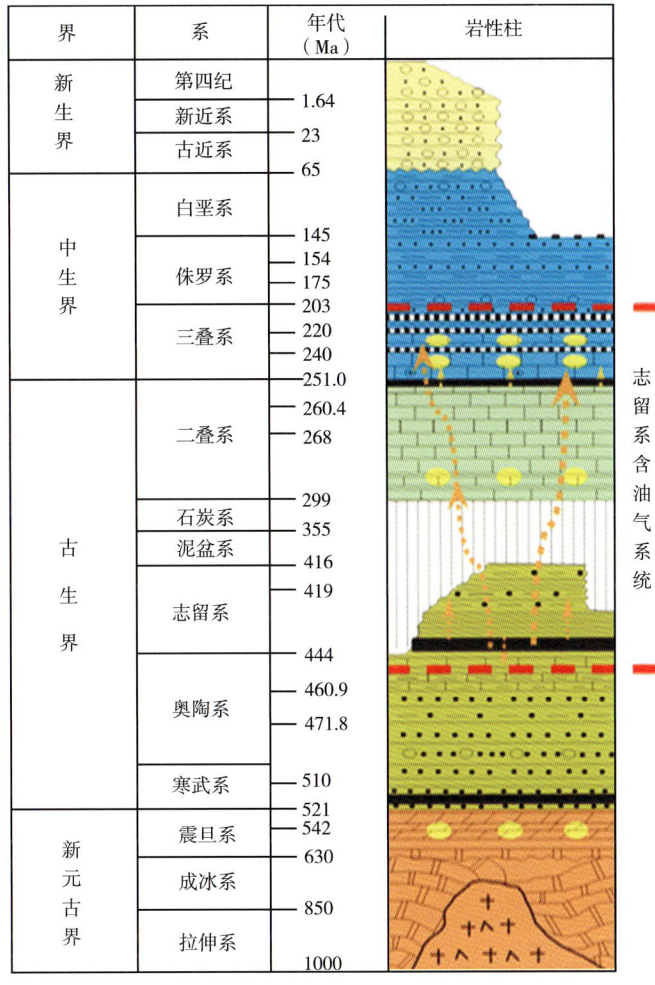

图 2-41　蜀南志留系含油气系统地层范围

由于沉积相决定烃源岩的发育，而优质烃源岩分布是含油气系统展布的基础，因此本书结合龙马溪期深水陆棚区的展布，以及上文通过气体同位素、生物标志化合物及成藏史分析取得的烃源对比认识结果，确定了蜀南志留系含油气系统平面分布范围（图 2-42），其中志留系烃源在泸州古隆起核部及边缘区占绝对优势。

综上所述，从志留系到中三叠统是一个混源贯通复合含油气系统，主要具有如下四方面特征：

（1）含油气系统内主要发育龙马溪组泥页岩、茅口组灰岩夹泥质岩、龙潭组煤系泥岩3套烃源岩，烃源条件优越，孔洞和裂缝为主要储渗空间；

（2）含油气系统范围内中下三叠统膏盐岩、龙潭组泥岩与致密储层基质，联合构成海相油气优质的保存条件，在不同深度和构造部位均可形成气藏；

（3）志留系—雷口坡组为一相对封闭的海相碳酸盐岩流体系统，烃源断层为沟通源储的主要通道，系统内流体活跃，多次迁移调整；

（4）龙马溪组页岩生烃强度高，多元供气（干酪根裂解气、沥青及原油裂解气），常规、非常规资源丰富。

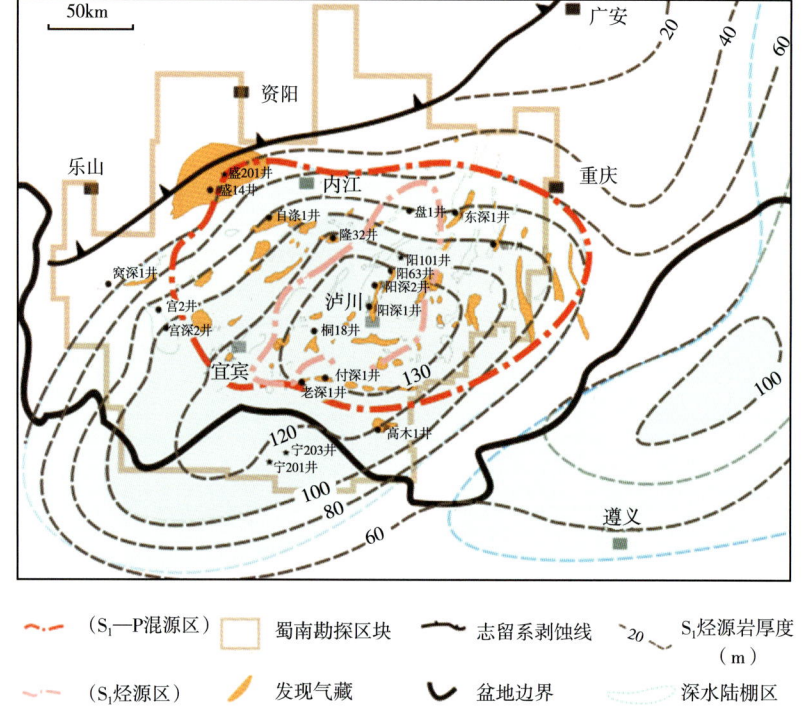

图 2-42 蜀南志留系含油气系统地理范围综合评价图

第三章 原始有机碳及生烃潜力恢复

第一节 原始有机碳恢复方法对比分析

一、原始有机碳恢复研究现状

从 20 世纪 80 年代开始,许多学者提出了不同的有机质丰度恢复方法,主要有自然演化剖面法(王杰等,2004;秦建中等,2005)、热解模拟实验法(郝石生等,1984;庞雄奇等,1988;程克明等,1996;郝石生等,1996;夏新宇等,1998;熊永强等,2004)、物质平衡法,包括化学元素守恒法(金强,1989;陈增智等,1991;程克明等,1996;王杰等,2004)、无效碳守恒法(肖丽华等,1998)和有机质守恒法(王杰等,2004);理论推导法,包括化学动力学法(卢双舫等,1995)、有机质演化规律法(卢双舫等,2003)、降解率法(程克明等,1996;郝石生等,1996)和回归分析法(王子文等,1991)等。

(一)热模拟实验法

进行有机碳的恢复,一般是选取成熟度较低的相同有机质类型的烃源岩进行加热,测量不同热演化阶段(一般以 R_o 来表示)的生烃量或热解参数,得到经验公式或图版,然后用于自然高演化烃源岩样品的恢复。这种方法是归纳性的,不直接考虑干酪根生烃过程中反应物—生成物之间量的制约关系(图 3-1)。

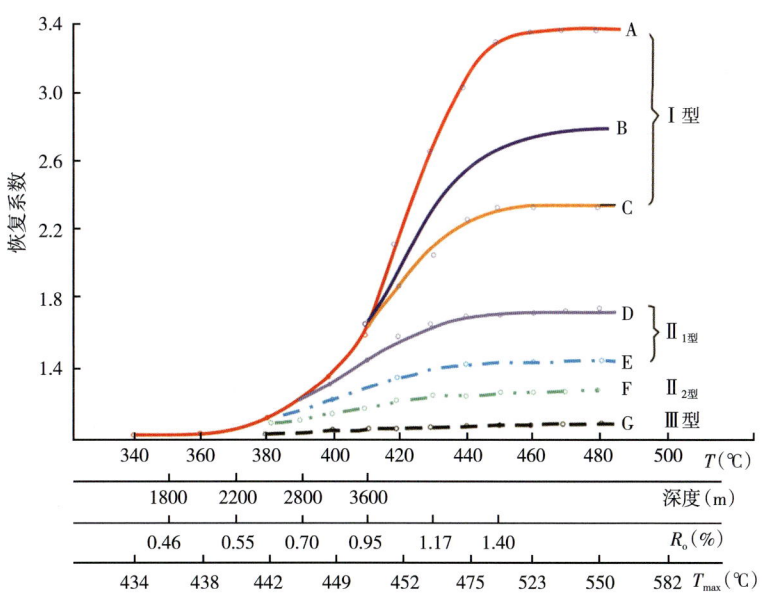

图 3-1 某凹陷不同类型生油岩碳恢复系数图版(据邬立言,1986)
A—最终降解率 60%;B—最终降解率 50%;C—最终降解率 40%;
D—最终降解率 30%;E—最终降解率 20%;F—最终降解率 10%

该种方法实验简单、图版容易获取，而其缺点是没有考虑反应的中间过程，忽略了实验—地质条件下排烃的差异性，忽略了生烃潜力、干酪根类型、H/C不同的影响，忽略了热模拟过程中镜质体演化与地质条件下镜质体演化的差异性等。

（二）自然演化剖面法

该方法通过采集相同层位不同埋深烃源岩的实测有机碳含量及生烃潜量，然后求出不同成熟度烃源岩原始有机质丰度的恢复系数。D Leythaeuser等曾对挪威卑尔根岛2口井的生烃页岩进行密集采样和有机质丰度恢复。自然演化剖面在理论上是最科学和最接近地质历史的。但自然演化剖面法采样难度高，它要求整个剖面岩性类似、有机相相近且成熟度变化范围大。而岩性、岩相的变化和有机质的非均质性等因素会降低该方法评价结果的可信度。

（三）物质平衡法

1. 元素守恒法

元素守恒法是根据残余有机质的H/C和O/C原子比推断有机碳恢复系数。

$$R_c = 1/[1 - (m - m_0)/(n_0 - m_0)] \tag{3-1}$$

式中，R_c为有机碳恢复系数；m为原始阶段干酪根的H/C值；m_0为演化至某一阶段时干酪根的H/C值；n_0为干酪根演化至某一阶段时，生成物中的H/C值。

元素守恒法理论性强，能提供不同情况下有机碳丰度恢复的上限值，可以用来定性的判断其他方法取得的恢复系数是否合理，具有较强的理论意义，但实验测定H/C值成本较高。

2. 有机碳守恒法

岩石中的有机质经过演化生成油气，生成的油气发生运移之后，岩石中的有机质就成为残余有机质。这种残余有机质不能反映其原始有机质特点。假定烃源岩生成的油气全部发生运移（即发生100%排烃），于是就有下面公式：

$$R_c = (1 + w/1220)C_r \tag{3-2}$$

式中，R_c为原始干酪根的量，g；C_r为残余干酪根的量，g；w为油气产率，mg/g有机碳；1220为有机质与有机质中有机碳的换算系数。

3. 无效碳守恒法

根据干酪根演化过程中无效碳不发生变化的原理进行。

$$R_c = C_o/C_T = (1 - D_T)/(1 - D_o) \tag{3-3}$$

式中，C_o为原始有机碳，%；D_o为原始干酪根降解率，%；C_T为现今有机碳的，%；D_T为现今干酪根降解率，%。这一方法的问题是干酪根的（原始、现今）降解率难以准确获取。

（四）理论推导法

理论推导法是从干酪根生烃过程中反应物—生成物之间量的制约关系出发，虽然也需要一些实验数据，但主要是演绎性的。岩石中有机质的演化实际上是一个复杂的化学反应过程。在此过程中，根据化学反应的物质平衡原理，反应物的总量等于反应后生成物的总量，即物质总量在反应前后是不变的。

设已测得了样品的残余有机碳（C）、氢指数（I_H）和烃指数（I_{HC}），由氯仿沥青"A"或烃指数（I_{HC}）经轻烃或重烃补偿校正可得残油量B；通过对未熟样品的统计，可给定源岩中原生沥青（非干酪根热降解成因）的量 B_0，通过前面建立的动力学方法，可求得干酪根的成油生烃率（X_0）和成气生烃率（X_g）。显然，由下式计算的 I_H^0 值应比实测 I_H 更接近样品的原始生烃潜力（卢双舫，1996，2008）。

$$S_2^0 = I_H^0 \times TOC^0 \tag{3-4}$$

$$I_H^0 = I_H^{0'} \times TOC/TOC^0 \tag{3-5}$$

$$I_H^{0'} = I_H + (I_H \cdot X_0 + B_0) + I_H \cdot X_g \tag{3-6}$$

$$\Delta S = I_H^{0'} + B_0 - 100 \cdot (S_1 + S_2)/TOC \tag{3-7}$$

$$TOC^0 = TOC \cdot (1 + \Delta I_H \cdot K/1000) \tag{3-8}$$

式中，K 为有机质与有机碳的质量换算系数，I_H^0 为相对现今有机质丰度的原始氢指数，mg/g；B_0 为原生沥青量，mg/g；ΔS 为相对现今有机质丰度的单位有机碳排烃量，mg/g，该值越大有机质丰度的恢复幅度越大；$I_H^{0'}$ 为生烃率相对原始有机质丰度的氢指数。

无论什么方法，获得的基本认识是相同的（表3-1）（庞雄奇等，2014），即烃源岩中的 TOC 在地史过程中是发生变化的，它们目前的 TOC 实测值较原始时期的低，恢复系数是一个大于1的因子，一般情况下变化在 1.00~3.21 之间。研究结果的不同，除研究者采用的方法不同之外，还与他们针对的研究对象及具体的地质条件有关。

表3-1 烃源岩古 TOC 恢复研究的不同方法与原理及其恢复结果比较（据庞雄奇等，2014）

作者	时间	TOC 恢复方法	恢复系数计算	恢复系数范围
D	1984	自然演化剖面法	—	
郝石生	1984	热解模拟法	经验公式和图版	1.25
金强	1989	化学反应守恒法	$K_c = \dfrac{x}{x'} = \dfrac{4p - pn' + 4n' - m'}{4p - pn + 4n - 4m}$	1.44~3.21
肖丽华等	1991	无效碳守恒法	$F = \dfrac{1 - 0.01D}{1 - 0.01D_o}$	1.10~1.93
王杰等	2004	有机质守恒法	$R = (1 + W/1220)C_r$	1.25~2.44
卢双舫等	1995	化学动力学法	$C_o = C(1 + \Delta I_H K/1000)$	1.00~1.05
卢双舫等	2003	有机质演化规律法	$KC' = \dfrac{1}{1 - G \cdot K \cdot E - G(CO_2) \cdot K(CO_2) \cdot I_o}$	1.97~7.67
程克明等	1996	降解率法	$K_c = \dfrac{1 - D_{残}}{1 - D_{原}}$	—
王子文等	1991	回归分析法	$C^0 = -0.05559 + 1.3672C_k + 0.00501R_o^2 C_k KTI - 0.000917R_o^2 C_k KTI + 0.0001967R_o^2 C_k (KTI)^2 - 0.01793R_o^2 C_k KTI$	0.97~1.49

使用不同的恢复方法得出的原始 TOC 恢复系数有差别。究其原因，主要是有机碳含量的恢复过程受到很多因素的影响。这些因素包括反应物体系是否封闭、液态烃产物是否

充分排出、烃类产物 H/C 大小以及烃源岩有机质类型变化等（王杰等，2004）。此外，烃源岩样品的非均质性、地质演化过程中 CO_2 的生成以及热模拟实验时"水热生烃"作用和实验压力的影响也会对原始有机碳的恢复结果产生一定的影响（姜福杰等，2008）。

二、原始有机碳恢复方法优缺点分析

原始有机碳恢复方法较多，但各种方法存在各自的优点和缺点（表 3-2）。其中，模拟实验方法的优点是直观、简便，缺点是要求烃源岩样品的成熟度较低，而现今残余的烃源岩中满足此项要求的样品又很少，受到高温短时间实验条件的限制，实验与地质条件下 R_o 指标的不同步，该方法的准确性并不高；自然演化剖面法的优点是从实际分析资料出发，已被接受，缺点是要求整个剖面的岩性相似、有机相相近、成熟度变化范围大，符合该要求的地化剖面难以见到；物质守恒法仅从有机质热演化的角度出发分析问题，没有考虑在地史过程中外来元素的加入、无机反应的影响；无效碳守恒法的优点是原理正确，缺点是现今干酪根降解（D_T）的获取存在问题，未考虑实验与地质条件下 R_o 指标的不同步；元素守恒法，除了 H/C 测定成本高之外，还需假定源岩层具均质性，或者需要事先知道原始的 H/C 原子比；残碳守恒法原理正确、公式简单、考虑了生烃率、排烃率的影响（在产烃率、排烃率研究的基础上应用该模型比较方便）；生烃动力学法在化学动力学模型计算生烃生烃率的基础上依据实测地球化学数据恢复有机质原始生烃潜力和 TOC，模型理论基础扎实，考虑了生烃影响、轻烃与重烃校正，软件操作简单。理论推导法是从有机质演化与生排烃规律出发，直接推导出有机碳恢复系数的数学计算公式，但公式中所需参数较多，且许多参数需要热解模拟实验得到或由人为因素确定，计算过程烦琐且结果受参数取值和热模拟实验条件因素的影响。

表 3-2 TOC 恢复方法优选对比

方法	原理	优点	缺点
模拟实验法	$K=1/(1-D)$	直观、简便	未考虑生成但残留的烃对实测 TOC 的贡献未考虑实验—地质条件下 R_o 指标的不同步
自然演化剖面法	采用自然演化系列样品，实测分析	从实际分析资料出发，易被接受	假定源岩层具有均质性，这很难满足
无效碳守恒	$R_c = \dfrac{C_o}{C_T} = \dfrac{1-D_T}{1-D_o}$	原理正确	现今干酪根降解率（D_T）的获取，如模拟实验，问题同实验法
元素守恒	据残余有机质的 H/C 和 O/C 原子比		除了 H/C 测定成本高之外，还需假定源岩层具均质性，或者需要事先知道原始的 H/C
残炭守恒	$K_{TOC} = \dfrac{1}{1-D*P_0} \times \dfrac{M}{M_0}$	原理正确、公式简单、考虑了生烃率、排烃率的影响（在产烃率、排烃率研究的基础上应用次模型比较方便）	
动力学法恢复	$I_H^0 = I_H - (I_H \cdot X_0 - B_0 - B) - I_H \cdot X_g$ $C^0 = (m_c + m_c \cdot \Delta I_N \cdot K/1000)/m_o - C(1 + \Delta I_N \cdot K/1000)$		在化学动力学模型计算生烃转化率的基础上依据实测地球化学数据恢复有机质原始生烃潜力和 TOC，模型理论基础扎实，考虑了生烃影响、轻烃与重烃校正，软件操作简单

基于对以往烃源岩有机碳恢复系数方法的优点和缺点分析，梳理当前烃源岩有机碳恢复系数评价方法的现状，为建立更加合理准确地烃源岩有机碳恢复系数奠定基础。本次采用校正的残碳碳守恒和化学动力学计算法进行 TOC 恢复研究，创建了依据生烃动力学和实测地球化学数据的原始生烃潜力恢复模型，具有扎实的理论基础和便利的适用性。

第二节　原始有机碳和生烃潜力恢复模型建立与方法研究

油气盆地中的油气资源来自沉积地层中有机质的热降解生烃作用，源岩中的有机质数量和质量是油气形成的物质基础，决定着岩石的生烃能力，有机质丰度是其重要表征参数（Tissot 和 Welte，1978；Hunt，1979；柳广弟等，2006）。对于有机质丰度的定量表征，包括总有机碳含量（TOC）、氯仿沥青"A"、总烃（HC）含量和岩石热解生烃潜量（S_1+S_2）等。目前，国内外普遍使用的是总有机碳含量（TOC），即单位质量岩石中有机碳的质量百分数（柳广弟等，2006）。通常采用岩石中总有机碳质量百分数表示岩石中有机质的相对含量，并用来判别和评价岩石的生烃潜力。烃源岩在发生大量排油气作用前的有机质含量称之为原始或初始有机质丰度，而现今测得的有机质含量是指发生过大量排烃作用之后的残余有机质丰度。不难理解，在已发生排烃（油气）的区块，实测的残余有机碳不能客观反映源岩中有机质的原始丰度，各项有机质性质指标所反映的有机质类型也将存在偏差。为了客观评价此类地区源岩的生油气量，应该对其中有机质的原始丰度和原始生烃潜力进行恢复。

在评价干酪根（有机质）类型所用的各种指标中，有一类指标与有机质的生烃能力有着直接的数量关系，这就是 Rock—Eval 热解分析所得氢指数（I_H，mgHC/gC）。如果所考查的样品没有发生排烃作用，则所测 I_H 即可近似反映其原始生烃潜力的大小；在 20 世纪 80 年代初以前，当人们还普遍认为源岩的生烃和排烃效率均很低的情况下（Hunt，1979），它们至少也可被认为能近似地反映有机质的原始生烃能力。但是，当越来越多的研究成果都已表明在已发生高效排烃的地区，由它来指示演化程度较高的样品的原始生烃能力，显然是不适宜的。出于同样的理由，残余有机碳也不能准确反映有机质的原始丰度。因此，很有必要恢复有机质的原始丰度和原始生烃能力，以使生油岩的定性评价和定量计算建立在更加可信的基础之上。原始有机碳恢复也是研究油气生成、排出、运聚成藏中的必要环节，可确保评价烃源岩生烃量、排烃量和残烃量的准确性。

一、原始有机碳恢复模型建立与方法研究

恢复沉积烃源岩的原始有机质丰度，对于正确判断烃源岩层生烃量及对其进行合理的评价，都具有重要意义。众所周知，生油层在其热演化过程中，由于烃源岩的不断生成和排出，不仅有机质的结构要发生变异，而且其丰度和类型也要发生递减和退化。然而，长期以来，人们在评价烃源岩时，依据的往往是其变化后的（残余的或实测的）有机碳含量、有机质类型和沥青含量等资料，而以往采用的烃源岩有机碳恢复系数评价方法还存在问题，这往往导致恢复后有机碳与实际情况不符而引起评价不合理。本项工作在详细研究以往有机碳恢复系数评价方法的优缺点，掌握当前有机碳恢复系数研究现状及存在问题，建立了一种基于烃源岩生、排烃率的有机碳恢复系数评价方法，包括：生烃率评价、排烃

率评价和有机质恢复系数评价3个模型，理论完整、实际可行。

（一）原始有机碳恢复模型建立

本书建立一套完整的有机碳恢复系数评价方法，以期从理论上系统阐明有机质丰度的变化规律，为烃源岩原始有机碳恢复系数评价提供技术服务支持，从而为客观评价烃源岩生烃量提供更为准确的原始生烃潜力。

设单位体积岩石中有机质质量一定，由不可转化和可转化两部分组成。随着烃源岩埋藏深度的增加，有机质热演化程度也增加，同时伴随着有机质的生烃和排烃，从而造成有机碳的损失和原始丰度的降低。在该认识基础上，本项研究通过分析不同演化阶段下可转化部分有机质的生烃、排烃情况，建立烃源岩有机质生烃模型、排烃模型，并结合已生成烃组分分析，确定地质条件下不同热演化阶段有机质的生烃率及排烃率。由于Rock—Eval热解分析得到的S_1中轻烃（C_{6-14}）是经历了岩样静置和粉碎分析处理过程而损失后的残余部分，同样需要进行轻烃损失校正。基于上述理论认识与实验分析，在烃源岩生排烃过程分析和轻烃损失校正基础上，建立有机碳恢复系数地质模型（图3-2）。

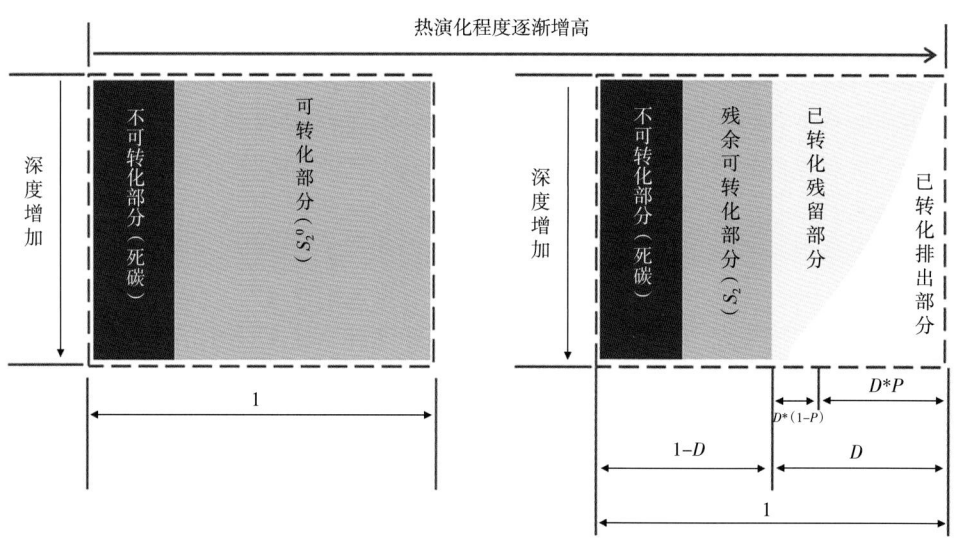

图3-2 有机碳恢复评价原理示意图

该模型包括烃源岩生烃率评价模型、烃源岩排烃率评价模型和有机碳恢复系数评价模型，具体包括以下三方面内容：（1）基于改进的多地质因素约束下的化学动力学法评价烃源岩生烃率；（2）采用PY—GC实验数据校正直压式半开放热模拟实验评价出的排烃率P_1，获得排烃率P_0；（3）依据新建立的有机碳恢复系数评价公式评出不同演化阶段的有机碳恢复系数。

（二）原始有机碳恢复模型建立与方法研究

依据烃源岩有机碳恢复系数评价模型，详细分析各评价环节基本原理，研究建立有机碳恢复系数评价方法和技术流程。

1. 烃源岩排烃率评价模型

从一个完整封闭的守恒系统来看，烃源岩生排烃过程包含三种情况：未生烃、生烃但未排烃、已排烃。假设一个未熟烃源岩中有机质由不可转化和可转化两部分组成，在埋藏演化过程中，由于热演化程度（温度、压力）增高，可转化部分逐渐转化为油气，随着烃源岩生成油气量的增大，超过烃源岩最大容烃量后开始向外排烃。

生排烃过程中，只是物质的赋存形式发生了改变（有机质变为油气）而并没有与外界发生变换，这些有机质始终可看成由以下三部分组成：尚未转化成烃的有机质、残留于烃源岩中的油气和排出烃源岩中的油气。因此，这三部分之和符合物质平衡原理，通过研究同一类烃源岩在不同热演化阶段下尚未转化成烃的有机质、残留于烃源岩中的油气和排出烃源岩中的油气变化规律，结合直压式半开放半封闭热模拟实验数据和PY—GC热模拟实验数据，建立烃源岩排烃率评价模型，其评价技术流程见图3-3。

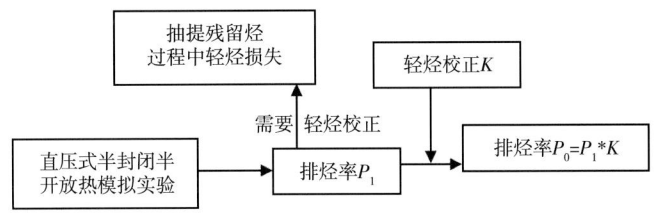

图 3-3 烃源岩排烃率评价技术方案

2. 烃源岩生烃率评价模型

借助热模拟实验数据，通过生烃动力学理论提取活化能与指前因子等生烃动力学参数，判定烃源岩生烃的潜能。通过油气地质研究，进一步获取烃源岩所处盆地、层位等实际地质靶区演化信息，在埋藏史、热史、生排烃门限约束下实现生烃模拟实验数据的有效地质外推，建立包含烃源岩生烃潜力、地质演化史的烃源岩产烃率图版。烃源岩生烃率评价模型及其评价技术流程见图3-4。

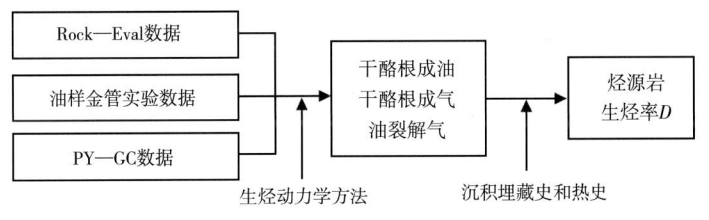

图 3-4 烃源岩生烃率评价技术方案

依据评价技术流程，采集能够代表研究区目标层位实际地质情况的烃源岩样品，并根据研究区目标层位烃源岩油气地质条件，进行Rock-Eval（生油岩评价仪）和PY—GC（热裂解气相色谱仪）岩石热模拟实验、金管原油密闭体系有机质生烃热模拟实验。其中，Rock—Eval实验数据能够评价出烃源岩在实验条件下不同温度节点的烃源岩产烃率；PY—GC实验数据能够模拟出不同温度节点时石油中烃的组分含量（C_1、C_2—C_5、C_6—C_{13} 和 C_{14+}）；金管原油热模拟实验能够模拟出原油裂解成气的实验数据。利用Rock—Eval、PY—GC岩石热模拟实验获得的开放体系岩石热模拟实验数据和金管原油热模拟实验获得的密闭体系原油热裂解的实验数据，采用生烃动力学方法，标定研究区目标层位烃源岩干酪根生油、生气和油裂解气动力学参数。根据研究区目标层位的地质分层数据、古地温梯度和古地表温度,建立研究区目标层位烃源岩具有代表性井的沉积埋藏史和热史模型,在此基础上进行生烃动力学地质外推,构建目标层位烃源岩的生烃率曲线。

生烃转化率是表示有机质中活性有机碳生烃转换的比率,用 TR 表示。由于烃源岩的生烃转化率与烃源岩热演化程度密切相关,通常可以通过热模拟实验计算烃源岩生烃转化率,而且即使没有热解数据,也可以运用动力学特性 R_o 计算生烃转化率 TR(式 3-9)。国外研究人员通过对巴黎盆地 Toarcian 页岩实验数据统计(图 3-5),得出标准 II 型动力学特征函数式 3-9(Bordenave 等,1993)。国外典型页岩的热解数据曲线与参考的动力学曲线极为一致(图 3-5),在 R_o 为 0.70%~0.75%处,热解的 PI [或 $S_1/(S_1+S_2)$] 值背离参考动力学曲线,说明在此达到成熟程度,并开始排烃(Christopher J. Modica 等,2012)。

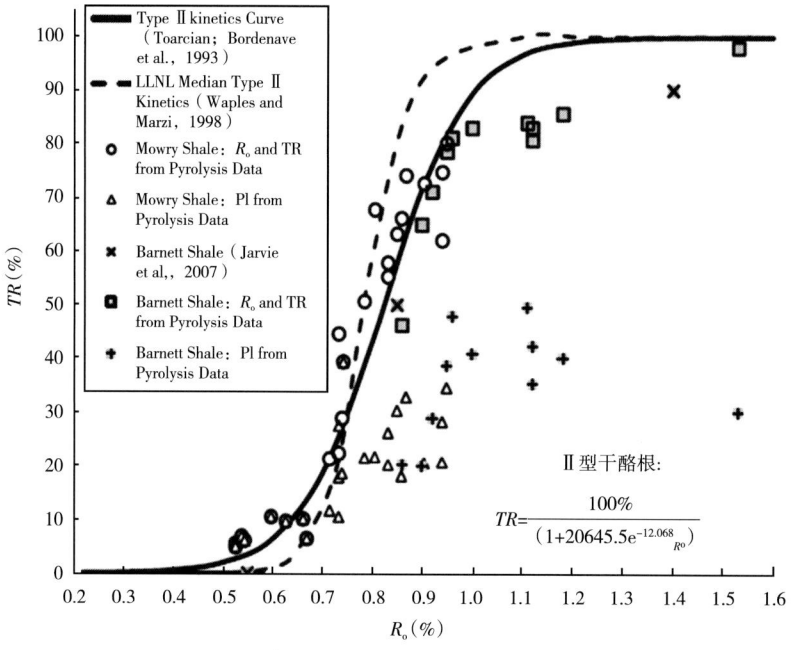

图 3-5 国外典型烃源岩生烃率与镜质组反射率 R_o 关系图(据 Christopher J. Modica 等,2012)

$$TR=\frac{100\%}{(1+20645.5e^{-12.068R_o})} \quad (3-9)$$

运用上述研究认识与特征函数,构建烃源岩有机质恢复系数和原始生烃潜力恢复系数过程中重要的中间介质——生烃转化率模型,并由此编制出蜀南地区烃源岩生烃转化率与 R_o 关系图版(图 3-6)。

根据生烃转化率与 R_o 的关系,在编制蜀南地区龙马溪组烃源岩平面 R_o 等值线图基础上,计算并编制了蜀南地区龙马溪组页岩生烃转化率分布图(图 3-7)。从图中可以看出,研究区蜀南地区龙马溪组烃源岩生烃转化率整体偏高,且从西北向东南逐渐变高。东南大部分地区生烃转化率在 0.9 以上,长宁地区约 0.85 以上,威远地区相对较低,也在 0.75 以上。

第三章 原始有机碳及生烃潜力恢复

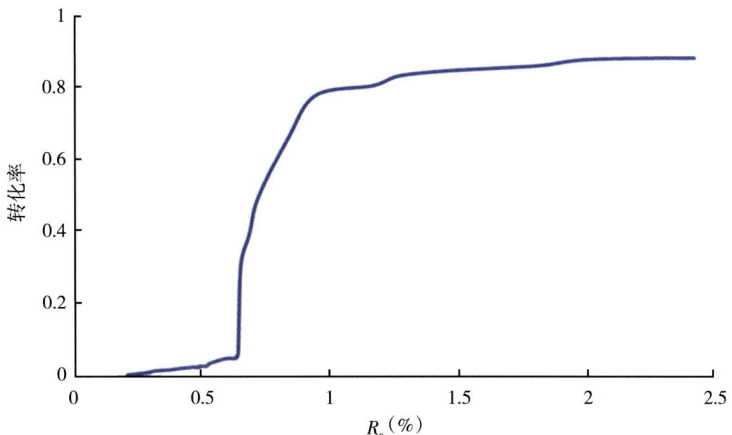

图 3-6 蜀南地区龙马溪组烃源岩生烃转化率与 R_o 关系图

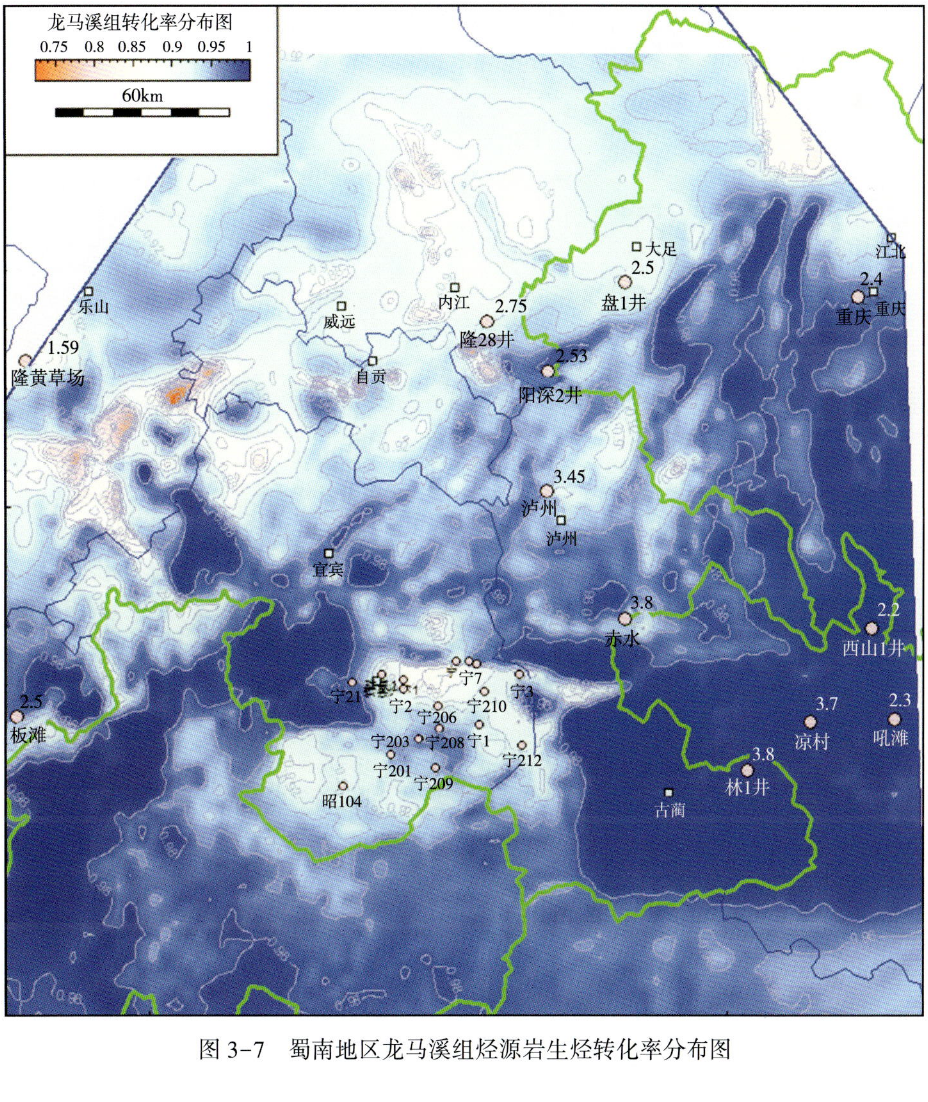

图 3-7 蜀南地区龙马溪组烃源岩生烃转化率分布图

3. 原始有机碳恢复系数评价模型

原始有机碳恢复系数构建，不仅需要考虑有机质的生排烃损失，同时也需要考虑成岩过程中的无机损失、相对密度损失等。

单纯的成岩压实并不是 TOC 发生变化的主要影响因素。对某一种岩性的烃源岩（如泥岩）而言，随着埋藏深度的增加，岩石密度增加，孔隙度减小。在一般情况下，浅部密度呈指数关系增加，深部密度呈线性增加（许平，2010），无机孔隙度随埋深呈指数关系递减（Athy，1930；庞雄奇，2003；郭秋麟，2013）。由于地温场特征不同，不同盆地同一埋深下的孔隙度（ϕ_o、ϕ）和密度（ρ_{ro}、ρ_r）有很大不同。为讨论方便，将不同盆地烃源岩层的孔隙度和密度转化为同一热演化程度（R_o，%）之下进行比较，这样得到的变化规律更加明显，不同盆地的数值可相互比较，实际地质条件下相关资料的统计结果也反映了这种规律（图 3-8）。研究表明，在其他条件不变的情况下，孔隙度因压实作用随埋深增大而减少，有机质丰度 TOC 在比较之下会相应增加；而另一方面烃源岩密度因压实作用随埋深增大而增大，有机质丰度 TOC 又会相应减少。因此，压实作用的综合结果没有导致 TOC 大幅变化，它不是主要影响因素。

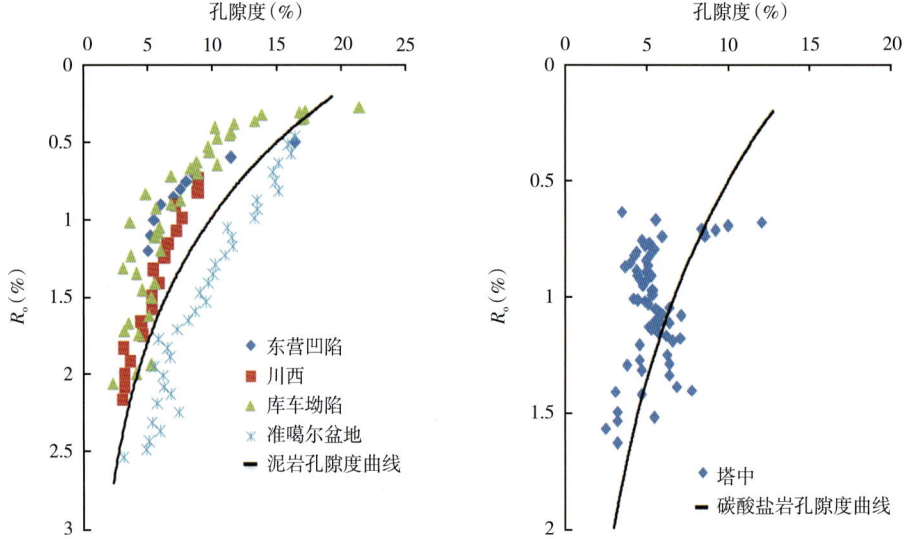

图 3-8 泥质烃源岩和碳酸盐岩烃源岩孔隙度随 R_o 变化特征（据庞雄奇，2014）

但在有机质的绝对量因生、排烃过程而减少的同时，岩石的重量也在压实排水、溶解等因素的作用下而减少，从而造成无机损失。因而，本次有机碳恢复的机理模型在充分考虑烃源岩因生、排烃导致有机损失的同时，也考虑了岩石在压实排水因素由于溶解—转移等造成的无机损失，使得有机碳恢复系数模型更加合理（图 3-9）。

本模型的建立，首先设单位体积岩石的原始孔隙体积为 V_0，孔隙中饱和水，水的密度为 ρ_w，岩石骨架的密度为 ρ，经过一定程度演化后，岩石的孔隙体积为 V，该过程的物理模型，设初始状态岩石（无机部分）的质量为 M_0，演化到一定阶段后的质量为 M。

初始状态时岩石的质量 M_0，由模型可得：

$$M_0 = \rho_w V_0 + (1 - V_0)\rho \tag{3-10}$$

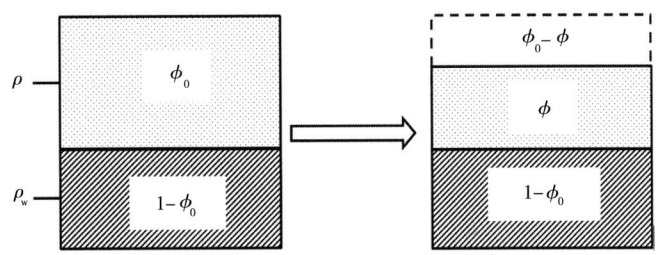

图 3-9 成岩过程中岩石失重的变化模型

演化到一定阶段的质量为 M，由模型可得：

$$M = \rho_w V + (1 - V_0)\rho \quad (3-11)$$

式中，ρ_w 为水密度；ρ 为岩石骨架密度；V_0 为单位体积岩石的原始孔隙体积，孔隙中饱和水；V 为经过一定程度演化后，岩石的孔隙体积；M_0 为初始状态时岩石的质量；M 为演化到一定阶段后的质量。

设有机碳初始质量为 m_c^0，有机质的初始质量为 m_0，岩石的初始质量为 M_0，演化到一定阶段后残余有机碳质量为 m_c，残余有机质的质量为 m，岩石的残余质量为 M，则有初始有机碳 TOC^0 和残余 TOC，如下式（3-12）和式（3-13）

$$TOC^0 = \frac{m_c^0}{M_0 + m_0} \quad (3-12)$$

$$TOC = \frac{m_c}{M + m} \quad (3-13)$$

则有机碳恢复系数可表示为：

$$\begin{aligned} K_{\text{有机碳恢复系数}} &= \frac{TOC^0}{TOC} \\ &= \frac{m_c^0}{M_0 + m_0} \bigg/ \frac{m_c}{M + m} \\ &= \frac{m_c^0}{m_c} \times \frac{M + m}{M_0 + m_0} \end{aligned} \quad (3-14)$$

其中

$$\frac{m_c^0}{m_c} = \frac{1}{1 - P_0 \cdot D} \quad (3-15)$$

同时，考虑岩石的质量比有机质的质量大很多，可以得到以下有机碳恢复系数公式

$$K_{\text{有机碳恢复系数}} = \frac{1}{1 - P_0 \cdot D} \times \frac{M + m}{M_0 + m_0} \approx \frac{1}{1 - P_0 \cdot D} \times \frac{M}{M_0} \quad (3-16)$$

（三）蜀南地区原始有机碳恢复系数图版

蜀南地区志留系龙马溪组烃源岩层系热演化程度较高，其生烃潜力评价需要首先开展

原始有机碳恢复。根据上文中建立的烃源岩有机碳恢复系数评价模型，以蜀南地区龙马溪组为例，联合龙马溪组烃源岩热模拟实验数据、PY—GC实验数据等地化数据，建立蜀南地区龙马溪组烃源岩有机碳恢复系数图版（图3-10）。

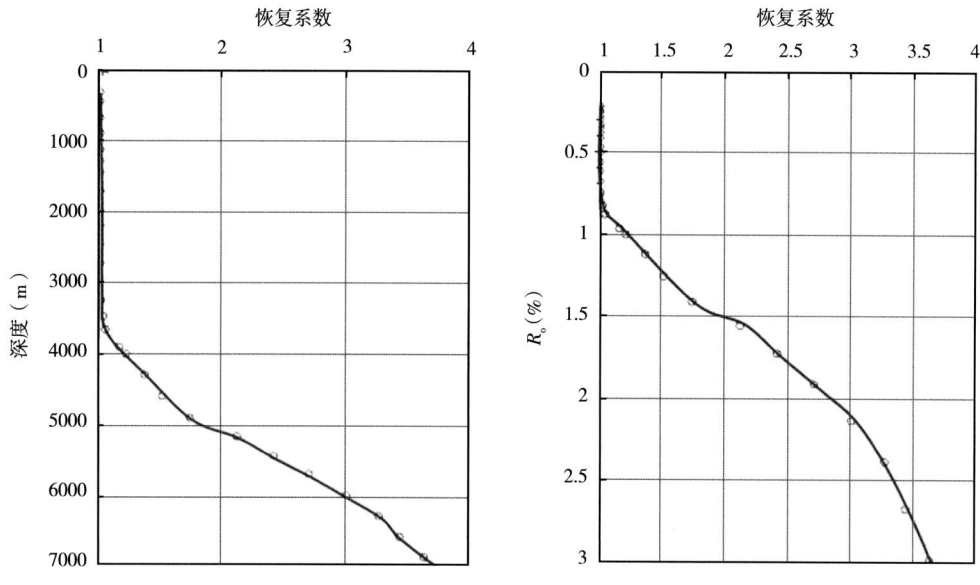

图3-10 蜀南地区原始有机碳恢复系数图版

从图中可以看出，蜀南地区龙马溪组烃源岩在R_o达到1.0%时，有机碳恢复系数为1.25；在R_o达到2.0%时，有机碳恢复系数为2，在R_o达到2.5%时，烃源岩有机碳恢复系数为3.3。

二、原始生烃潜力恢复模型建立与方法研究

传统化学动力学法对烃源岩原始生烃潜力的恢复存在诸多问题，如恢复过程中未考虑到残留油对热解参数S_2的影响，未考虑到岩样在热解实验300~600℃过程中初次裂解生成的胶质和沥青质将发生二次裂解生烃等。用化学动力学所描述的仅是生烃过程，未考虑$S_{2实测}$中残余$S_{1重质}$组分，本书针对这些问题建立烃源岩原始生烃潜力恢复方案。

（一）原始生烃潜力恢复模型建立

原始生烃潜力恢复模型主要包括以下三方面内容：（1）基于改进的多地质因素约束下的化学动力学法评价烃源岩生烃率；（2）设置平行实验，将$S_{2实测}$校正到S'_2，去除残留在$S_{2实测}$中的$S_{1重质}$组分；（3）建立原始生烃潜力恢复系数评价模型。

该方法主体评价技术为烃源岩生烃率评价部分和$S_{2实测}$校正为S'_2部分。其评价原理为：依据地下有机质是由可转化和不可转化两部分组成，$S_{2实测}$中残余$S_{1重质}$组分，这部分残余组分导致$S_{2实测}$增大；建立生烃潜力恢复系数理论模型（图3-11）（陈国辉，2014）。

（二）原始生烃潜力恢复方法研究

原始生烃潜力恢复方法研究主要涉及S'_2校正问题、烃源岩生烃率评价问题和原始生烃潜力恢复系数评价问题。从某种意义上讲，前两方面问题的解决，是原始生烃潜力恢复系数评价的必要条件，为准确评价出原始生烃潜力奠定基础。

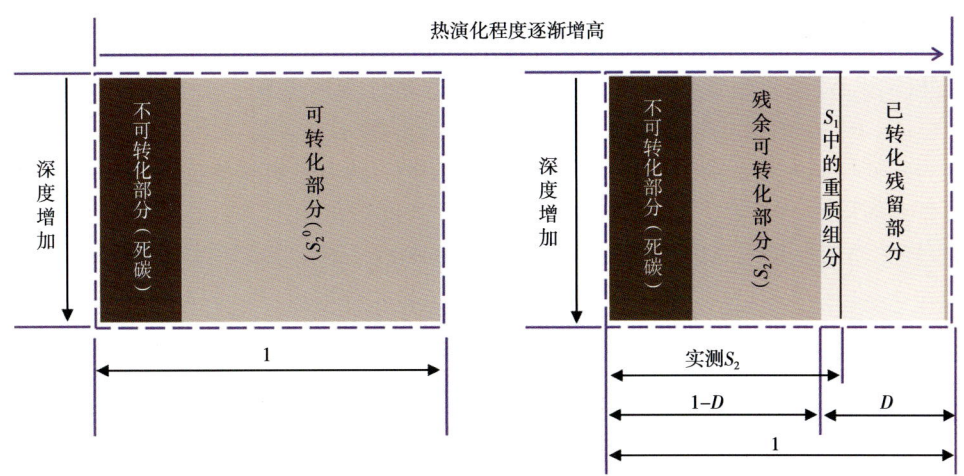

图 3-11 生烃潜力恢复评价原理示意图

1. 对残留油影响的校正

Rock—Eval 6 是目前应用最广泛的岩石热解仪器，其升温程序及检测结果如图 3-12 所示，通常利用其检测结果 S_1、S_2 和 T_{max} 对烃源岩品质进行评价。其中，S_1 为游离烃（mgHC/g 岩石），为升温过程中 300℃以前热蒸发出来的，已经存在于烃源岩中的烃类产物；S_2 为裂解烃（mgHC/g 岩石），为 300℃以后的受热过程中有机质裂解出来的烃类产物，反映干酪根的剩余裂解潜力。

实际上，Rock—Eval 6 所检测的 S_2 中不仅包含干酪根裂解所产生的烃类产物，同时包括 300℃以后蒸发出来的原本已经生成并且残留在烃源岩中的高碳数烃类产物，以及残留在烃源岩中的胶质、沥青质在 300℃以后所产生的裂解烃。因此，利用 S_2 评价烃源岩的剩余生烃潜力时评价结果偏高。对烃源岩样品进行氯仿抽提，去除样品中残留的油气产物，再对抽提后的岩样进行热解分析，所检测到的 S'_2，只包括干酪根裂解所产生的烃类产物，可利用 S'_2 来表征烃源岩的剩余生烃潜力，因此，对烃源岩进行原始潜力恢复时需将 S_2 校正为 S'_2，同样，依据 $S_{2实测}$ 与 $S_{1重质}$ 组分做差，即可得 S'_2（陈国辉，2014）。

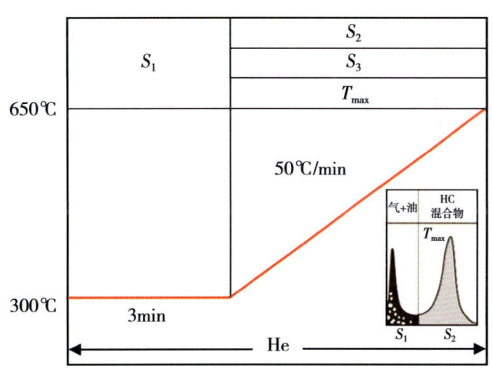

图 3-12 Rock-Eval 岩石热解分析 S_1、S_2、S_3 示意图

2. 烃源岩生烃率评价

烃源岩生烃率评价将在后续"生排烃全过程定量评价"章节中详细论述。

3. 原始生烃潜力恢复系数评价模型

关于有机质原始丰度和生烃潜力的恢复，很多学者都曾作过探讨（庞雄奇等，1988；程克明等，1990；王子文等，1991）。本书建立了一种利用化学动力学模型计算生烃率、

平行实验校正出 S'_2，建立原始生烃潜力恢复系数评价模型，其原理如下：

设已测得了样品的 $S_{2实测}$、S'_2、$S_{1重质}$、Rock—Eval、PY—GC 热模拟实验数据；由样品的 $S_{2实测}$ 和 $S_{1重质}$ 做差，评价出 S'_2（抽提后的岩样进行热解分析，所检测到的 S'_2）；由 Rock—Eval、PY—GC 热模拟实验数据，采用生烃动力学法，标定出干酪根成油、干酪根成气和油裂解气动力学参数，结合埋藏史和热史数据，动力学地质外推评价出目标层位烃源岩生烃率随深度（或 R_o、或温度）的关系。联合评价出来的 S'_2（$S_{2实测}$ 与 $S_{1重质}$ 做差求得）、生烃率与深度关系（或 R_o、或温度关系）和 $S_{2实测}$，建立原始生烃潜力恢复系数评价模型。

$$原始生烃潜力恢复系数 = \frac{S_{2实测} - S_{1重质}}{(1-D) \times S_{2实测}} = \frac{S'_2}{(1-D) \times S_{2实测}} \quad (3-17)$$

式中，D 代表有机质的生烃率；$S_{2实测}$ 是剩余生烃潜力，$S_{1重质}$ 是 S_1 残留在 S_2 中的重质组分。

（三）蜀南地区原始生烃潜力恢复系数图版

基于上述烃源岩原始生烃潜力恢复系数评价研究，依据新建立的生烃潜力恢复系数模型，评价出蜀南地区龙马溪组烃源岩不同演化阶段的生烃潜力恢复系数（图 3-13）。从图中可以看出，2000m 以浅区域生烃潜力恢复系数接近 1，说明此时还未进入排烃门限，当深度达到 4000m 时生烃潜力恢复系数已达到 2，说明进行原始生烃潜力恢复是有必要的。

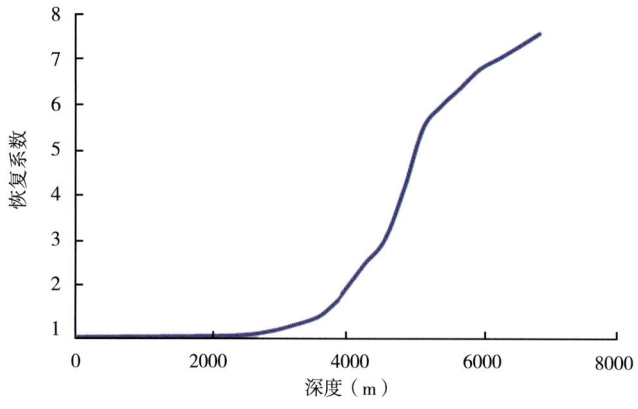

图 3-13　蜀南地区原始生烃潜力恢复系数图版

第三节　蜀南地区龙马溪组烃源岩空间展布和有机质特征

四川盆地志留系龙马溪组，除川中及川西地区缺失外，其余地区均连续分布。下部与五峰组整合接触，上部与石牛栏组、罗惹坪组及小河坝组整合接触，厚 158~600m。龙马溪组岩性相对简单，为灰黑、黑色薄—厚层状碳质页岩、粉砂岩夹条带状、透镜状泥质泥晶灰岩，向上砂质含量增多，自下而上构成向上变粗的沉积序列（王学君等，2015）。龙马溪组下部的黑色碳质页岩，发育丰富的笔石化石，有机质丰富、染手，区内分布稳定。页岩厚度较薄，多发育纹层，粉砂岩中平行层理发育，常见黄铁矿结核，表明该期水体较深，处于缺氧还原环境，属于深水陆棚相沉积。

一、蜀南龙马溪组烃源岩空间展布

(一) 龙马溪组烃源岩埋深

蜀南地区龙马溪组页岩埋深受构造运动影响,呈现出条带状变化的特点,中东部埋藏较深,基本超过3000m,西北和西南部埋藏较浅,大部分埋藏小于2000m。其中赤水南部埋藏最深,超过5000m,威远西北部埋藏最浅,小于1000m。主体埋藏深度介于1000~5000m之间,2400~4000m深度范围分布$6.348×10^4 km^2$(图3-14)。

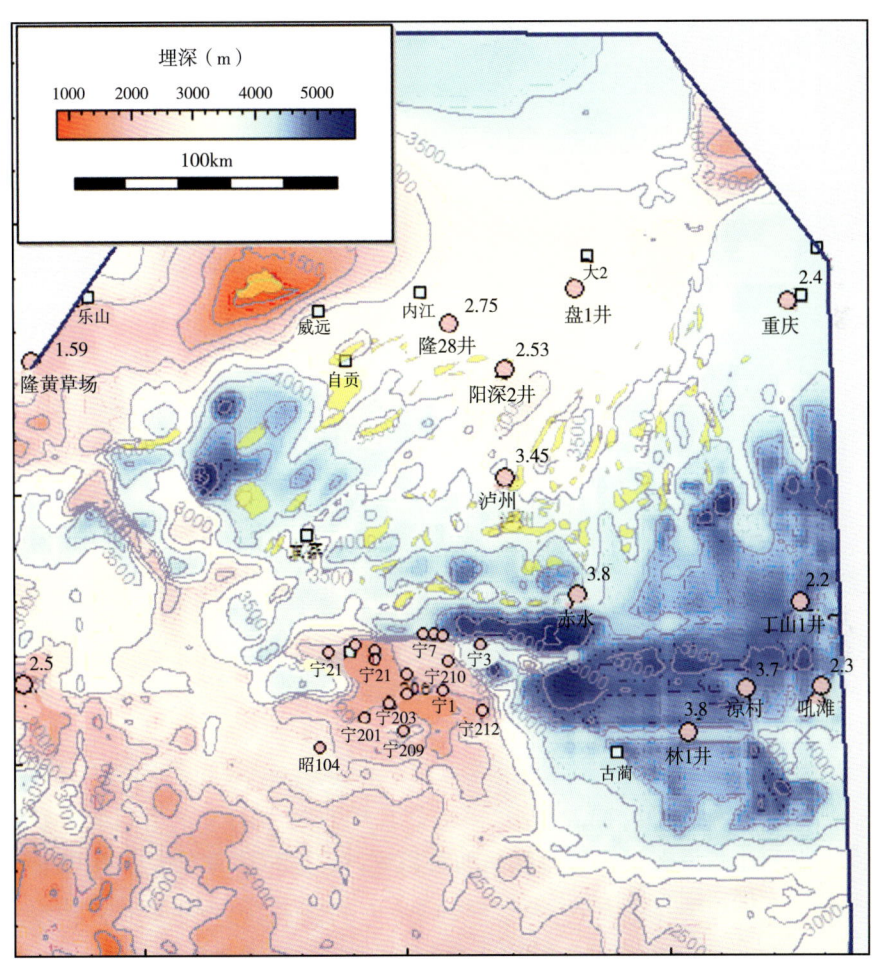

图 3-14 蜀南地区龙马溪组烃源岩底部埋深等值线图

(二) 龙马溪组优质烃源岩平面分布

蜀南地区龙马溪组优质烃源岩厚度较大,自贡、宜宾、泸州、赤水四角围绕的地区,优质烃源岩厚度普遍大于50m,尤其在泸州一带烃源岩厚度最大,超过70m;厚度小于40m的地区可能与黔中古隆起有关(图3-15)。

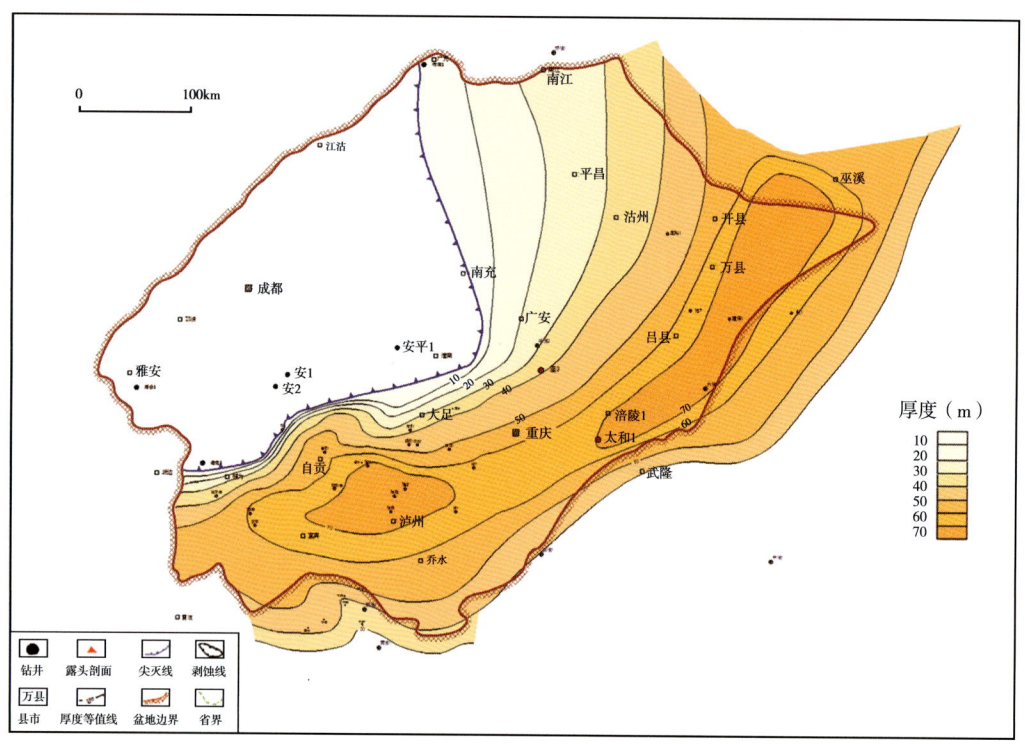

图 3-15　龙马溪组优质烃源岩厚度等值线图

二、海相烃源岩有机质特征

通过蜀南地区龙马溪组烃源岩地球化学实验分析，研究了蜀南地区龙马溪组页岩的有机质丰度和热演化成熟度，旨在为蜀南地区龙马溪组页岩的原始有机碳恢复系数和原始生烃潜力恢复系数提供基础资料和依据。

（一）有机质丰度

表 3-3 列出了蜀南地区下志留统龙马溪组页岩井下 28 块样品的有机碳含量和反射率 R_o 实验数据。从表中可以看出，岩心样品的有机碳（TOC）含量分布为 0.08%～5.00%，平均值为 1.53%（周宝刚等，2014）。

表 3-3　川南地区龙马溪组页岩样品的有机碳含量和反射率 R_o 数据

样品号	深度（m）	岩性	TOC（%）	R_o（%）
Y203-01	2100.60	灰黑色页岩	0.12	2.21
Y203-02	2117.00	灰黑色页岩	0.20	2.26
Y203-03	2126.50	灰黑色灰质页岩	0.08	—
Y203-04	2137.00	灰黑色灰质页岩	0.11	2.30
Y203-05	2151.80	灰黑色粉砂质页岩	0.10	2.28

续表

样品号	深度（m）	岩性	TOC（%）	R_o（%）
Y203-06	2156.20	灰黑色粉砂质页岩	0.13	2.27
Y203-07	2176.70	灰黑色粉砂质页岩	0.10	2.30
Y203-08	2198.60	黑色粉砂质页岩	0.24	2.29
Y203-09	2207.00	黑色粉砂质页岩	0.15	2.35
Y203-10	2220.00	灰色灰质泥页岩	0.12	2.24
Y203-11	2222.10	灰色灰质泥页岩	0.18	2.27
Y203-12	2246.00	黑色页岩	0.56	2.35
Y203-13	2260.00	灰色碳质页岩	1.35	2.25
Y203-14	2268.60	黑色碳质页岩	1.08	2.21
Y203-15	2287.00	黑色页岩	0.50	2.39
Y203-16	2292.00	灰黑色页岩	0.51	2.36
Y203-17	2298.00	灰色硅质泥岩	0.11	—
Y203-18	2316.10	黑色硅质页岩	0.85	2.28
Y203-19	2340.50	黑色碳质页岩	1.27	2.34
Y203-20	2346.80	黑色硅质页岩	0.86	2.35
Y203-21	2361.80	黑色碳质页岩	1.23	2.42
Y203-22	2379.90	黑色碳质页岩	4.38	2.40
Y201-1	2480.20	黑色页岩	1.38	2.06
Y201-2	2483.70	黑色页岩	1.13	2.13
Y201-3	2493.00	黑色页岩	1.65	2.11
Y201-4	2500.20	黑色页岩	2.14	1.94
Y201-5	2507.50	黑色碳质页岩	5.00	2.13
Y201-6	2516.90	黑色碳质页岩	3.14	—

注：表中 TOC 为页岩有机碳含量实测值，R_o 为等效镜质组反射率值，"—"为未测定出。

（二）有机质类型

有机质类型是衡量有机质产烃能力的参数，是烃类的母质，因而，详细研究了蜀南地区龙马溪组页岩的有机质类型，对蜀南地区龙马溪组页岩干酪根样品同位素（$\delta^{13}C$）分析结果（表3-4）统计，结果表明龙马溪组页岩样品干酪根 $\delta^{13}C$ 为-31.4‰～-26.9‰，平均值为-29.8‰，说明其有机质类型较好，属于Ⅰ型和Ⅱ1型，且以Ⅰ型为主（周宝刚等，2014；王顺玉等，2000；朱炎铭等，2010；张小龙等，2013）。

表3-4 龙马溪组干酪根样品的碳同位素分析结果

页岩样品	$\delta^{13}C$ (‰)	有机质类型	数据来源
龙马溪组页岩	$\dfrac{-31.4\sim-26.9}{-29.8}$	Ⅰ型、Ⅱ1型	周宝刚等,2014
龙马溪组页岩	$\dfrac{-32.04\sim-28.78}{-30.23}$	Ⅰ型、Ⅱ1型	王顺玉等,2000
龙马溪组页岩	$-29.8\sim-29.3$	Ⅰ型	朱炎铭等,2010
龙马溪组页岩	$\dfrac{-31.2\sim-29.4}{-30.1}$	Ⅰ型、Ⅱ1型	张小龙等,2013

(三) 成熟度

蜀南的两口重点探井丁山1井龙马溪组底部沥青反射率R_o在2.60%以上;中下部沥青反射率R_o平均2.72%;总体沥青反射率R_o平均2.52%(表3-5);林1井镜质组反射率R_o值介于1.84%~1.90%之间(表3-5),热解烃峰顶温度401.3~560.5℃,两口探井中龙马溪组烃源岩均处于成熟—过成熟阶段。

表3-5 丁山1井、林1井龙马溪组烃源岩镜质组反射率表

井名	序号	井深(m)	岩性	$R_{o(max)}$(%)(干酪根) 镜质体	$R_{o(max)}$(%)(干酪根) 沥青体	测点数	标准偏差
丁山1井	1	1450	泥岩	1.86	2.36	10	0.09
	2	1470	泥岩	2.05	2.67	12	0.12
	3	1480	泥岩	2.12	2.78	15	0.13
	4	1490	泥岩	2.05	2.67	10	0.1
	5	1500	泥岩	2.08	2.72	15	0.11
	6	1520	泥岩	2.14	2.82	20	0.09
林1井	1	698.90	泥岩	1.84	—	15	0.03
	2	704.20	泥岩	1.86	—	12	0.03
	3	757.56	泥岩	1.89	—	15	0.02
	4	764.76	泥岩	1.90	—	12	0.03

研究区有机质成熟度较高,受构造作用影响,总体上向南、东南方向成熟度增高。R_o值一般在2.4%~3.8%,在赤水达到最大值3.8%,整体处于过成熟阶段(图3-16)。长宁地区演化程度与现今埋深不相匹配,说明该区受构造演化控制,早期曾埋藏较深,使得热演化程度达2.6%以上,后期抬升,形成现今局部隆起的格局。

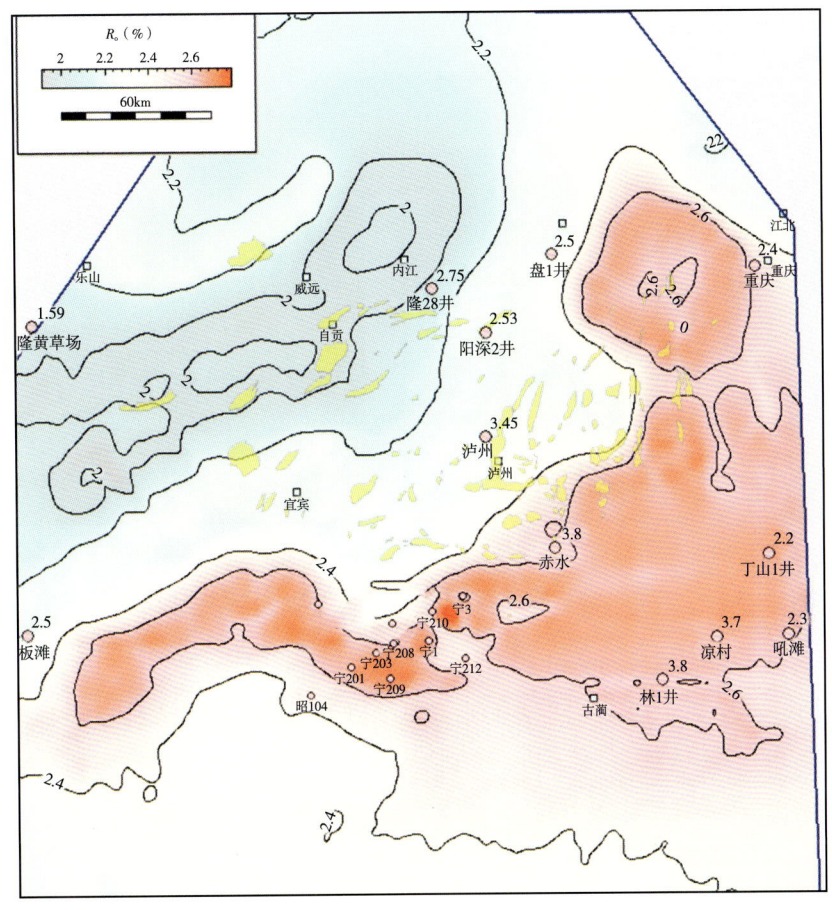

图 3-16 龙马溪组页岩成熟度展布图

第四节 海相烃源岩原始有机碳和生烃潜力恢复前后对比研究

一、海相龙马溪组页岩原始有机碳恢复前后对比研究

(一) 原始有机碳恢复前

图 3-17 为蜀南龙马溪组恢复前有机碳等值线图,为了准确评价烃源岩的原始生烃潜力,需要对有机碳进行恢复。

(二) 原始有机碳恢复后

根据建立的蜀南地区有机碳恢复系数图版,得到蜀南龙马溪组恢复后有机碳等值线图,与恢复前有机碳等值线图相比,有较大的差异。图 3-17a 为恢复前有机碳等值线图,有机碳高值区主要位于研究区北部及中南部地区,图 3-17b 为恢复后有机碳等值线图,有机碳高值区主要位于研究区中西部及东部地区,恢复前后差异较大,说明对原始有机碳进行恢复是有必要的。

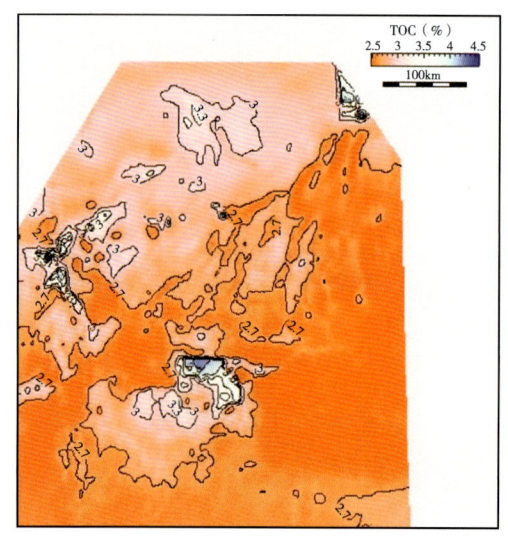 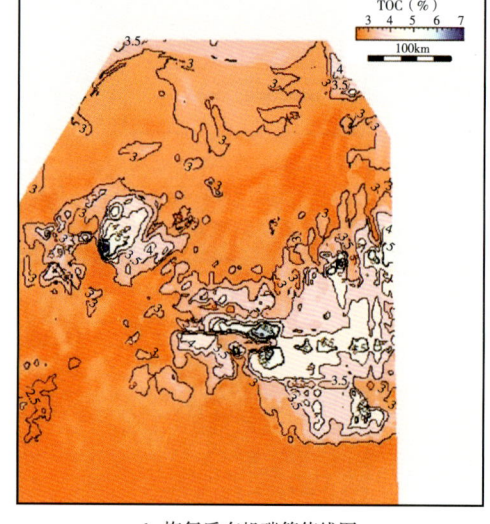

a.恢复前有机碳等值线图　　　　　　　　b.恢复后有机碳等值线图

图 3-17　蜀南龙马溪组有机碳恢复前后对比图

（三）原始有机碳恢复后效果

有机碳恢复是建立在多方面校正的排烃率基础之上，通过对比蜀南龙马溪组恢复前后有机碳等值线图，有助于认识生烃潜力，可以客观反映有机碳转化生烃高值区。

二、海相龙马溪组页岩原始生烃潜力研究

（一）烃源岩厚度

图 3-18 为四川盆地蜀南地区志留系龙马溪组泥质烃源岩厚度等值线图，由图可以看出，蜀南地区龙马溪组广泛发育泥质烃源岩，并且泥质烃源岩厚度较大，烃源岩最厚处超过 700m，最低值在 50m 以上，烃源岩条件较好。

（二）热演化程度

蜀南地区热演化程度普遍较高，镜质组反射率普遍在 2.2% 以上，反映了在地质历史过程中蜀南地区生成了大量油气。

（三）生烃强度

由四川盆地志留系龙马溪组生气强度等值线图（图 3-19）可以得出，蜀南地区生气强度较高，普遍高于 $40×10^8 m^3/km^2$，最高可达 $280×10^8 m^3/km^2$，显示了蜀南地区较好的气源条件。

三、有机碳恢复的意义

根据干酪根热降解生烃理论（Tissot 等，1978；傅家谟等，1982），随着烃源岩埋藏深度或温度的不断增加，当达到生油门限以后，开始大量生排烃，油气的排出应使单位体积内烃源岩有机质绝对量不断减少。因此，有不少学者认为，对高成熟—过成熟度烃源岩来讲，如果用残余有机碳含量进行烃源岩评价，可能就会失真，有必要进行有机质丰度的恢复。研究结果表明（邬立言等，1986；郝石生等，1996；卢双舫等，2003），地史过程中，

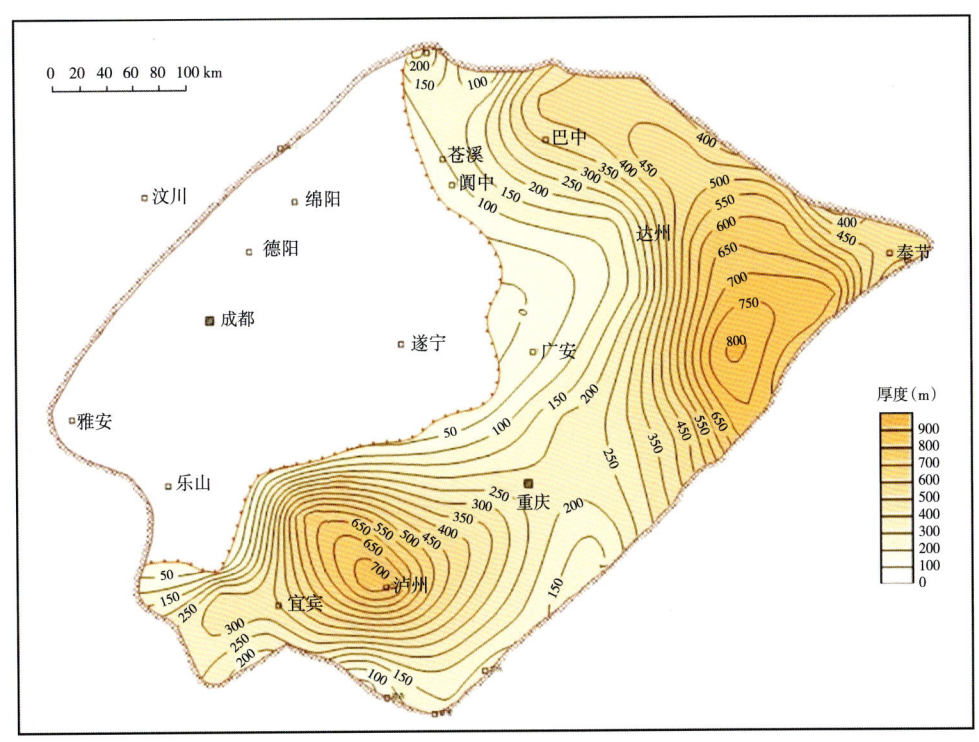

图 3-18 四川盆地志留系龙马溪组泥质烃源岩厚度等值线图

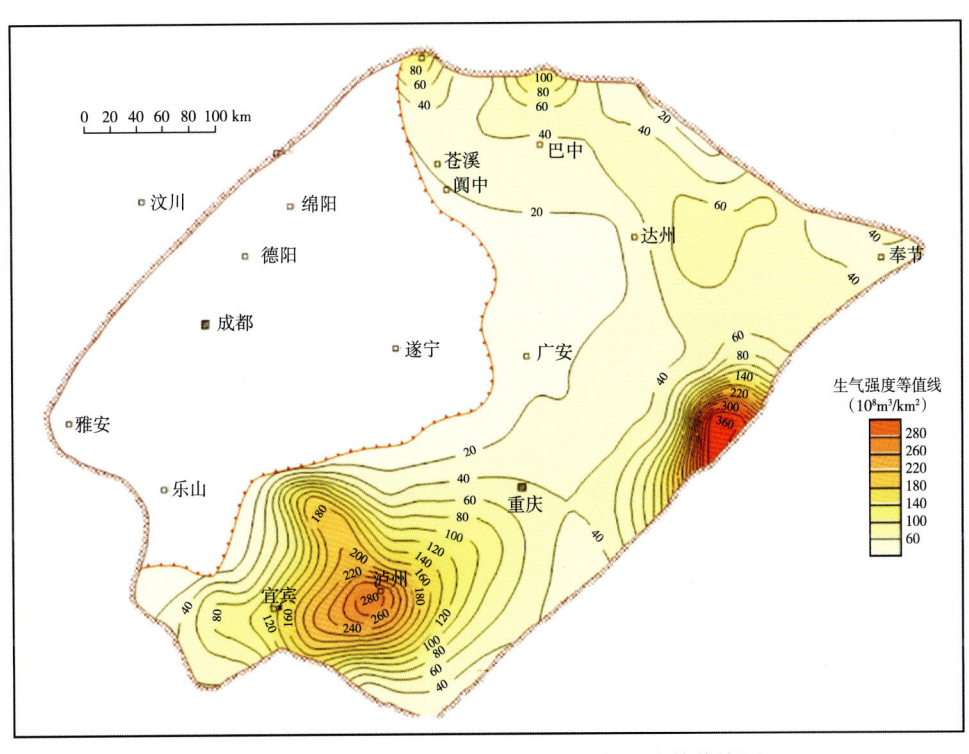

图 3-19 四川盆地志留系龙马溪组生气强度等值线图

有机质生烃潜力和有机质丰度的变化主要取决于烃源岩的生排烃效率，对性质偏差的有机质，有机质的实测丰度随演化程度的增高不降反升，而对位于高成熟阶段的优质有机质，有机碳的恢复系数可达 2 以上；而随有机质类型变好和成熟度升高，生烃潜力损失率增高；一般情况下，生烃潜力的恢复幅度比有机质丰度的恢复大得多。秦建中等（2005）通过对海相不同类型烃源岩加水热压模拟实验和自然演化剖面的实测发现，未成熟—低成熟阶段到高成熟阶段，有机质丰度明显降低，需要进行原始有机碳含量的恢复。经不同类型源岩对比，恢复系数与生排烃潜力、干酪根类型、成熟度和有机质含量等因素有关，而与岩性关系不大。

蜀南地区龙马溪组烃源岩 R_o 值一般在 2.4%~3.8%，处于高—过成熟阶段，故对其评价之前，有必要进行原始有机碳的恢复，确保评价结果的科学性和合理性。

（一）直观反应原始有机碳丰度

通过有机碳恢复前后对比分析，可以清晰地看出原始有机碳空间展布情况，如有机碳分布的高值区、中值区和低值区；同样，对比分析恢复前后有机碳空间展布情况，有利于分析烃源岩生排烃情况，进一步落实烃源岩对常规油气与非常规油气的贡献，为常规油气和非常规油气富集提供油源基础。本次蜀南地区龙马溪组海相页岩有机碳恢复研究，前后对比发现，在 R_o 为 3.0%时，恢复后有机碳是未恢复有机碳的 3.5 倍，在 R_o 为 2.0%时，恢复后有机碳是未恢复有机碳的 2.6 倍，在 R_o 为 1.5%时，恢复后有机碳是未恢复有机碳的 1.9 倍。

（二）客观恢复原始生烃潜力

烃源岩在发生大量排油气作用前的有机质含量称之为原始或初始有机质丰度，而现今测得的有机质含量是指发生过大量排烃作用之后的残余有机质丰度，Tissot 和 Welte（1978）认为，判别烃源岩的有机质丰度指标不能应用到成熟度较高的烃源岩，因为它们原始的有机质丰度可能是目前测得的有机质丰度的 2 倍甚或更多。烃源岩层排烃门限研究表明，当烃源岩生烃量饱和了自生各种形式的存留需要后，就开始大量向外排出，并且排出的烃量随着烃源岩埋藏深度和热演化程度的增大而增加。因此，在地史过程中，烃源岩中有机质的绝对量随生、排烃作用的进行不断减少，导致反映其有机质丰度的有机碳百分含量逐渐降低。由此可知，对于发生过大量排烃作用的烃源岩，若用残余有机质的含量去判别和评价一个地区的含油气远景，必然会引起一定的误差，对于含油气盆地深部已达到高成熟—过成熟阶段的烃源岩而言，误差更加显著。烃源岩的生烃潜力变化、残留烃量变化和生烃热模拟实验结果，都表明含油气盆地深部低丰度有效烃源岩的存在，国内外诸多油田的勘探实例也证实了这一观点。因此，客观描述一个地区深部高过成熟烃源岩中原始有机质丰度和生烃潜力的变化，对于评价油气勘探前景具有重要意义。而且，通过原始有机碳和生烃潜力研究，能恢复出地质条件下高演化程度下烃源岩的真实生烃潜力，有助于准确地评价出烃源岩原始生烃潜力，为更客观地评价烃源岩生烃量奠定基础。

第四章 生排烃全过程定量评价模型

油气的生成和沉积有机质的演化是密切相关的。沉积有机质是油气形成的物质基础,油气则是有机质演化的产物。有机质的演化和油气的生成具有明显的阶段性,在不同的阶段,影响有机质演化的主要因素不同,所生成的烃类和有关产物的数量和组成也明显不同,这将影响到油气在地质剖面上的分布规律。

第一节 有机质生烃过程研究新进展

一、有机质生烃过程传统认识与经典生烃模式

有机质生烃过程与模式非常复杂(图 4-1),不同的研究者,对有机质演化阶段的划分和油气生成(有机质成烃)模式的总结存在一定的差异。据 Tissot 研究建立的油气生成的经典模式,即油气的形成过程或有机质的演化过程大体可分为 3 个阶段(图 4-2):未熟阶段、成熟阶段和过成熟阶段,它们分别对应着有机质的成岩作用、深成(热解)作用和变质作用。

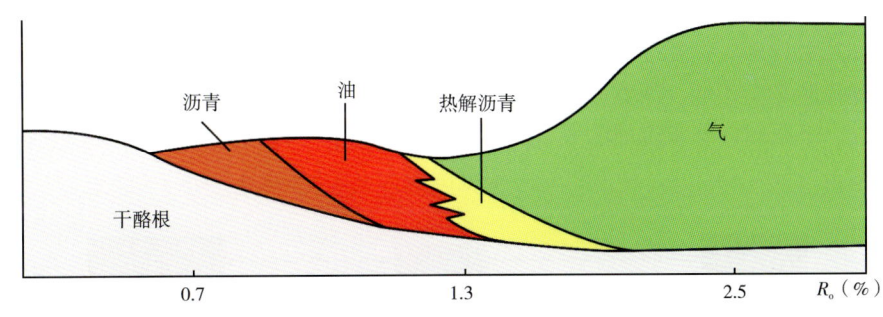

图 4-1 有机质热演化过程示意图(据 Passey 等,2011)

(一)未熟阶段——有机质的成岩作用阶段

未熟阶段是指有机质从埋藏之后到开始大量热降解成烃之前的阶段。由于埋深浅(一般 1000 多米,图 4-2、图 4-3,在低地温梯度的盆地可达数千米),其主要特点是低温(一般小于 $60 \sim 100 ℃$)、低压,有机质成熟度低($R_o < 0.5\% \sim 0.7\%$),相当于煤阶的泥炭—褐煤阶段。这一阶段与后续其他阶段最大的不同之处在于微生物活跃,以微生物生物化学作用为主要特点。有机质在微生物的作用下首先分解为单体,之后进一步在微生物的参与下,经缩聚、不溶作用形成干酪根,故也被称为干酪根的形成阶段。

(二)成熟阶段——深成(热解)作用阶段

随着烃源岩埋深的持续增大,其中有机质所经历的温度逐渐升高,当达到一定的门限

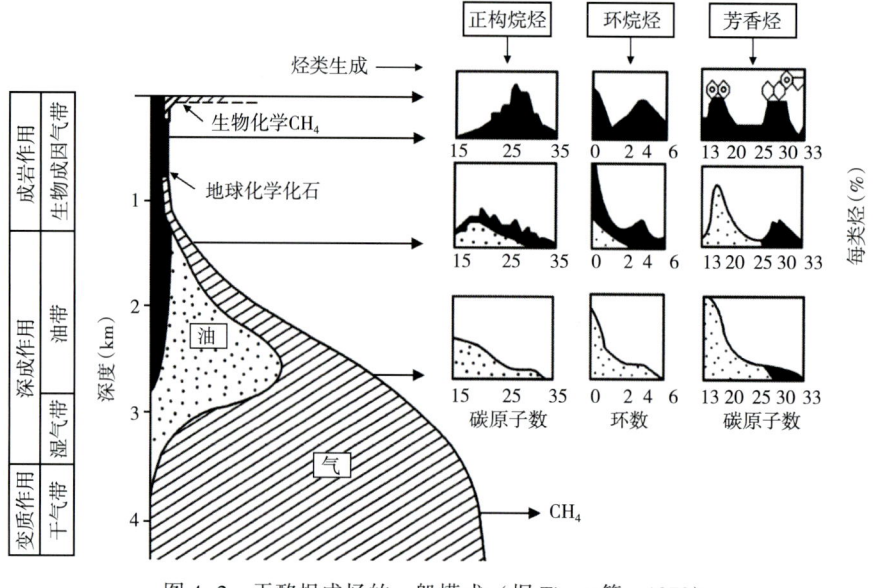

图 4-2 干酪根成烃的一般模式（据 Tissot 等，1978）

温度（或深度）值时，干酪根开始大量热降解或热催化降解生烃，这是油气生成的主要阶段，先期主要形成大量的液态石油，后期开始大量形成轻质油、凝析油和湿气（图 4-2、图 4-3）。虽然也有一些早期以氢键或包裹的形式被结合进干酪根的生物标志化合物在这一阶段释放出来，但总体上讲，其量较少，新生成的烃类大都没有特征的结构，未熟阶段的继承性的生物标志化合物为这些新形成的烃类所稀释，含量逐渐降低。同时所生成的烃类的碳数和相对分子质量都逐渐降低，主要具中到低相对分子质量，环状烃类化合物的环数和碳数也逐步减少，非烃、沥青质也进一步降解为油气，而含量减少直至消失。该阶段对应的埋深较大，上限对应着有机质的成岩作用阶段的结束，下限可从 3000 多米到 6000m 以上，温度范围较宽（50~200℃），镜质组反射率范围较大（0.5%或 0.7%~2.0%）。

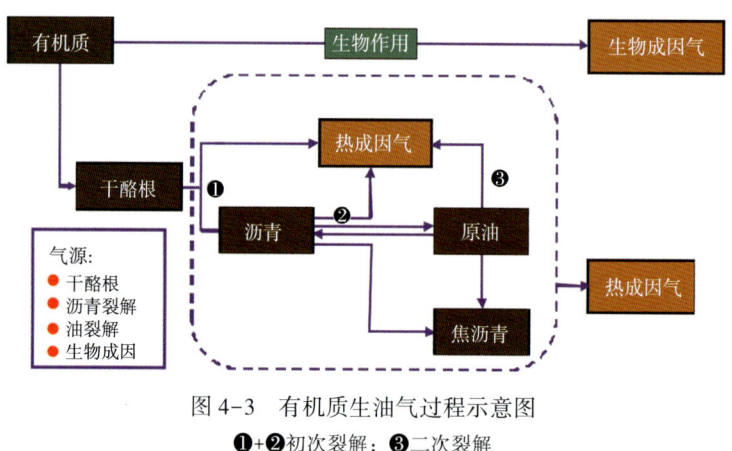

图 4-3 有机质生油气过程示意图
❶+❷初次裂解；❸二次裂解

(三) 过成熟阶段——有机质的变质作用阶段

过熟阶段相当于有机质的变质作用阶段。对应的镜质组反射率大于 2.0%，相应的煤阶为无烟煤阶段，烃源岩的埋深很大，对应温度在 200~300℃。烃源岩有机质经历成熟阶段的降解作用后，干酪根绝大部分可以断裂的侧链和基团基本消失，已不再具有形成长链液态烃的能力。残余的少量烷基侧链通过热降解或热裂解作用可形成一定量的以甲烷为主的气体，液态石油几乎全部消失，重烃很少，因此，该阶段也称为干气阶段（图 4-2、图 4-3）。干酪根的结构进一步缩聚形成富碳的残余物质，并最终石墨化。在 R_o 为 2.8%~3.0%时，有机质的生烃潜力基本枯竭，有机质达到所谓的生烃死亡线。

从未熟阶段到过成熟阶段，促使有机质转化成烃的地质营力有所变化，未熟阶段以生物化学作用为特征，低熟—成熟阶段热催化作用活跃，高熟和过成熟阶段则以热裂解作用为主。随着有机质演化程度的升高，所生成产物的物理性质和化学组成也发生规律性的变化，生成的石油物质的密度降低，颜色变浅；化学组成中，杂原子化合物（N、O、S 化合物）丰度下降，低碳数化合物丰度增加，碳稳定同位素 $\delta^{13}C$ 变重，气油比增加。

二、有机质生烃过程新认识

(一) 我国学者在有机质生烃过程与模式方面的贡献

我国学者（黄第藩，1996）通过大量的实验分析，将成熟阶段进一步三分并标出了各个阶段的主要产物或作用外，还在未熟阶段标出了未熟油气的生成曲线，并建立了发展的有机质成烃模式（图 4-4）。有机质生烃演化的成熟阶段跨越沉积有机质生成液态烃（包括凝析油）的全过程，也是烃源岩有机质热降解作用生成油气的主要过程，故也被称为石油的形成阶段。依据不同时期有机质生烃演化的特征，有机质的成熟阶段又可以进一步划分为低熟、中熟和高熟 3 个亚阶段，分别对应着成熟阶段的早期、中期和晚期（图 4-4）。

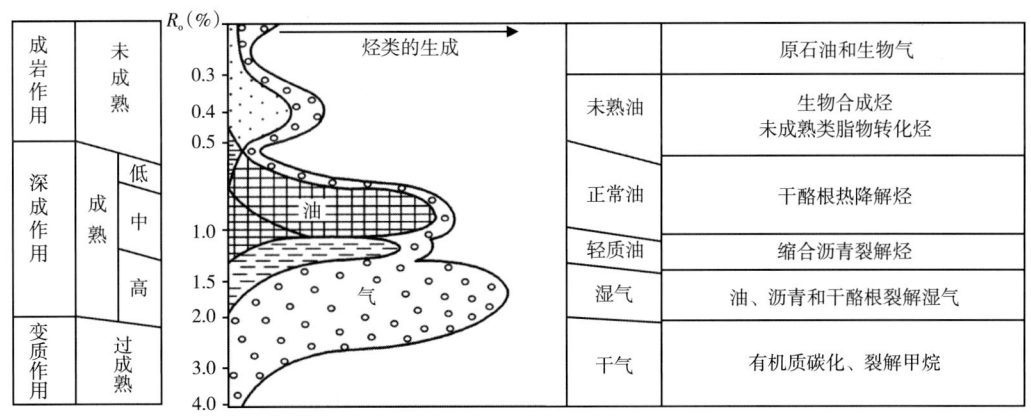

图 4-4 有机质的成烃模式、演化阶段及其主要产物（据黄第藩，1996）

传统经典成烃模式主要关注的是不溶有机质（干酪根）向油气的转化过程。事实上沉积岩（物）中的可溶有机质和不溶有机质是一个有机联系的整体，在整个成烃演化过程中，随着物理、化学条件的改变，它们应该处于一种相互转化的动态平衡之中。在成岩作用阶段，岩石中的可溶有机质（或分散沥青，或类脂物），一部分将直接转化为未成熟石油，另一部分将缩合到干酪根中去；而在深成作用阶段，干酪根的热降解成烃的过程中，同时还生成部分非烃和沥青质等中间产物，甚至在较高成熟阶段，当干酪根的成烃潜力基本枯竭后，由干酪根衍生而来的缩合焦沥青就成为高成熟轻质石油的主要贡献者。因此，黄第藩认为，一个更符合客观实际的成烃演化模式的建立，必须把岩石中的有机质作为一个整体来考察。为了全面地认识油气的生成过程，从把烃源岩中可溶有机质和不溶有机质作为一个共同参与成烃演化作用的整体这一角度出发，黄第藩（1996）提出了如图4-5所示有机质成烃演化模式。

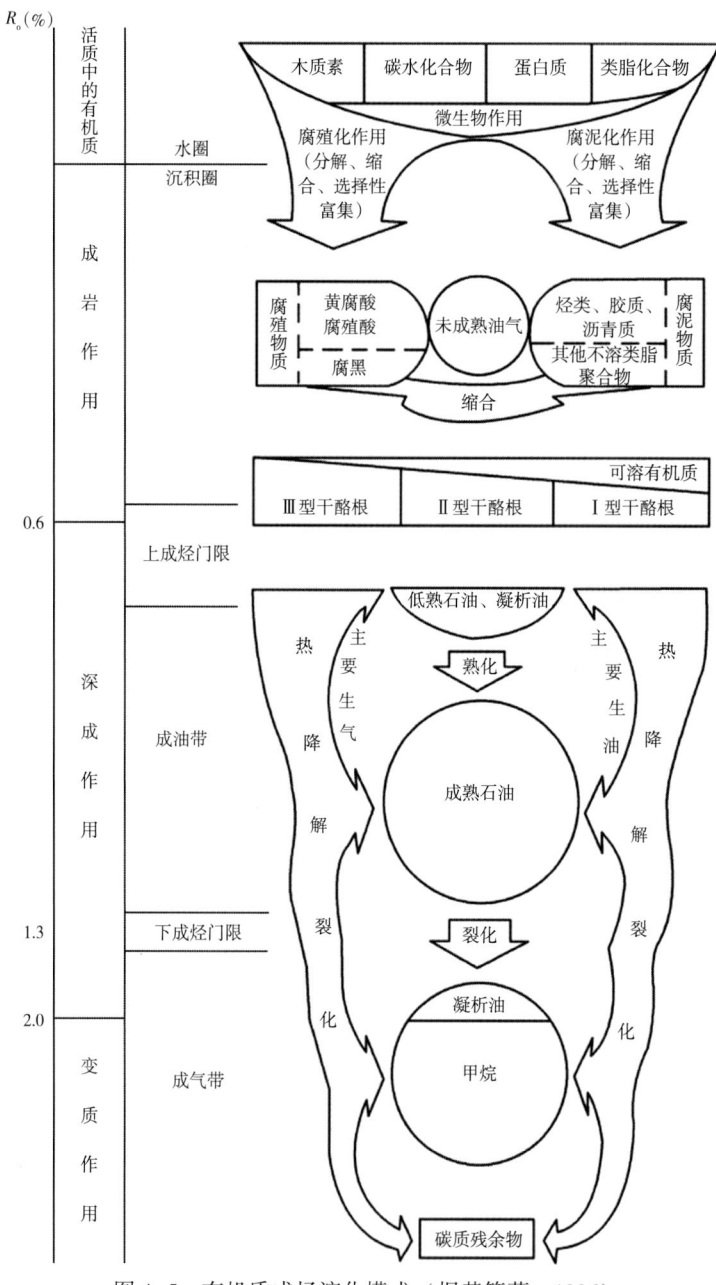

图 4-5 有机质成烃演化模式（据黄第藩，1996）

这一认识与国外相关研究比较，几乎处于同期阶段，显示了我国有机地球化学研究方面的水平和实力。

（二）国外有机质生烃过程研究最新进展

随着非常规油气，尤其是页岩气资源的勘探开发，有机质生烃过程、生烃模式与晚期油气生成等多个方面又重新被重视起来。富有机质热成因页岩气生成潜力是评价天然气总地质储量（GIP）和页岩气成功生产的关键参数（Jarvie 和 Hill 等，2007）。已证明热成因气生成过程可以分为三个不同阶段，将其纳入非常规页岩气系统的评价中（Jarvie 等，2007）：（1）干酪根分解形成高极性沥青，此过程生成的是原生气；（2）沥青分解形成油气；（3）已生成的石油分解作用形成富碳的焦炭或焦沥青，此过程形成次生气。根据利用实验室高温热解数据计算的动力学参数，假定固定熟练的平行准一级反应（或者高斯分布），可预计干酪根裂解作用在地质温度超过70℃发生在递进沉降的地区，而未排驱的原油次生裂解生成天然气则需要地温达到150℃，母质是 R_o 为 1.2% 的富有机质的海相Ⅱ型烃源岩。由 Hill 等（2007）利用密闭金管高温热解实验计算的动力学参数证明了这些发现，并且间接证明了由 Jarvie 等（2004）更早的发现，即 Barnett 页岩之所以产出天然气，是因为有机质成熟度 R_o 超过了 1.1%，导致低孔原油次生裂解生成天然气和凝析油。因此，剩余原油与干酪根和烃源岩矿物学特征密切关联，这可能是页岩气形成的一个关键因素，因为常规硅质碎屑岩和碳酸盐岩油气藏内的原油裂解速率更慢，次生气形成需要更高的有机质成熟度，即 R_o 达到 1.6%（Waples，2000）至 2.0%（Horsfield 等，1992b；Schenk 等，1997）之间。

尽管如此，更多的近期研究表明某些类型的富有机质页岩在常规的原生和次生分解作用之后，当地温远超过 200℃（R_o>2.0%）时可能产生另外一种干气。比如总有机碳含量（TOC）在 5.9%、氢指数（I_H）为 164 mg/g TOC 的 Heather 地层（侏罗系，北海）和总有机碳含量（TOC）为 27.5%、氢指数（I_H）为 283mg/g TOC 的 Taglu 地层（Erdmann 和 Horsfield，2006）。这种天然气既不是直接来自生物先导结构的原始反应干酪根也不是来自滞留油，而是在早期成熟阶段经由早期形成的 C_{6+} 沥青和残余干酪根的二阶重组反应形成的热稳定大分子分解产生的。由于发现 Draupne 组未成熟壳质组Ⅱ样品在相似实验条件下晚期天然气成藏机制不活跃，Erdmann 和 Horsfield（2006）假定沥青中间体在反应（1）和（2）中的化学组成影响改造路径存在的可能性（图 4-6）。

均质Ⅰ和Ⅱ型水生干酪根组分上主要由脂肪族组成，是连续降解作用的产物，这可以通过实验室标准热解作用成功地模拟，正如通过其研究海相烃源岩和相关的含油气系统一样（Pepper 和 Corvi，1995）。陆源干酪根含更多的芳香烃和苯酚，并且它的反应途径包含更多的自然复合反应，可能不能完全在实验室条件下模拟（Schenk 和 Horsfield，1998）。适用于腐殖质煤或Ⅲ型有机质的自然成熟过程中的构造模型，芳构化、缩聚反应同热分解反应共同发生，导致在地质条件下早期形成的 C_{6+} 的一部分发生退化反应，可以在热解作用中作为 C_{6+} 液体被发现（Schenk 和 Horsfield，1998）。苯酚化物、羧基酸和其他氧化物能通过联结反应形成逆产品，其实得到单一的碳氢化合物构造元素、基本附加物芳香族系明显的是逆反应的一个主要纲，形成新的耐熔部分（McMillen 和 Malhotra，2006）。Nicolaj Mahlstedt 等（2011），认为有机质具备较长且多样的生气阶段，并通过晚期高温裂解阶段生气潜力研究，证实干酪根 2 的存在及其演化方式（图 4-6）。

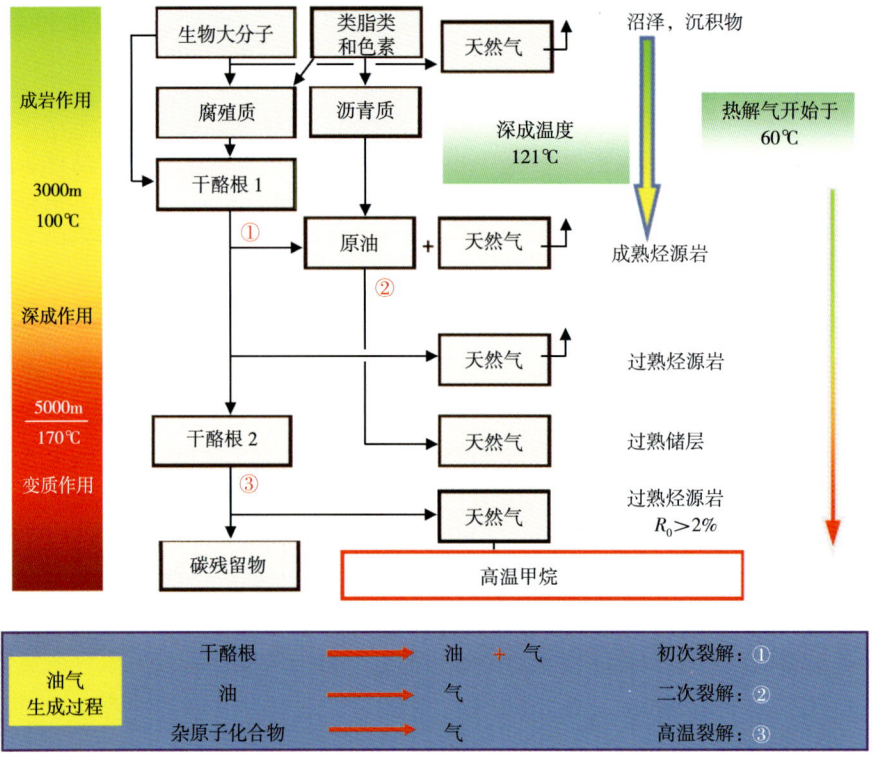

图 4-6 具备完整三次裂解阶段的干酪根成烃演化模式（据 Nicolaj Mahlstedt，2011）

三、烃源岩生排烃过程定性与定量评价研究

分析海相烃源正常生烃模型、晚期生烃潜力，以及储层内油裂解生气潜力，建立生烃与生排烃全过程模型。

（一）含油气系统理论的深化再认识

未熟或低熟的烃源岩以油页岩固体矿产形式开采并低温干馏后可获取油页岩油，油气排出后滞留在源岩中的烃类形成了页岩油气，油气初次运移后近源充注于致密砂岩或石灰岩中形成了致密油气，有利圈闭高效聚集后形成了常规油气，油气藏氧化破坏后形成油砂资源，对于油气资源的赋存场所、资源结构、研究方法都有了极大改变（图 4-7）。因此，对于含油气系统要进行重新认识，从烃类演化的整个过程出发，按照全油气系统成藏模式开展研究。

1. 含油气盆地"全油气系统"的"全过程成藏"模式

含油气系统是由生烃灶及其所生油气的运移和聚集过程涉及的三维单元构成，油气的赋存依赖于不同级次的地质空间及其内在因素，而油气藏的形成与分布是含油气系统或复合（复杂）含油气系统研究的核心问题。"全油气系统"除强调经过生成、排出、运移、聚集、保存过程后聚集成藏的油气资源，同时还强调滞留于源岩内和充注于近源致密层中的油气。

随着非常规油气勘探和油气基础地质理论研究的深入，油气资源从烃源岩到富集成藏展

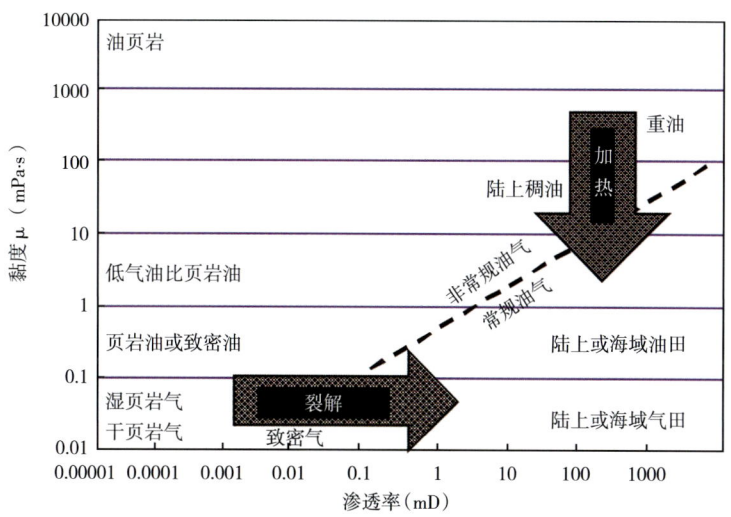

图 4-7 常规与非常规油气划分界限及复杂资源结构图（据 Cander，2012）

现出全油气系统的"全过程成藏"特征，页岩油气、致密油气、油页岩油、油砂等非常规油气扩大了传统的含油气系统概念，将可以获取和利用的油气资源的储集结构扩展到了未熟和低熟烃源岩系、成熟期及高成熟期烃源岩系、近源的致密砂岩及灰岩岩系、捕获散失原油的近地表岩系等。根据烃源岩不同的演化阶段可形成不同的油气资源类型（图 4-8）。

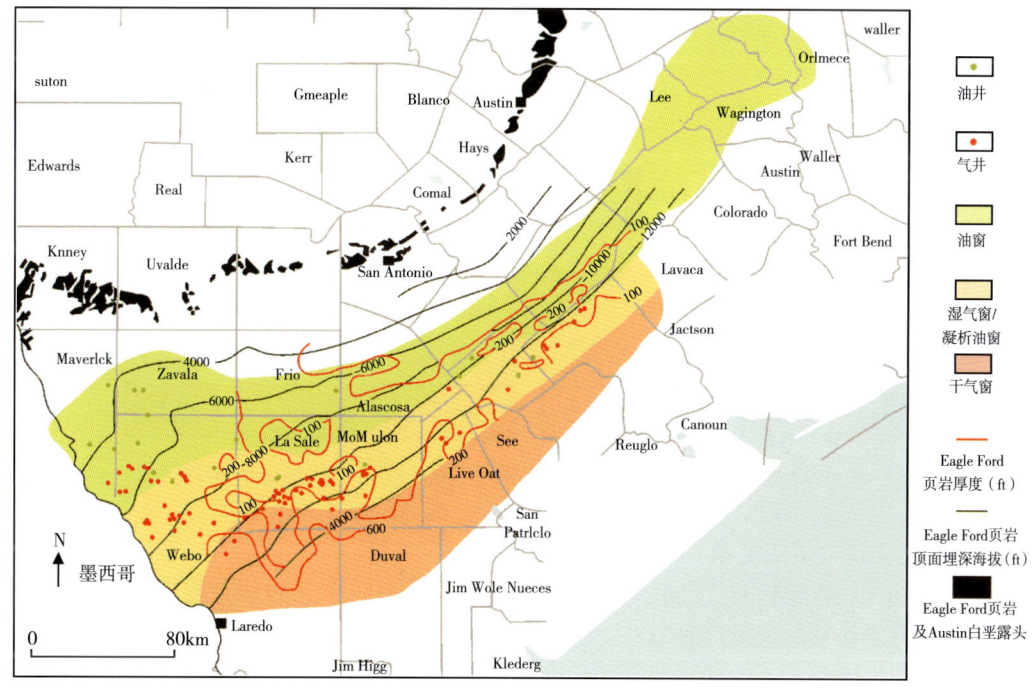

图 4-8　Eagle Ford 页岩非常规油气成藏

2. 烃类生—排—运—聚全过程的定量化研究

传统油气资源潜力评价从烃源岩出发，运用生烃量与油气运聚系数获得末端油气藏的资源潜力，强调了生—排—运—聚过程末端油气藏的资源聚集，而忽视了生、排、运、聚、改造等各阶段的定量化研究，使得资源潜力没有得到科学合理的评价。更合理的做法应该从生烃模型出发，细化烃类演化过程，明确不同演化阶段烃类的生—排—运—聚的定量化研究，开展烃类生—排—运—聚全过程的定量化研究（Old，2008；Jarvie，2007），使得资源评价更加科学合理。

油气基础地质理论与测试技术手段的进步为实现全过程有机质烃类生—排—运—聚定量化研究提供了条件，通过模拟地质条件下（温压、孔渗、润湿性、应力场等作用下）生、排烃模型，开展从未熟到高熟—过成熟、从残留烃类到运聚烃类和散失烃类的全过程研究（图4-9），其中涉及4个关键问题：（1）初次裂解、二次裂解和高温裂解3个阶段的生烃潜力；（2）高熟—过成熟有机质生烃潜力恢复与生、排烃过程定量化评价；（3）分散可溶有机质生气潜力评价，以及灰质生油岩生烃潜力；（4）烃源岩滞留烃量的定量评价。运用地质条件下全过程的有机质烃类生—排—运—聚模型指导油气资源评价，提高资源评价的客观程度。

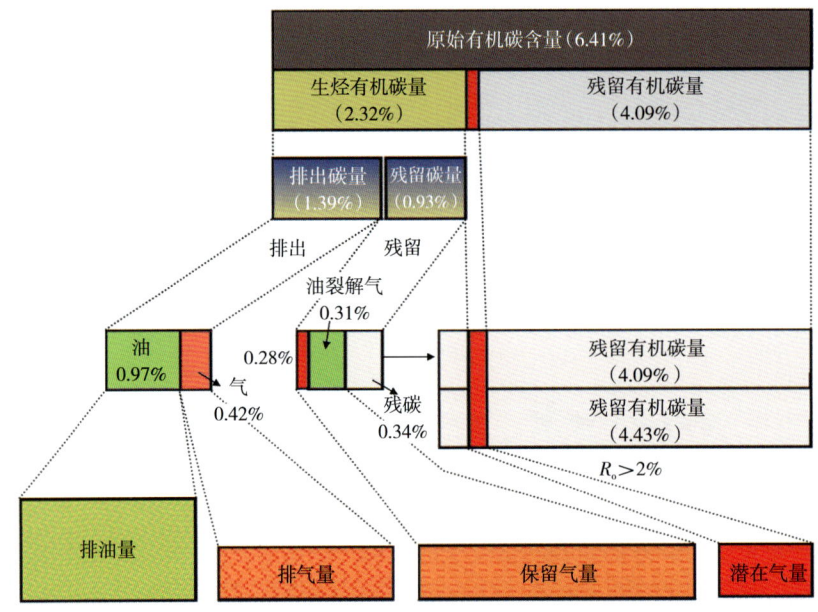

图4-9 增加高温裂解的生、排烃全过程改进模型（据Jarvie，2007）

（二）化学动力学法定量表征

早在20世纪50年代初，苏联学者即已提出了依据源岩中（残余）有机质或可溶有机质总量来估算生油量的定量计算方法。但这些方法并不科学，只能是间接估算，而且计算所得数值太小。因此，不少探区后来探明的石油储量甚至都超出了最初由这类方法计算的生油量。目前由石油公司和研究机构提出并被应用的生烃量定量评价方法很多，但概括起来可以分为三类：（1）基于有机质成烃机理的成烃率法；（2）改进的氯仿沥青"A"法；（3）基于Rock—Eval分析所得的生烃潜量法（庞雄奇1995，2003）。方法（2）不能评价生气量，且分析流程中已经损失<C_{14}的轻烃，这一方法在高—过成熟的烃源岩分布区也难以成功应用于生油量的计算，也不能对不同时期的生烃量进行动态评价。方法（3）适用于具有未熟—低熟源岩的自然演化剖面。因此本书主要采取目前广泛应用的基于成烃机理的成烃率法。

按照现代油气成因机理，单位烃源岩中油气的生成量取决于有机质的丰度、类型和成熟度。这样，某评价目标中油气的生成量应该为：

$$Q_{生} = TOC_o \cdot HI_o \cdot TR_{HI}$$

式中，TOC_o为恢复后的原始有机碳；HI_o为单位质量有机质的原始生烃潜力，反映有机质的类型；TR_{HI}为成烃转化率，无量纲（或用百分数表示）；$HI_o \cdot TR_{HI}$则反映了单位重量有机碳的生烃量，即产烃率，大部分的模拟实验和一些化学动力学模型提供的即为此参数。

有机质生成油气的过程非常复杂，但由于有机质热演化是处在热力作用下的化学反应过程，因此，从原理上讲，它们均可由化学动力学理论来定量描述。若能正确建立和标定有机质（干酪根）成油、成气和油成气的动力学模型，则有利于结合评价源岩所经历的热史，从化学动力学理论的角度对油气的生成过程和生成量进行定量、动态评价，使对油气生成量和生成期的评价从经验、实验的水平上升到模型和理论的水平。由于这一方法有相对坚实的化学动力学理论作基础，因而应该更为可信。可以说，它代表了烃源岩生烃量和生烃期定量评价研究的一个重要发展方向和趋势。

第二节 海相烃源岩"生烃过程"定量评价

蜀南龙马溪组烃源岩有机质类型为腐泥Ⅰ型，R_o为2.0%~4.2%，达到过成熟阶段。由于年代古老，埋藏较深，露头区未曾发现有未熟—低熟样品，这给生烃量恢复工作带来了巨大困难。本次研究在缺乏未熟—低熟样品条件下，建立了高熟—过成熟烃源岩原始生烃潜力恢复方法和流程，采用热解模拟和化学动力学两种方法来研究蜀南龙马溪组高熟—过成熟页岩的原始生烃潜力。

一、PY—GC热演化模拟实验

（一）热解器的类型

升温时间和进样量通常是在热解器设计时确定。热解气相色谱系统应当设计成使热解产物能迅速地转移到气相色谱柱中。用于固体和高沸点液体的热解器分为两类：脉冲型和连续型。脉冲型有居里点热解器和热丝热解器；连续型有炉式热解器。

1. 居里点热解器

用高频感应线圈将一根铁磁性的金属丝加热到一特殊温度（居里点）。居里点定义为这样一种温度，在这一温度下合金丝转变成顺磁性，同时其能量吸收减少。

图4-10是实验系统示意图，研究采用JHP-5型居里点裂解仪（PY）和AutoSystem XL型气相色谱仪（GC）联用的方法，居里点裂解仪安装在GC的进样口上方，热解生成的挥发分产物在载气携带下直接通过进样针进入气相色谱，避免了采样过程中的气体损失。居里点裂解仪是以磁铁材料作为加热元件，将其置于高频电场中，利用电磁感应对其加热（杨燕梅等，2015）。

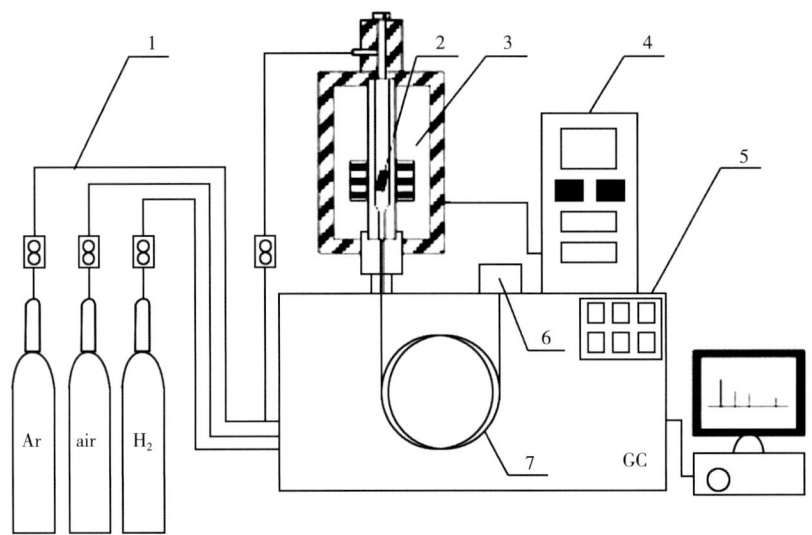

图 4-10 实验装置示意图
1—气系统；2—磁铁金属箔；3—居里反应推；4—CPR 控制器；5—GC；6—GC 探测器；7—塔器

2. 热丝或带状热解器

各种构型的镍丝和铂丝一直被用作热解器的热丝。采用温压措施能将这两种金属丝加热到终点热解温度。但用这种范式加热金属丝，升温速度慢且不重视。结果造成热解色谱图重现性较差。采用电容器增热丝可加快升温时间，并提高重现性。

3. 炉式热解器

连续式的炉式热解器由一个热接管或热解室，一个试样器和一个进样系统组成。升温时间和进样量对炉式热解器来说影响更大，进样量大时，这一段附加的升温时间增加了副反应或热解产物重新结合的可能性。从色谱的观点来看，炉式热解器死体积大这一特点，会引起峰展宽和限制高分辨色谱柱的应用，但反过来说，炉式热解器进样量大也是优点，因为这有利精确测定焦油和不挥发性热解产物。

4. GHM PY—GC 烃分析仪

由挪威 GEOLAB 研制的 GHM（Geohydrocarbon meter）PY—GC 烃分析仪是一套先进的热解—气相色谱分析仪。该仪器采用了美国 Varian 公司生产的 3400 型色谱仪与挪威研制生产的热解装置相配置，并与热解控制器及数据采集器相连，通过与之配套的计算机进行数据处理和自动输出。

GHM PY—GC 烃分析仪主要由 GHM 主机、GHM 控制器、气相色谱分离系统、数据采集器和计算机自动处理及输出系统五大部分组成。另外，还需有载气、氢气、空压机及液氮等作为该仪器必备的外围配套设备。GHM 主机主要由进样装置和热解炉构成；GHM 控制器可以对热解炉进行热解控制，300℃条件下保持 4min 使岩样中的游离烃析出，然后以 37℃/min 的升温速率至 530℃后恒温 3.8min，结合整个热解过程。热解控制程序可根据需要进行调整；气相色谱分离系统为 Varian 3400 型气相色谱仪，带有 A、B、C 三个检测器，色谱柱为 25m OV-101 石英毛细管柱，载气为高纯氮气，分流比为 30:1，初温 40℃，升温速率 5℃/min，终止 300℃；数据采集器为 PENELSON 900 系列采集器，可同时完成对多台仪器的数据采集任务，而且数据采集速率可以随意调整；计算机自动处理及输出系统利用 TC4 软件可对采集到的数据进行自动记录、显示、处理和输出。该仪器的结构及工作原理如图 4-11 所示。

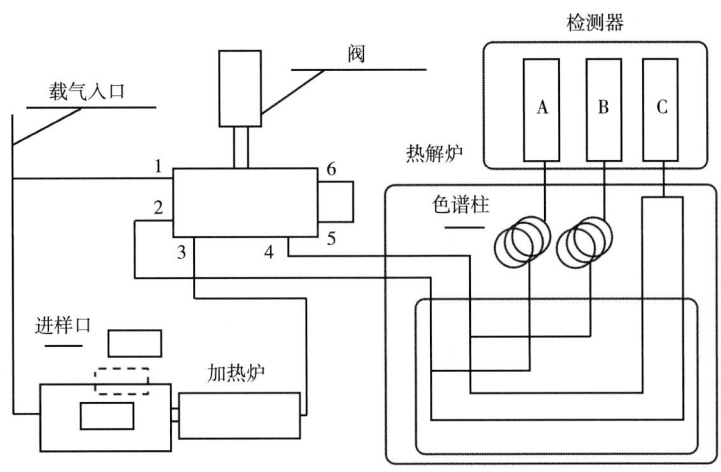

图 4-11　CHM 烃分析仪工作流程图

首先通过热解炉对油源岩及干酪根等样品进行热解，当温度为 300℃时样品中的游离烃从样品中挥发出来，然后以 37℃/min 的速率升至 530℃后恒温 3.8min，被载气带入检测器 C 进行检测，分别形成 S_1 峰和 S_2 峰，同时用液氮冷却色谱柱前端，16min 后解冻并通过检测器 A、B 分别检测 S_1 和 S_2 中各组分的含量，并可通过 TC4 软件的实时绘图功能显示出来（刘晓艳等，1997）。

（二）PY—GC 热演化模拟实验条件

采用热解气相色谱仪分析有机质热裂解石油组分组成，热解气相色谱法是将热解与气相色谱合二为一，即将热解产物通过色谱进行分析，从而得到烃组分组成资料，为快速评价生油岩提供更多信息。

热解气相色谱仪由控制热解温度的热解器和气相色谱仪检测系统组成。将一定数量模拟样品装入样品管后放入热解探头内，预先设置好热解器的热解温度，可模拟有机质在不同热解温度下，不同热解时间的各种热解产物的生成量。

同样在不同升温速率条件下（10℃/min、20℃/min、30℃/min、40℃/min、50℃/min）将样品从 200℃加热升温至 600℃，以 30℃的温度间隔收集热解产物并进行气相色谱分析（即 PY-GC 分析），从气相色谱图上定出各个温度段气体（C_1—C_5）和液体（C_{6+}）组分的相对含量，结合前一实验结果，即可将产烃（油+气）率—温度关系曲线转换为产油率—温度和产气率—温度关系两条曲线，以供标定有机质成油、成气的动力学参数之用。

二、生烃动力学法地质外推

（一）生烃动力学模型

众多学者开展了有机质成烃动力学模型及其应用方面研究，有机质成烃的化学动力学模型有：总包反应、串联反应、平行反应、连串反应等多种反应速率模型，并且每一种模型又可分为若干亚型。例如，平行反应又可以分为无限个平行反应和有限个平行反应。

设干酪根（KEO）成油过程由一系列（NO 个）平行一级反应组成，每个反应对应的活化能为 EO_i，指前因子 AO_i，并设对应每一个反应的干酪根的原始潜量为 XO_{i0}，$i = 1, 2, \cdots, NO$，即

$$KEO_1(XO_{10}) \xrightarrow{KO_1} O_1(XO_1)$$

$$KEO_i(XO_{i0}) \xrightarrow{KO_i} O_i(XO_i)$$

$$KEO_{NO}(XO_{NO0}) \xrightarrow{KO_{NO}} O_{NO}(XO_{NO})$$

至时间 t 时，第 i 个反应的生油量为 XO_i，则有

$$\frac{\mathrm{d}XO_i}{\mathrm{d}t} = KO_i(XO_{i0} - XO_i) \tag{4-1}$$

$$KO_i = AO_i \exp\left(\frac{-EO_i}{RT}\right) \tag{4-2}$$

式中，KO_i 为第 i 个干酪根成油反应的反应速率常数；R 为气体常数，8.31447kJ/(mol·K)，T 为绝对温度，K。当实验采用恒速升温（升温速率 D）时

$$\frac{\mathrm{d}T}{\mathrm{d}t} = D, \quad 即 \quad \mathrm{d}t = \frac{\mathrm{d}T}{D} \tag{4-3}$$

由式（4-1）—式（4-3）可得

$$\frac{\mathrm{d}XO_i}{XO_{i0} - XO_i} = \frac{AO_i}{D} \cdot \exp\left(-\frac{EO_i}{RT}\right)\mathrm{d}T \tag{4-4}$$

将上式从 $T_0 \to T$ 积分，并注意到 $XO_i(T_0) = 0$，$XO_i(T) = XO_i$ 得

$$XO_i = XO_{i0}\left\{1 - \exp\left[-\int_{T_0}^{T} \frac{AO_i}{D} \cdot \exp\left(-\frac{EO_i}{RT}\right)\mathrm{d}T\right]\right\} \tag{4-5}$$

NO 个平行反应的总生油量则为

$$XO = \sum_{i=1}^{NO} XO_i = \sum_{i=1}^{NO} XO_{i0}\left\{1 - \exp\left[-\int_{T_0}^{T} \frac{AO_i}{D} \cdot \exp\left(-\frac{EO_i}{RT}\right)DT\right]\right\} \tag{4-6}$$

同理，若设干酪根直接成气的反应由 NG 个平行反应组成，每个平行反应的活化能为 EG_i，初始潜量为 XG_{i0}，可得随温度变化的直接生气量的计算公式为

$$XG = \sum_{i=1}^{NG} XG_i = \sum_{i=1}^{NG} XG_{i0}\left\{1 - \exp\left[-\int_{T_0}^{T} \frac{AG_i}{D} \cdot \exp\left(-\frac{EG_i}{D}\right)\mathrm{d}T\right]\right\} \tag{4-7}$$

与前式相比，仅是有关变量的副标不同而已。O 表示油，G 表示气。

如果已知干酪根成油、成气的有关动力学参数即 EO_i、AO_i、XO_{i0}、EG_i、AG_i、XG_{i0}，

结合研究区的热史 $T(t)$，则可由上述式（4-6）、式（4-7）动态地计算出地史时期有机质直接成油、成气的量。

现在的问题是如何求取有关的动力学参数，即如何标定式（4-6）、式（4-7）两式。

（二）动力学地质外推

由热模拟数据标定的平行一级反应动力学模型可以通过改变升温速率很方便地外推到时间—温度关系下，获得成藏转化率与地质温度的关系。为了方便对比不同样品及不同模型地质外推结果的差异性，通常选用线性升温速率，即假定一个升温速率，这样可以避免地质上其他不确定性因素的影响。

图 4-12、图 4-13 和图 4-14 给出了蜀南龙马溪组海相页岩干酪根生油热模拟实验数据及干酪根成油直方图、干酪根生气热模拟实验数据及干酪根成气直方图、油裂解成气热模拟实验数据及油裂解成气直方图，可以看出，转化率—温度的实测值和模型计算值具有很高的拟合度，实验转化率和模型计算转化之间很好的吻合证明模型标定出来的干酪根生油、干酪根生气和油裂解成气动力学参数的准确性（表 4-1）。

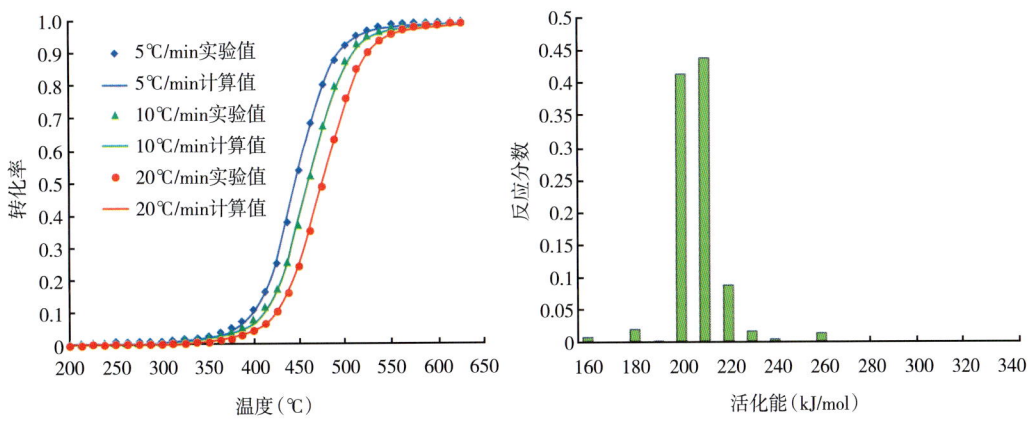

图 4-12　龙马溪组海相页岩干酪根生烃热模拟实验数据及干酪根成油活化能直方图

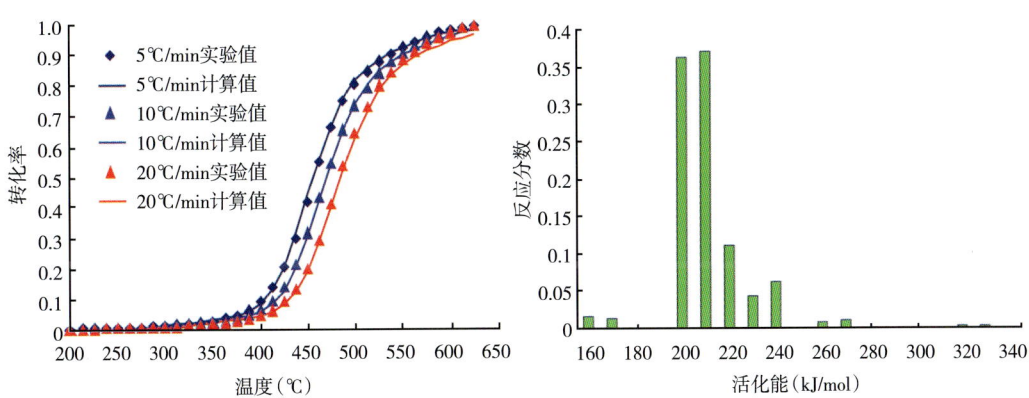

图 4-13　龙马溪组海相页岩干酪根成气热模拟实验数据及干酪根成气活化能直方图

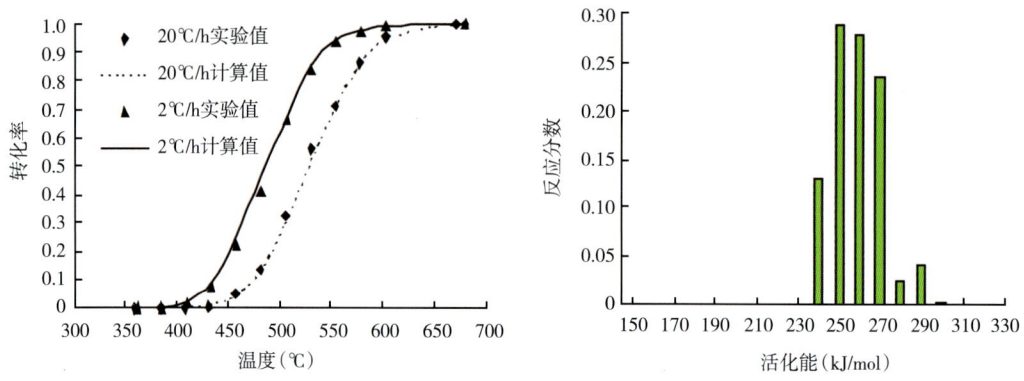

图 4-14 龙马溪组海相页岩原油裂解气热模拟实验数据及油裂解气活化能直方图

表 4-1 蜀南龙马溪组海相页岩干酪根生油、生气和油裂解气动力学参数

活化能 (kJ/mol)	成油		成气		油裂解气	
	指前因子 (min⁻¹)	反应分数	指前因子 (min⁻¹)	反应分数	指前因子 (min⁻¹)	反应分数
160	1.45E+14	8.10E−03	1.19E+14	1.65E−02	6.00E+14	1.17E−13
170	1.45E+14	3.05E−04	1.19E+14	1.29E−02	6.00E+14	2.34E−14
180	1.45E+14	1.77E−02	1.19E+14	3.28E−05	6.00E+14	1.40E−14
190	1.45E+14	1.11E−03	1.19E+14	6.00E−05	6.00E+14	3.02E−14
200	1.45E+14	0.413866	1.19E+14	0.36093	6.00E+14	3.74E−14
210	1.45E+14	0.436579	1.19E+14	0.371362	6.00E+14	4.64E−14
220	1.45E+14	8.59E−02	1.19E+14	0.110703	6.00E+14	2.93E−14
230	1.45E+14	1.58E−02	1.19E+14	0.043645	6.00E+14	7.79E−14
240	1.45E+14	3.22E−03	1.19E+14	6.20E−02	6.00E+14	0.12949
250	1.45E+14	1.67E−04	1.19E+14	5.78E−05	6.00E+14	0.288499
260	1.45E+14	1.33E−02	1.19E+14	7.42E−03	6.00E+14	0.277937
270	1.45E+14	2.04E−03	1.19E+14	9.58E−03	6.00E+14	0.233819
280	1.45E+14	6.28E−04	1.19E+14	6.13E−05	6.00E+14	2.61E−02
290	1.45E+14	3.63E−05	1.19E+14	6.55E−04	6.00E+14	0.041145
300	1.45E+14	2.99E−05	1.19E+14	6.25E−04	6.00E+14	3.06E−03
310	1.45E+14	2.32E−05	1.19E+14	6.17E−04	6.00E+14	8.77E−13
320	1.45E+14	2.41E−05	1.19E+14	1.35E−03	6.00E+14	1.92E−13
330	1.45E+14	1.06E−03	1.19E+14	1.36E−03	6.00E+14	1.00E−13
340	1.45E+14	2.41E−05	1.19E+14	6.62E−05	6.00E+14	1.21E−13

三、龙马溪组烃源岩生烃过程评价

结合地史、热史、生烃动力学参数，进行生烃史模拟，建立龙马溪组热演化 R_o 随地层埋深与地质历史的演化关系（图4-15）；从图中可以看出以下三方面内容：(1) 从深度与 R_o 来看，3700~5700m 是稳定生气阶段，5700m 以后规律性不明显；(2) 龙马溪组经历了较长时期的生油阶段；(3) 燕山期进入生气期，并快速演化进入高演化阶段。

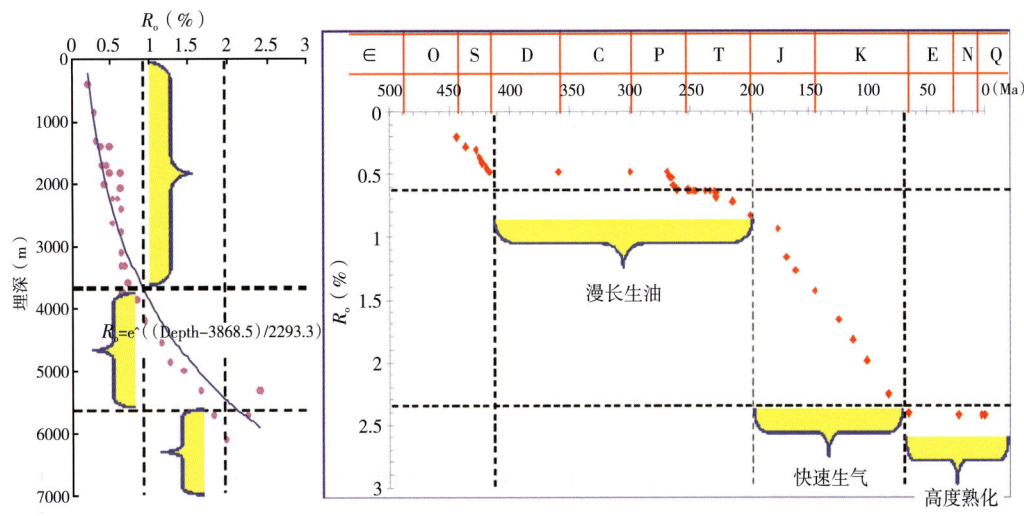

图4-15 龙马溪组海相页岩热演化 R_o 随地层埋藏与地质历史的演化关系

（一）龙马溪组烃源岩生烃演化阶段

结合蜀南地区动力学参数（图4-12、图4-13和图4-14）和地史、热史研究参数，建立蜀南地区地球化学参数约束下的烃源岩产烃率与 R_o 关系图；实现了在特定地质条件下生烃史模拟研究，并建立了"生烃过程"模型（图4-16），定量评价不同阶段生烃组分，从图中可以看出，R_o 等于0.8时干酪根达产油率高峰；R_o 等于1.5以后以油裂解气为主；R_o 等于2.0以后总烃产率趋于平缓；R_o 在2.4%左右油裂解成气结束，未参与裂解的油排出源岩。

随着地层沉积埋藏与构造演化作用的进行，志留系龙马溪组黑色页岩在地质时期发生阶段性的成烃演化：志留纪末进入"生烃窗"，志留纪末—三叠纪末是地质历史漫长生油阶段，中晚侏罗世末达到湿气生成阶段，中白垩世末进入干气生成阶段，现今处于成熟—过成熟阶段。从龙马溪组海相烃源岩成烃演化与地层埋藏、R_o 关系分析，得到以下四个成烃演化阶段：(1) 未熟—低熟阶段，龙马溪组烃源岩埋藏深度小于2250m，对应 R_o 为0.5%；(2) 成熟阶段，龙马溪组烃源岩埋藏深度介于2250~4500m 之间；(3) 高成熟阶段，埋藏深度介于4500~5450m 之间，对应 R_o 介于1.3%~2.0%之间；(4) 过成熟阶段，烃源岩埋藏深度大于5450m，对应 R_o 大于2.0%；现今龙马溪组海相页岩热演化程度高，R_o 值为1.6%~3.5%（方俊华，2010）。

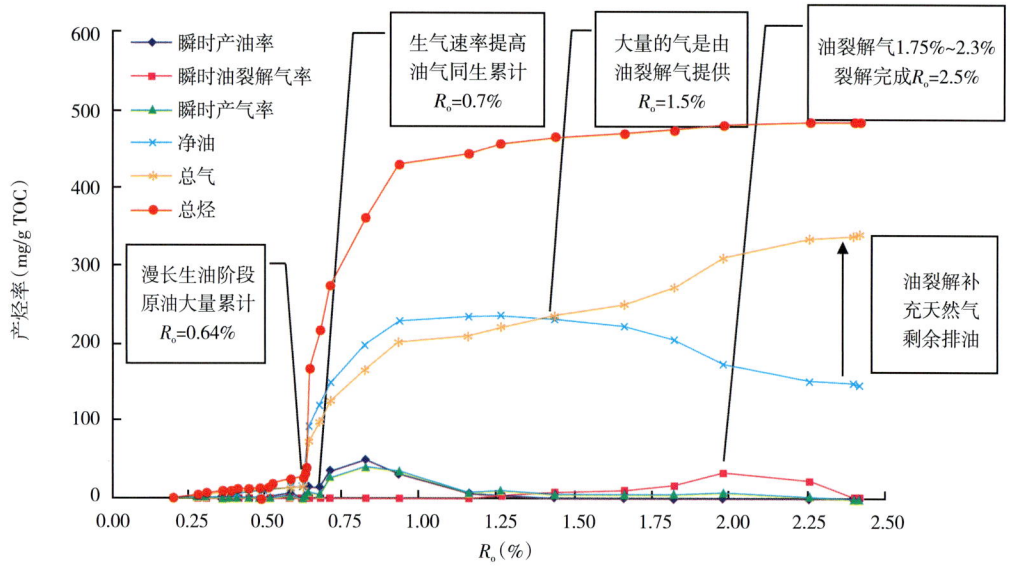

图 4-16 单点地质历史条件下烃源岩"生烃过程"模型

总烃=总气+净油；总气=干酪根累计产气+油裂解气；净油=干酪根累计产油-油裂解气

(二) 不同阶段烃源岩生烃和排烃特征

基于古地温及剥蚀量的厘定过程，重建蜀南地区地史与热史，开展烃源岩生烃史研究（图 4-17、图 4-18），其生烃史为有机质热演化史在油气生成阶段上的反映，页岩不同的油气生成阶段对应不同的热演化阶段地层连续增温，页岩热演化程度不断增高，当遭受抬升剥蚀冷却，地层温度降低时，会导致烃源岩生烃过程的中止。

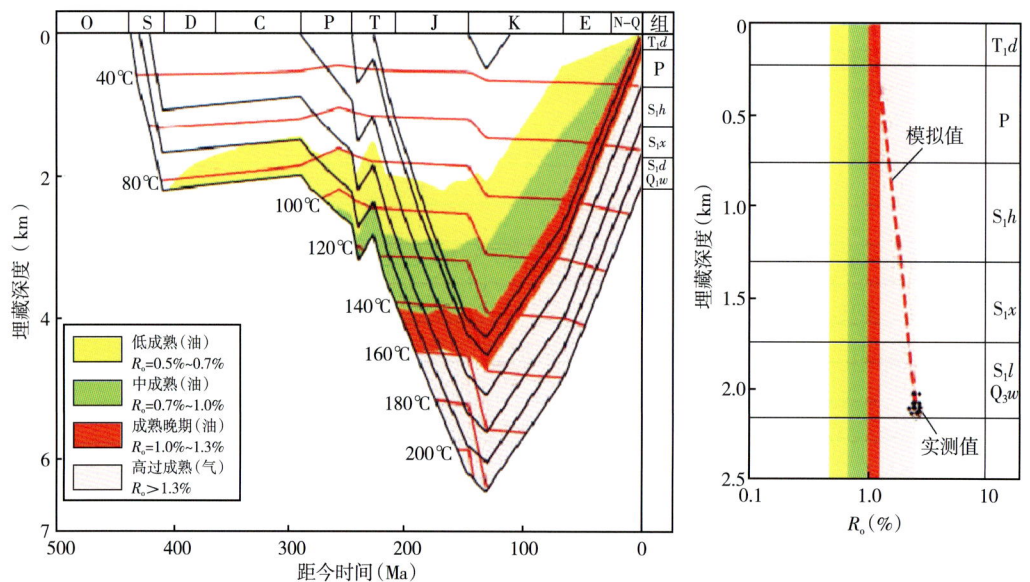

图 4-17 川东南 PY1 井埋藏史及有机质热演化史（据徐仁社等，2015）

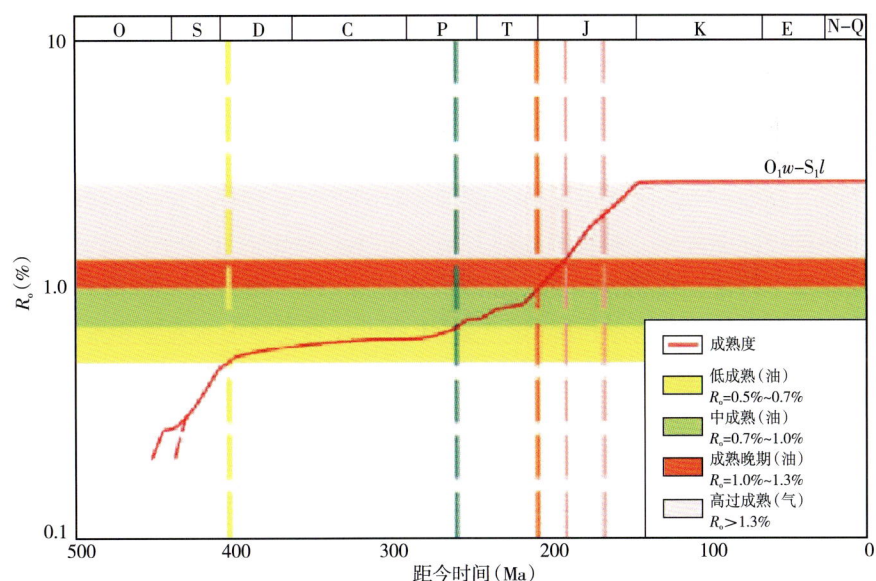

图 4-18　川东南 PY1 井龙马溪组页岩热演化史及生烃史（据徐仁社等，2015）

龙马溪组页岩自志留纪末进入生油门限，后因加里东运动的抬升作用，埋藏变浅，镜质组反射率保持在 0.5% 左右，直至二叠系开始沉积，页岩埋深再次增加，晚二叠世末期 R_o 值达到 0.7% 左右，龙马溪组页岩处于未熟、低熟阶段；其后，晚二叠世持续沉积至早三叠世，沉积厚度有限，R_o 值变化不大，中三叠世遭受印支运动的抬升剥蚀较弱，影响不大；至晚三叠世时 R_o 值达到 1.0%。晚二叠世—晚三叠世期间，龙马溪组页岩达到成熟阶段，有机质以大量生油为主。随着侏罗系的快速沉降，至中侏罗世晚期时，R_o 值达到 1.3%，中侏罗世期间，龙马溪组页岩以生成凝析油、气为主。中白垩世末，达到过成熟阶段，有机质以干酪根裂解干气为主，同时页岩中残留沥青多裂解成气，现今处于成熟—过成熟阶段。

综合图 4-15、图 4-16 和图 4-17，可以看出，蜀南地区龙马溪组海相页岩生排烃特征，定量化分析其整个生烃演化过程中各组分生烃演化之间的关系，具体如下：（1）R_o 等于 0.64% 时，漫长生油阶段原油大量累积；（2）R_o 等于 0.7% 时，生气速率提高，油气同时累积；（3）R_o 等于 1.5% 时，大量的气是由油裂解气提供；（4）油裂解气主要发生在 R_o 为 1.75%~2.3% 范围内。在 R_o 等于 2.5% 时，油裂解气基本完成，从烃源岩生烃过程模型和油裂解气成熟度阶段看，在 R_o 小于 1.5% 时，天然气主要由干酪根生气供应，油裂解气有少量贡献；而在 R_o 大于 1.5% 时，油裂解气量和总气量在图 4-14 具有非常好的镜像关系，表明 R_o 1.5% 以后，天然气主要气源为油裂解气，干酪根生气占少量部分。

龙马溪组生烃全过程模拟，可以确定任一地史时期演化程度。从地质历史时期角度分析龙马溪组烃源岩生烃演化过程，志留系龙马溪组海相页岩在志留纪末期，页岩成熟度达到 0.64%，而在三叠纪末期，成熟度达到 7.0% 左右，志留纪末期到三叠纪末期，是大量原油生成的漫长阶段；在侏罗纪末期，龙马溪组海相页岩成熟度达到 1.5%，白垩纪中晚期，龙马溪组海相页岩成熟度达到 1.75%~2.3%。而在古近纪和新近纪，地层进入慢速埋藏阶段，烃源岩成熟度达到 2.5%。

第三节　海相页岩烃源岩系中有机质的高温裂解生气潜力

烃源岩的热演化生烃过程是一个非常复杂的过程，在通过裂解反应发生热裂解生烃的同时，也通过缩聚反应生成一定量的耐熔大分子——杂原子化合物（NSOs），在高温演化阶段杂原子化合物发生裂解并产生烃气。最新研究证实烃源岩高温演化阶段甲烷的来源除了原油裂解和重烃气裂解外，还有干酪根有机质直接裂解的贡献（王民等，2011）。我国海相多旋回盆地中普遍存在富含Ⅰ型、Ⅱ型干酪根（以$Ⅱ_1$型为主）的海相泥页岩层系，既可以作为海相页岩气的主要勘探层系，也可以通过高温裂解生气为紧邻常规层系提供晚期气源，其晚期生气潜力研究具有重要意义。

有机质的生气潜力是在评价热成因页岩气远景区带时估算天然气总地质储量（GIP）的一个关键参数（Hill，2007；Jarvie，2007）。20世纪90年代以来，许多学者通过热模拟实验方法对此做过不少很有价值的探讨。这些研究主要是针对我国多旋回盆地中广泛分布的石炭—二叠系煤系烃源岩（宫色，2002；关德师，2003；秦勇，2000；邹艳荣，1999；汤达祯，2000），以Ⅲ型干酪根为主要研究对象开展的，研究表明煤系烃源岩在各阶段生烃的反应机制与化学动力学存在明显的差异（解启来，2004；曾凡刚，1998；张水昌，1992），此类晚期生气常存在于达到无烟煤煤阶（$R_o>2\%$）的煤样中（王民，2011；Nicolaj，2012）。但目前而言，对海相烃源层系的高温裂解生气潜力研究较少，而这一研究对评价古生界天然气勘探目标地质风险和确定海相页岩气勘探"甜点"区块具有重要参考价值。本书选择华北地区中—新元古界长城系—青白口系的下马岭组与蜀南地区志留系龙马溪组开展热裂解实验研究，以确定海相烃源岩晚期生气潜力。

一、海相页岩烃源岩高温裂解研究现状

烃源岩生气可划分为生物成因气和热成因气两种基本类别，热成因气是当前常规与非常规油气勘探的主要类型（Martini，2003，2008）。热成因气的生成过程可以分为三个不同阶段：（1）干酪根分解形成高极性沥青与原生气；（2）沥青分解形成油气；（3）已生成的石油通过分解作用形成富碳的焦炭或焦沥青，形成次生气。然而，更多的近期研究表明某些类型的富有机质页岩在常规的原生和次生分解作用之后，当地温远超过200℃（$R_o>2.0\%$）时可能产生另外一种干气。这种天然气既不是直接来自生物先导结构的原始反应干酪根也不是来自滞留油，而是在早期成熟阶段经由早期形成的C_{6+}沥青和残余干酪根的二阶重组反应形成的热稳定大分子分解产生的。这说明烃源岩的热演化反应途径包含更多的自然复合反应，不能完全在实验室条件下模拟实现（Schenk，1998；Horsfield，1997；郑伦举，2008，2009）。其中，芳构化和缩聚反应同热分解反应共同发生，导致地质条件下早期形成的C_{6+}的一部分发生退化反应（Horsfield，1997），苯酚化物、羧基酸和其他氧化物能通过该退化反应形成逆产品，产生新的耐熔部分——杂原子化合物NSOs（王民，2011；McMillen，2006）。我国学者在煤系烃源岩的研究中，也发现低温阶段热解的液态烃中正构烷烃通过环化和芳香化作用与沥青或干酪根发生缩聚/再结合作用形成了具有较高热稳定性的产物，这一产物在高温阶段可以生成甲烷（王民，2011）。

开放体系热模拟系统评价未成熟烃源岩时常常忽视了烃源岩的这种晚期阶段高温裂解

生气潜力。因为在开放体系中原始反应产生的 C_{6+} 化合物可以很容易地被排出反应釜体，这不仅抑制了这些化合物的次生分解，也可能抑制只有在更高热压力条件下发生降解的耐熔的 NSOs 的逆生成作用。而如果"高温甲烷"的存在能够被证实，将会对页岩气远景区带的勘探有重要的启发。因为高级别有机质转换不仅可能输入额外数量的晚期天然气，还可能形成高流量的天然气成藏系统。而由于多数开放式和封闭式热模拟系统的实验温度极难超过600℃，从而测试结果往往降低了甲烷气体的生成量。

二、我国海相页岩分布特征

中国地质构造演化具有多旋回多阶段特征，每一阶段都发育富有机质页岩，区域上分布于华北、南方、塔里木和青藏4个地区，纵向上位于各层系的中下部（表4-2），主要发育在前古生代及早古生代，部分存在于海相环境退出较晚的羌塘地区中生代地层。

表4-2 中国海相富有机质页岩地质特征表

地区		页岩层位	地层符号	页岩面积（km^2）	页岩厚度（m）	TOC（%）	有机质类型	热成熟度 R_o（%）
华北地区	渤海湾盆地	下马岭组	Pt_3jx	—	50~170	0.85~24.3/5.14	I	0.6~1.65
		洪水庄组	Pt_2jh	—	40~100	2.84	I	1.1
	鄂尔多斯盆地	平凉组	O_2p	15000	50~392.4/162	0.1~2.17/0.4	I—II	0.57~1.5
南方地区	四川盆地	陡山沱组	Z_2d	68355	32~233/100	0.67~3.02/1.85	I	2.67~4.5
		筇竹寺组	$\in_1q$	185700	46~445/200	0.43~22.15/3.5	I	2.3~5.2
		大乘寺组	O_1d	31000	20~225//90	0.42~6.0/2.1	I	1.7~4.6
		五峰—龙马溪组	$O_3w—S_1l$	137000	23~847/203	0.51~25.73/2.59	I	1.6~3.6
	滇黔桂	陡山沱组	Z_2d	103320	10~40/25	1.15~3.74/1.9	I	2~2.5
		筇竹寺组	$\in_1q$	214200		0.61~22.15/4.71	I	1.28~4.18
		五峰—龙马溪组	$O_3w—S_1l$	27825		2.64~8.28	I	
		印堂—罗富组	$D_{2~3}y—l$	195195	200~1113/600	0.53~12.1/3.14	I—II	0.99~2.03
		旧司组	C_1j	97125	50~500/250	0.61~15.9/3.07	I—II	2.22
	渝东—湘鄂西	陡山沱组	Z_2d	90195	10~90/50		I	
		筇竹寺组	$\in_1q$	69300	50~400/200	0.61~22.15	I	
		五峰—龙马溪组	$O_3w—S_1l$	65100	50~650/350	0.41~8.28	I	
	中扬子区	陡山沱组	Z_2d	128415	10~70/30		I	
		筇竹寺组	$\in_1q$	189315	20~400/200	0.5~6.58/2.05	I	2.0~4.0/2.8
		五峰—龙马溪组	$O_3w—S_1l$	114450	20~500/250			1.5~2.5
		印堂—罗富组	$D_{2~3}y—l$	41160	50~400/250	0.53~4.74/3.14	I—II	1.53~2.03
	下扬子区	陡山沱组	Z_2d	28455	40~120/70	0.58~12	I	
		筇竹寺组	$\in_1q$	215040	20~465/300	0.35~9.93/4.5	I	2.5~4.6/3.5
		五峰—龙马溪组	$O_3w—S_1l$	45465	40~150/100	0.5~2.08/1.02	II 1	

续表

地区	页岩层位	地层符号	页岩面积（km²）	页岩厚度（m）	TOC（%）	有机质类型	热成熟度 R_o（%）
塔里木盆地	玉尔吐斯组	$\in_1 y$	130208	0~200/80	0.5~14.21/2.0	Ⅰ—Ⅱ	1.2~5.0/1.85
	萨尔干组	$\in_3$—$O_1 s$	101125	0~160/80	0.61~4.65/2.86	Ⅰ—Ⅱ	1.2~4.6/1.8
	印干组	$O_3 y$	99178	0~120/40	0.5~4.4/1.5	Ⅰ—Ⅱ	0.8~3.4/1.6
羌塘盆地	肖茶卡组	$T_3 x$	141960	100~747/253	0.11~13.45/1.63	Ⅱ1—Ⅱ2	1.13~5.35/2.31
	布曲组	$J_2 b$	79830	25~400/181	0.3~9.83/0.55	Ⅲ	1.79~2.4/1.93
	夏里组	$J_2 x$	114200	78~713/366	0.13~26.12/2.03	Ⅱ1—Ⅱ2	0.69~2.03/1.5

注：页岩厚度、TOC、热成熟度：最小值~最大值/平均值。

前古生代页岩为中国最古老的海相富有机质页岩，包括中—新元古代长城系—青白口系的下马岭组、蓟县系的铁岭组、洪水庄组页岩和震旦系陡山沱组页岩。古生代是中国海相页岩最主要发育期，形成了多套海相富有机质页岩。下古生界寒武系和志留系页岩最为典型。寒武系在扬子地台、塔里木地台和华北地台3大主要海相沉积区，都发育了较好的页岩地层，如南方扬子地区的筇竹寺组页岩（$\in_1 q$）（或沧浪铺组、牛蹄塘组、水井沱组、巴山组、荷塘组、幕府山组页岩）和塔里木盆地的玉尔吐斯组（$\in_1 y$）与萨尔干组页岩（$\in_3$—$O_1 s$）。志留系页岩在扬子地区发育较好，以下志留统龙马溪组页岩为主，分布于整个扬子地区，是四川盆地五百梯、罗家寨、建南等石炭系气田的主力源岩。此外，在鄂尔多斯盆地西缘、塔里木盆地还分别发育有中—上奥陶统平凉组（$O_2 p$）和印干组（$O_3 y$）页岩，在黔南—桂中地区发育有泥盆系印堂组—罗富组（$D_{2-3} y-l$）页岩，在滇东北发育石炭系旧司组（$C_1 j$）页岩。

通过对我国海相富有机质页岩层系的基本参数统计（表4-2），华北地区长城系—青白口系下马岭组页岩成熟度相对较低，扬子地区寒武系筇竹寺组、志留系龙马溪组页岩成熟度相对较高。长城系—青白口系页岩分布在华北北部地区的张家口下花园—承德宽城一带，鄂尔多斯盆地西缘零星出露，目前在露头区发现一些以此套页岩为源的油苗，但尚未发现以此为源形成的工业性油气藏。寒武系筇竹寺组、志留系龙马溪组页岩在扬子地区广泛发育，是当前我国页岩气勘探的主力层位。

三、样品的采集与分析测试

为对比分析，本书选取不同成熟度10块样品，其中河北张家口下花园区下马岭组2块低熟样品，四川盆地蜀南地区寒武系筇竹寺组2块高熟样品，蜀南地区志留系龙马溪组2块高熟样品。对上述样品进行了有机碳、岩石热解、族组成、沥青、干酪根镜检等分析测试。主要以生烃模拟实验为主，采用Rock-Eval与PY—GC连测技术。

Rock—Eval：采用Rock—Eval-Ⅱ型热解仪，泥岩样品进样量100mg，在不同升温速率条件下（5℃/min、10℃/min、20℃/min）将样品从200℃加热升温至700℃，实时记录产物量，即可得成烃率—温度关系，并进行T_{max}、I_H、I_O等分析。

PY—GC：然后在相同的加热温度范围和升温速率条件下，以30℃的温度间隔收集热解产物并进行气相色谱分析（即PY—GC分析），从气相色谱图上定出各个温度段气体

（C_{1-5}）和液体（C_{6+}）组分的相对含量。

四、有机地球化学特征与演化程度评价

通过实验分析获取了 10 块样品基础有机地球化学参数分析测试结果（表 4-3），结果显示在 R_o 大于 2.0 以后，仍然会有热解烃产生。如 SP-1 在 R_o 值 2.42 以后仍然得到 0.092mgHC/gTOC，表明了高演化程度下烃源岩仍具有生烃能力。实际上，我国中生界、古生界海相碳酸盐岩层有机质热演化程度普遍较高，但远未达到真正的变质（石墨化）作用阶段（李荣西，1996）。本书的目的之一是评价海相页岩烃源岩高温演化阶段生气潜力，从热模拟实验角度来说，应该选用成熟度较低的有机质样品进行热模拟实验。然而根据前人研究成果，相同类型不同成熟度有机质成烃动力学参数（反应分数与活化能的关系）具有相似性（卢双舫，2003；Schenk，1998），因此本书选用样品范围较宽，对低熟与高熟烃源岩样品进行生烃热解模拟，进而评价高温演化阶段生气潜力，并进行对比分析。

（一）高温裂解生气潜力的实验论证

岩石样品初步热解实验数据显示，SP-1—SP-4 等四块高成熟样品在高温热解之下依然有热解烃生成（表 4-3），一方面说明海相泥页岩演化程度较高，其 R_o 高达 2.42%～3.43%，另一方面也说明高演化程度的海相泥页岩具备晚期高温热裂解生烃潜力。但通过高温裂解生烃模拟实验结果表明，SP-1—SP-4 高温裂解气量不大，主要分布在 0.50～1.00mgHC/gTOC 之间。

表 4-3 海相页岩样品基本地质地球化学参数表

样品编号	层位	TOC (%)	R_o (%)	T_{max} (℃)	S_1 (mgHC/gTOC)	S_2 (mgHC/gTOC)	S_3 (mgHC/gTOC)	S_1+S_2 (mgHC/gTOC)	I_O (mgHC/gTOC)	I_H (mgHC/gTOC)	产率指数
SP-1	龙马溪组	2.891	2.42	438.00	0.047	0.092	0.181	0.139	6.261	3.182	0.338
SP-2	龙马溪组	2.834	2.42	436.00	0.017	0.081	0.071	0.098	2.505	2.858	0.098
SP-3	筇竹寺组	3.924	3.43	436.00	0.052	0.055	0.001	0.107	0.025	1.402	0.486
SP-4	筇竹寺组	3.906	3.43	421.00	0.049	0.050	0.166	0.099	4.250	1.280	0.099
SP-5	下马岭组	11.901	0.50	437.00	0.141	16.161	11.707	3.230	98.370	135.795	0.009
SP-6	下马岭组	2.149	0.46	439.00	0.973	5.679	0.111	1.240	5.165	264.262	0.146
SP-7	下马岭组	2.07	0.74	439.00	0.620	5.970	0.640	6.590	31.000	288.000	0.090
SP-8	下马岭组	11.276	0.50	439.00	0.031	15.341	13.989	15.372	124.060	136.050	0.002
SP-9	下马岭组	1.468	0.46	437.00	0.115	4.827	0.382	4.942	26.022	328.815	0.023
SP-10	下马岭组	1.501	0.76	440.00	0.100	3.030	0.200	3.130	130.00	202.000	0.030

对 SP-5—SP-10 等六块低成熟岩石样品进行开放体系生烃热解模拟，将实验温度从 200℃ 加热到 700℃，观察到 560～630℃ 之间烃源岩高温裂解生气潜力约 8.85～24.54mg HC/gTOC（表 4-4），而且同一样品在同一温度段内 C_{1-5} 增加量与 C_{6+} 递减量变化比例不一致。从阶段瞬时产率特征来看，C_{1-5} 瞬时产率增幅较大，而 C_{6+} 瞬时产率下降的幅度有限（图 4-19a、b）。从累计产率特征来看，C_{1-5} 累计产率增幅较大，而 C_{6+} 累计产率几乎没有发生变化（图 4-19c、d）。

表 4-4　各样品在不同实验温度下 C_{1-5} 和 C_{6+} 的累计产率及产烃量

样品	原始氢指数 (mg/g)	560℃前累计转化率（%）		C_{1-5} 瞬时转化率（%）		C_{6+} 瞬时转化率（%）		C_{1-5} 累计产烃率 (mgHC/gTOC)			C_{6+} 累计产烃率 (mgHC/gTOC)		
		C_{1-5}	C_{6+}	560℃	700℃	560℃	700℃	0~560℃	0~700℃	560~700℃	0~560℃	0~700℃	560℃~700℃
SP—5	525	48.79	43.41	4.02	2.39	0.89	0.51	277.24	289.80	12.56	232.55	235.20	2.65
SP—6	525	47.30	43.71	4.19	3.33	0.90	0.53	270.30	287.78	17.48	234.18	236.98	2.80
SP—7	525	47.82	38.55	6.20	4.68	1.67	0.99	283.62	308.16	24.54	211.16	216.34	5.19
SP—8	525	39.96	55.23	2.06	2.28	0.24	0.25	220.58	232.53	11.95	291.21	292.51	1.30
SP—9	525	39.84	54.07	3.78	1.69	0.42	0.22	229.00	237.85	8.85	286.05	287.21	1.16
SP—10	525	40.74	51.66	3.83	3.05	0.43	0.29	233.98	249.98	16.00	273.46	274.96	1.50

注：560℃产烃率=（560℃前累计转化率+560℃瞬时转化率）×原始氢指数。

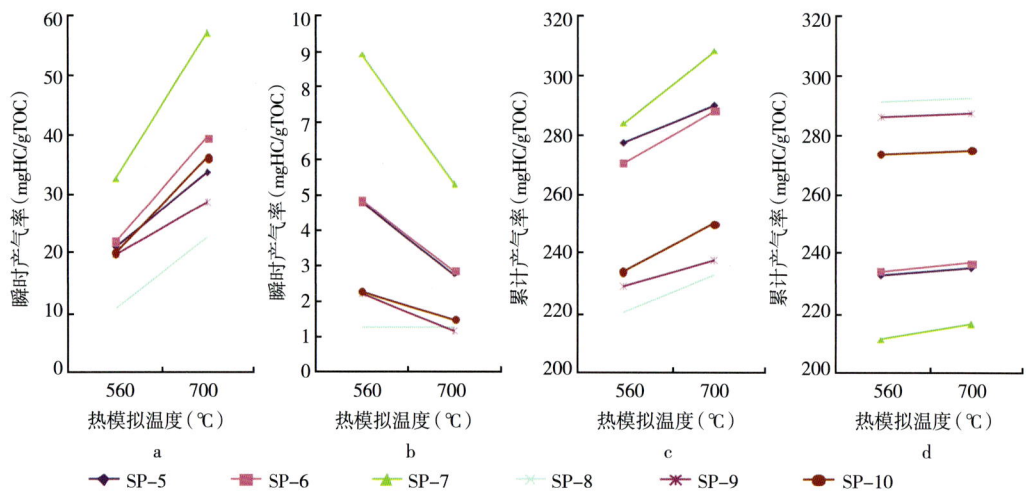

图 4-19　高温封闭系统热解气相色谱检测过成熟样品在 560℃ 与 700℃ 下瞬时产气率与累计产率
a—封闭体系热解实验 C_{1-5} 阶段产率；b—封闭体系热解实验 C_{6+} 阶段产率；
c—封闭体系热解实验 C_{1-5} 累计产率；d—封闭体系热解实验 C_{6+} 累计产率

因为实验温度 560~700℃ 之间基本属于干气阶段，裂解产物以甲烷为主。因为 560℃ 的条件下 C_{6+} 混合物几乎被完全降解，因此该阶段产生的裂解气不能被简单地认为是原油裂解而成，而是生烃早期聚合反应形成的耐熔大分子 NSOs 晚期高温裂解形成，这也是 560~700℃ 之间 C_{1-5} 与 C_{6+} 变化比例不一致的主要原因。因此，560~700℃ 之间的产气量可以被认为是额外增加的生气潜力。这一实验结果表明了两个重要信息：（1）自然条件下，不仅陆相有机质能够具备高温裂解生气能力，海相页岩有机质在裂解温度超过 560℃ 的也可具备生气潜力；（2）高温裂解阶段的生气潜力与 TOC 有正相关关系，但同类样品的热演化程度越高，后期高温裂解气量越少（Erdmann，2006）。

（二）开放型 Py—GC—FID 建立生烃过程及产率变化

不等温开放体系裂解法被用来描述定性和定量生成主要有机复合物的干酪根大分子结构。实验之前需要进行样品的前处理，即进行干酪根制备，通常粉碎的干酪根提取有机质的丰度在 3~40mgHC/g 岩石之间。将样品以 600℃ 高温清洗超过 1 小时之后放入直径 1.5mm、长 30mm 的毛细玻璃管中，用 300℃ 的氦气冲洗 3 分钟，以便清除易挥发组分跟污渍。然后，采用开放体系 Rock-Eval-Ⅱ型热解仪进行有机质成烃模拟实验，以相同升温速率条件下开展 PY—GC 热解气相色谱分析，从气相色谱图上定出各个温度段气体（C_{1-5}）和液体（C_{6+}）组分的相对含量（表4-4），结合热解实验结果，即可将产烃（油+气）率—温度关系曲线转换为产油率—温度和产气率—温度关系两条曲线。

（三）封闭体系检测高温裂解天然气的生成

密闭空间热解生烃法是烃源岩中有机质在较低的流体压力（一般低于20MPa）、没有上覆静岩压力、含水蒸气—液态水或超临界水，以及相对较大的生烃空间（远大于岩石的孔隙空间）条件下进行的热降解反应。由于生烃空间大，没有加满水，流体压力是由水蒸气或超临界水、气体产物或者加入的惰性气体共同形成的，反应容器内的温度、压力、流体物质及空间体积符合气体状态方程，因此生烃反应条件实际上是处于一种介于加水与不加水热解之间的状态。CG 高压釜热解实验仪主要由热解高温高压反应釜、箱式电加热、温度变送器、高温熔体压力传感器和气液产物收集系统组成（郑伦举，2008，2009）。

在高压釜中装入粉碎至40~60目原样，定量加入10mL水，500mL高压反应釜的剩余体积大约为450mL，按照气体状态方程计算，水以气态存在；实验过程中反应釜内的流体压力与热解温度以及生成气态产物的量有关。启动温度控制器和箱式电加热炉按1℃/min的升温速率升至设定的温度，达到设定温度后恒温48小时。待反应体系降温到150℃时，打开截止阀释放高压反应釜中油气水产物。首先排出的产物是水、气体与气携轻质油的混合物，通过液氮—乙醇冷阱冷却的气液收集管分离油水与气体，油水混合物被冷冻在收集管中，气体进入计量管收集并计量其体积，用气相色谱仪分析其组成之后计算各气体物质的产量。沥青（油）的收集与定量需要通过卸下并打开高压反应釜，用二氯甲烷冲洗高压釜内壁、样品室表面以及各连接管道与阀门内的沥青（油），并与气液收集管中的油水混合物合并，用分离漏斗分离水相与有机相。干的固体残留样品用DCM/甲醇（93:7）索氏抽提48小时。抽提所得的有机相与冲洗分离所得的有机相合并，通过旋转蒸发作用蒸发有机溶剂，浓缩至大约10mL后，转移到已预先称重的玻璃瓶中，在20℃恒温条件下自然挥发干有机溶剂，再称重定量。本次研究中仅选用SP-5、SP-8进行了分析测试，测试结果见表4-5、图4-20。

表4-5 新型常规CG高压釜热压模拟实验结果数据表

样品号	岩性	模拟温度（℃）	样品量（g）	残样量（g）	氯仿沥青"A"（%）	有机碳（%）	总气体积产率（m³/t）	烃气体积产率（m³/t）	烃气质量产率（kg/t）	总油产率（kg/t）	总烃产率（kg/t）
SP—5—250	灰黑色泥页岩	250	30.0	29.1	0.16058	11.1	71.47	0.52	0.61	14.58	15.18
SP—5—300	灰黑色泥页岩	300	30.1	28.6	0.15991	11.1	118.22	2.04	2.38	14.27	16.65
SP—5—350	灰黑色泥页岩	350	30.0	28.0	0.36974	11.1	133.46	12.21	15.20	41.84	57.05
SP—5—400	灰黑色泥页岩	400	30.0	27.2	0.24033	11.1	262.50	63.84	74.95	26.73	101.69
SP—5—450	灰黑色泥页岩	450	30.0	27.5	0.07954	11.1	301.40	106.04	99.18	8.92	108.09
SP—5—500	灰黑色泥页岩	500	30.0	27.1	0.02713	11.1	412.91	141.08	113.96	3.03	116.99
SP—5—550	灰黑色泥页岩	550	30.0	27.1	0.02227	11.1	493.99	179.29	133.55	2.32	135.87
SP—5—600	灰黑色泥页岩	600	30.2	27.2	0.01301	11.1	640.51	223.45	161.05	1.28	162.33

续表

样品号	岩性	模拟温度（℃）	样品量（g）	残样量（g）	氯仿沥青"A"（%）	有机碳（%）	总气体积产率（m³/t）	烃气体积产率（m³/t）	烃气质量产率（kg/t）	总油产率（kg/t）	总烃产率（kg/t）
SP—5—650	灰黑色泥页岩	650	30.2	27.0	0.00601	11.1	755.47	235.96	169.18	0.69	169.87
SP—8—250	灰黑色泥页岩	250	50.1	49.5	0.14240	2.7	97.52	1.05	1.01	62.03	63.04
SP—8—300	灰黑色泥页岩	300	50.2	49.1	0.23100	2.7	115.10	4.79	5.42	115.07	120.49
SP—8—350	灰黑色泥页岩	350	50.0	48.1	0.86336	2.7	186.00	39.04	52.52	426.04	478.55
SP—8—400	灰黑色泥页岩	400	50.0	46.5	0.03694	2.7	342.22	141.40	182.45	132.49	314.94
SP—8—450	灰黑色泥页岩	450	48.0	48.0	0.03042	2.7	564.73	285.32	320.29	39.96	360.25
SP—8—500	灰黑色泥页岩	500	50.1	48.7	0.00688	2.7	993.91	421.86	358.38	8.96	367.34
SP—8—550	灰黑色泥页岩	550	50.0	48.1	0.00385	2.7	1157.59	515.52	406.72	6.42	413.14
SP—8—600	灰黑色泥页岩	600	50.1	47.9	0.00347	2.7	1423.48	551.84	400.61	3.94	404.54
SP—8—650	灰黑色泥页岩	650	50.0	47.8	0.00309	2.7	1860.74	603.57	433.26	4.28	437.54

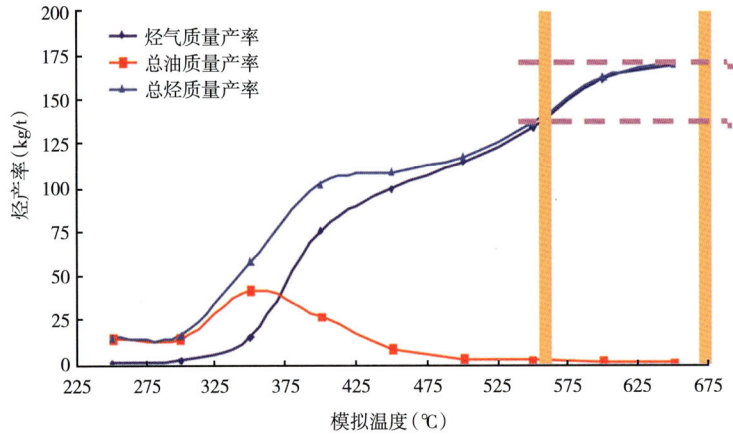

a. SP—5高压釜热压模拟烃类产率特征

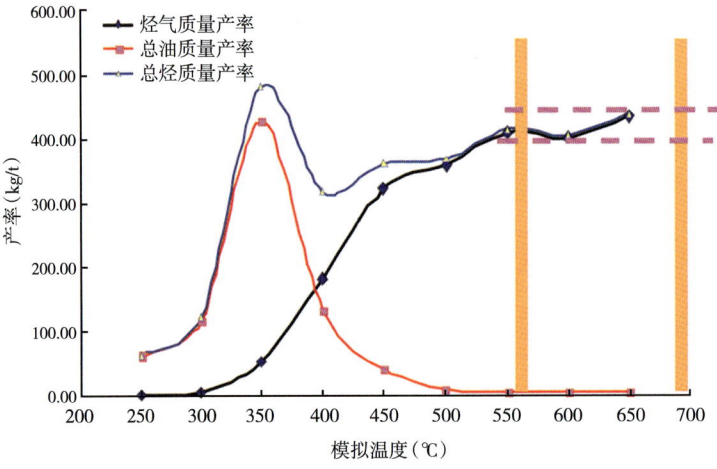

b. SP—8高压釜热压模拟烃类产率特征

图4-20 新型常规CG高压釜热压模拟条件下烃类物质产率特征

五、高温裂解生气潜力评价

(一) 生烃过程中组分产物特征

烃源岩有机质所反映的烃源岩特性,不仅可以通过普通有机地球化学参数等特征进行分析测定,也可以通过生烃过程中各组分的产物变化进行衡量,PY—GC 可以根据分子结构提供各温度阶段详细的测量结果。干酪根热演化产物中,杂原子化合物 NSOs 占有大量比重,以往分析严重低估了其晚期生气潜力。

干酪根生烃能力以及晚期高温裂解生气潜力,由烃源岩类型、有机质丰度等控制。同时,烃源岩生烃过程中所生成分子结构特征也影响着烃源岩晚期高温裂解成气的程度。因为干酪根的主要化学成分由其生物先导结构和成岩、后生作用过程中引起的改造决定,因此研究海相泥页岩源岩样品生烃过程中各组分的结构特征(表4-6),确定不同烃类物质随裂解温度的变化过程,也是确定晚期生气潜力的有效方法。

由生烃模拟数据分析来看,大分子烃类组分在低温阶段产率为零,随着温度的升高逐渐增长,大约在 480℃ 前后达到生成高峰,510℃ 之后逐渐减少。烃类物质各组分组成结构特征可以用标准三元图进行研究(图4-21)(Horsfield,1989,1997),并划分出天然气和凝析油、石蜡基环烷芳香族(PNA)高蜡、石蜡基环烷芳香族(PNA)低蜡、石蜡族(P)高蜡、石蜡族(P)低蜡石油等有机相类型。从三元图分析得出,海相泥页岩烃源的产物组分中含有少量杂原子化合物(NSOs)存在,说明海相泥页岩烃源具备晚期高温裂解生气潜力,但由于杂原子化合物(NSOs)数量较少,其晚期生烃的潜力相对较低。

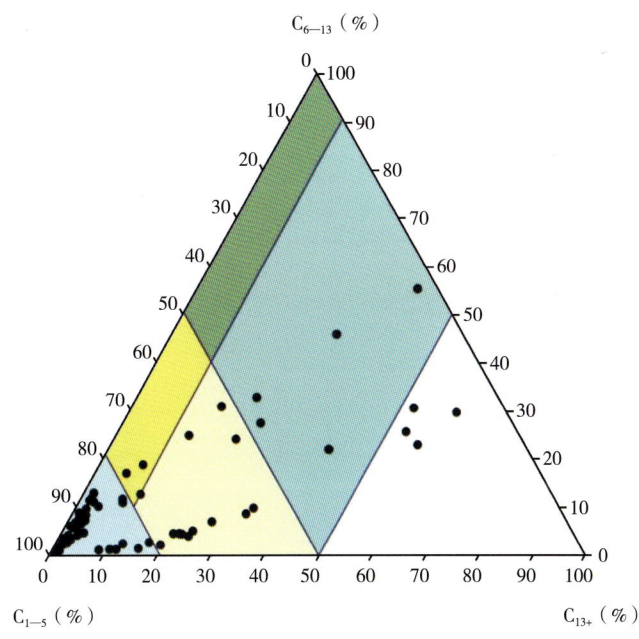

图4-21 海相泥页岩样品生烃多组分结构三元图及烃源岩有机物质组成的有机相划分

表 4-6 不同样品生烃过程中各组分产量变化表

温度范围 (℃)	SP-5 C_{1-5} (%)	SP-5 C_{6-13} (%)	SP-5 C_{13+} (%)	SP-6 C_{1-5} (%)	SP-6 C_{6-13} (%)	SP-6 C_{13+} (%)	SP-7 C_{1-5} (%)	SP-7 C_{6-13} (%)	SP-7 C_{13+} (%)	SP-8 C_{1-5} (%)	SP-8 C_{6-13} (%)	SP-8 C_{13+} (%)	SP-9 C_{1-5} (%)	SP-9 C_{6-13} (%)	SP-9 C_{13+} (%)	SP-10 C_{1-5} (%)	SP-10 C_{6-13} (%)	SP-10 C_{13+} (%)
200	0.153	0.395	0	0.201	0.477	0	0.250	0.334	0	0.144	0.536	0	0.144	0.552	0	0.161	0.590	0
200~250	0.122	0.133	0	0.118	0.155	0	0.128	0.169	0	0.272	1.709	0	0.202	1.175	0	0.171	0.674	0
250~300	0.209	0.193	0	0.274	0.179	0	0.242	0.142	0	0.360	2.193	0	0.375	2.460	0	0.421	1.838	0
300~330	0.193	0.188	0	0.208	0.247	0	0.215	0.101	0	0.320	1.299	0	0.297	1.593	0	0.542	2.128	0.010
330~360	0.316	0.405	0	0.414	0.509	0	0.287	0.207	0	0.432	1.568	0	0.308	1.100	0	0.487	1.551	0.015
360~390	0.586	0.907	0.016	0.620	0.808	0.026	0.484	0.586	0	0.510	1.626	0.180	0.534	1.254	0	0.308	0.765	0.022
390~420	1.604	2.091	0.033	1.512	2.240	0.250	0.799	0.884	0.041	1.146	3.249	1.195	0.775	1.946	0.025	0.593	1.396	0.021
420~450	4.304	6.249	0.446	4.387	4.594	1.065	2.050	2.427	0.116	3.210	5.908	4.168	2.641	4.726	0.535	1.583	3.593	0.183
450~480	9.760	10.696	1.240	9.170	11.451	1.419	4.937	5.216	0.551	8.694	13.078	2.262	7.837	10.533	2.770	5.832	8.780	1.884
480~510	15.084	11.677	1.591	13.634	12.558	0.682	11.222	11.725	0.614	12.691	10.815	0.398	12.066	14.121	3.618	12.830	13.743	2.747
510~540	10.246	4.886	0.548	11.656	5.668	0.028	16.390	10.973	0.115	7.849	4.201	0	10.044	5.817	1.029	11.466	8.195	1.568
540~570	6.209	1.638	0.078	5.155	1.349	0.017	10.912	4.351	0.030	4.318	0.842	0	4.612	0.772	0.043	6.356	1.866	0.089
570~600	4.021	0.860	0.025	4.185	0.883	0.011	6.203	1.638	0.021	2.060	0.242	0	3.775	0.417	0	3.826	0.430	0
600~630	2.393	0.487	0.018	3.329	0.523	0.011	4.675	0.967	0.021	2.277	0.248	0	1.685	0.221	0	3.047	0.286	0

海相泥页岩烃源岩生烃组分中杂原子化合物含量较少,这与其沉积环境、沉积有机物质等有密切的关系。由于海相烃源岩一般包含丰富内源物质的藻类和细菌沉积物衍生出来的有机质,在生烃过程中更容易演化成为天然气和凝析油或石蜡基环烷芳香族(PNA)低蜡。由于晚期高温裂解成气阶段生烃时间晚、排烃效率低,所以对天然气晚期成藏,以及非常规页岩气而言少量的晚期高温裂解成气仍然具有重要意义。

(二)晚期天然气潜力评价

不同实验条件下产物变化特征不同(图 4-20、图 4-22),新型常规 CG 高压釜热压模拟由于水—有机质相互作用的关系,烃类产率变化特征起伏较大(图 4-20)。PY—GC 模拟体系下的烃组分变化特征相对平缓,规律性更为直观。从图 4-22 中分析得出,6 块下马岭组烃源样品的产率曲线特征相似,C_{1-5} 呈现出持续增长趋势特征,而 C_{6-13} 与 C_{13+} 则呈现出单峰态特征。C_{6-13} 部分的馏程可至 450~500℃,随后因油裂解气和干酪根焦化而开始降低(Erdmann,2006;Dieckmann,1998,2000),"焦化"的过程可能伴随逆反应产物 NSOs 的产生,并由此产生 C_{13+} 单峰。

C_{1-5} 在 560~700℃ 之间仍有生产,重烃减少,但重烃减少与轻烃增加不成比例关系。C_{1-5} 烃类气体在 560~700℃ 之间有较大的跃升空间,C_{6-13} 的高温裂解基本在 560℃ 时已经

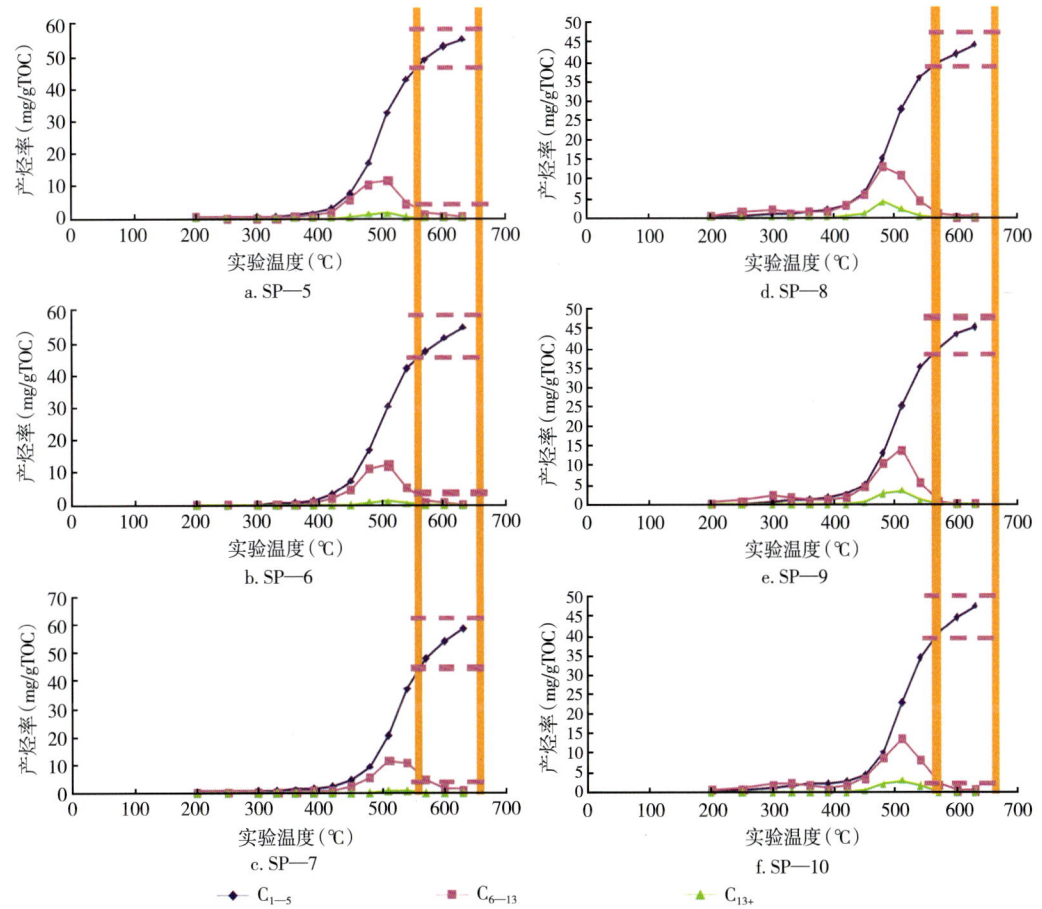

图 4-22 不同样品在 PY-GC 热模拟体系中晚期烃类物质产率变化特征

完成，因此在560~700℃温度区间C_{6-13}基本变化不大（图4-22）。此温度区间内C_{1-5}烃类气体的生成将由杂原子化合物NSOs来提供，这说明海相泥页岩烃源岩也具备晚期生气潜力。

表4-4中列出了研究样品在两个终端温度时的C_{1-5}气和C_{6+}生烃模拟的累积产量。具晚期生气能力的烃源岩在700℃时产量高于在560℃时，晚期生气总量（M_{LateGas}）可以利用700℃的产量（$M_{C_{1-5}}^{700°}$）减去560℃的产量（$M_{C_{1-5}}^{560°}$）进行简单计算。

$$M_{\text{LateGas}} = M_{C_{1-5}}^{700°} - M_{C_{1-5}}^{560°} \tag{4-8}$$

为了更好地比较不同烃源岩晚期生气能力，避免负值，提出了晚期生气能力参数（LGP）（Nicolaj，2012），即700℃的产量除以560℃和700℃的总产量（公式4-8）。

$$LGP = \frac{M_{C_{1-5}}^{700°}}{M_{C_{1-5}}^{560°} + M_{C_{1-5}}^{700°}} \tag{4-9}$$

具晚期生气能力的烃源岩$LGP>0.5$，而晚期不能生气的烃源岩$LGP<0.5$（图4-23a）。然而，晚期生成的天然气存在A型与B型两种，将A型晚期次生气与B型高温裂解气区分开是很重要的。根据氢平衡原理（Dieckmann，1998）假设C_{6+}组分中30%转化为气，70%转化为焦沥青，A型晚期次生气含量（$M_{\text{sec.Gas(A)}}$）可通过700℃时和560℃时C_{6+}组分总产气量之差乘以转换因子fc=0.3得来（公式4-10）（Nicolaj，2012）。

$$M_{\text{sec.Gas(A)}} = (M_{C_{6+}}^{560°} - M_{C_{6+}}^{700°}) \times 0.3 \tag{4-10}$$

B型晚期次生气含量（$M_{\text{sec.Gas(B)}}$）可以通过从总晚期天然气产量中扣除A型晚期次生气含量计算。

$$M_{\text{sec.Gas(B)}} = M_{\text{LateGas}} - M_{\text{sec.Gas(A)}} \tag{4-11}$$

对于B型高温裂解气，所有$LGP<0.51$的烃源岩可以全部认为仅具有低的生气潜力。$LGP>0.55$的未成熟烃源岩，B型高温裂解气至少占了全部晚期生成天然气量的一半，其C_{1-5}/TOC比值为10~40mgHC/gTOC。由于其产量很低，具中等晚期生气能力的烃源岩

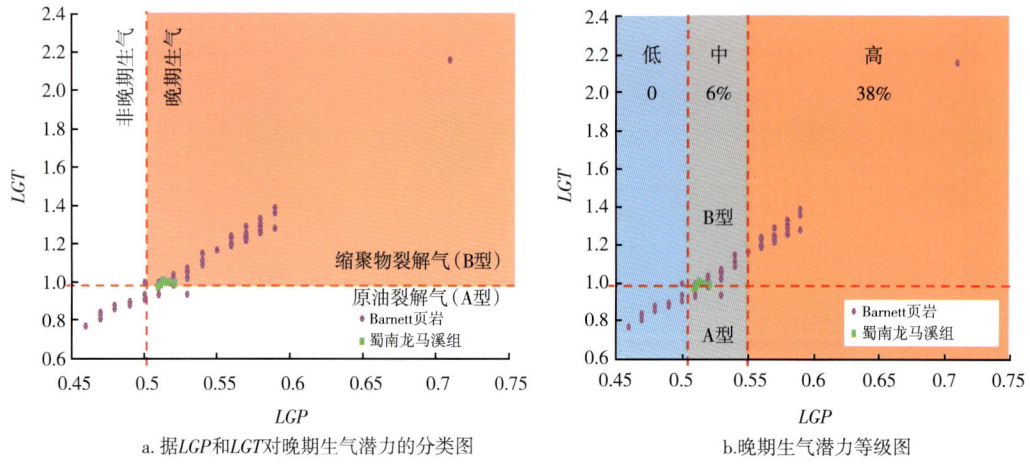

图4-23　生烃模拟试验中高温裂解生气潜力判识图

LGP 分布在 0.51~0.55 范围内，每克有机碳产出 0~20mgC_{1-5}，晚期次生气在生成油气总量中所占的比例不超过 6%（图 4-23b）。与次生气 A 型和 B 型生成有关的晚期生气能力可以通过另一个参数晚期生气类型比（LGT）来进行评价。LGT 是 700℃时天然气产量与 560℃时天然气和晚期次生气 A 型产量之和的比值。

$$LGT = \frac{C_{1-5}^{700°}}{C_{1-5}^{560°} + M_{\text{sec.}Gas(A)}} \tag{4-12}$$

$LGT<1$ 的烃源岩主要是 C_{6+} 组分裂解生成晚期天然气；$LGT>1$ 的烃源岩主要是有由热稳定的耐高温组分进行晚期生气，它们在晚期升温阶段生成 B 型高温裂解气。由图 4-23 可见，海相泥页岩可以产生 B 型高温裂解气，但从 B 型高温裂解气生成潜力来讲仅属于中等，B 型气大约仅占晚期次生气的 6%，A 型气仍占多数。

3. 海相泥页岩晚期生气潜力及现实意义

海相泥页岩烃源岩表现出晚期生气能力低，综合 A 型与 B 型晚期生气，样品 SP-5 的晚期气产率 12.56mgHC/gTOC，SP-6 为 17.48mgHC/gTOC，SP-7 为 24.54 mgHC/gTOC，SP-8 为 11.95 mgHC/gTOC，SP-9 为 8.85 mgHC/gTOC，SP-10 为 16.00 mgHC/gTOC。若单纯计算晚期高温裂解生气潜力，SP-5 的晚期高温裂解气产率 3.87mgHC/gTOC，SP-6 为 0.95 mgHC/gTOC，SP-7 为 2.36 mgHC/gTOC，SP-8 为 1.88 mgHC/gTOC，SP-9 为 5.70 mgHC/gTOC，SP-10 为 0.85 mgHC/gTOC，平均为 2.6mgHC/gTOC。

总体而言，2.6mgHC/gTOC 属于较低的天然气产率，折算下来约 0.2m³HC/t 岩石。作为晚期高温裂解生成的天然气，几乎滞留于海相页岩内部而成为页岩气，以我国蜀南地区志留系龙马溪组页岩气为例，实测含气量约 3m³/t 岩石，则高温裂解产气将占到 6.7% 的比重。

第四节 海相叠合盆地构造演化与油裂解气晚期成藏的关系

油裂解气指石油在高温条件下长链脂肪结构碳键断裂形成的天然气（李君，2013），是海相气源灶高效成气的重要途径（赵文智，2006）。我国中西部海相叠合盆地构造演化表现为多旋回性，具有时代老、埋藏深、多期叠加、改造明显、结构复杂等特征，对油气的聚集与保存非常不利。然而在如此复杂的海相地层系统中却发现了丰富的天然气资源，并且多为油裂解气藏。目前中国以原油裂解气为主的天然气探明地质储量在 $5000×10^8 m^3$ 以上，占中国海相大型气田总探明地质储量的 30% 左右（马文辛，2010）。2009—2013 年期间中国石油天然气股份有限公司新增天然气探明地质储量中，探明裂解气地质储量比重高达 28% 以上（国土资源部，2013），塔里木盆地台盆区天然气总资源量中原油裂解气比重更是高达 40%~52%（贺训云，2008），展示出了较大的勘探潜力。近年来，国内外众多学者对原油裂解气生烃实验机理、化学动力学特征，及油裂解气和有机质热裂解气的识别标准与判别模式等开展了大量的研究（赵文智，2006；赵孟军，2000；卢双舫，2002；刘德汉，2010），并将高过成熟的高温裂解阶段残余有机质环烷甲基断裂形成的气态烃纳入裂解气范畴（赵孟军，2001；徐永昌，1994；陈世加，2002；王云鹏，2007），为油裂解气勘探领域的扩展奠定了理论基础。

在众多油裂解成气机制研究基础上，有学者提出多旋回叠合盆地成藏不是简单的"是否有充足油气源"的问题，而是复杂的油气生、排、聚过程（汤济广，2012），以及后期如何有效保存的问题。油裂解气藏如何被保存下来是解开这一谜题的关键。但目前的研究成果主要集中在裂解气成因识别及油裂解成气的动力学机制方面（郭利果，2011），对油裂解气的成藏过程和成藏特征的研究明显不足，对裂解气藏能够晚期成藏的原因分析较为欠缺。随着研究的深入，古油藏作为原始石油储集的场所，成为分析油裂解气藏晚期成藏定型的纽带，并逐渐认识到古油藏对于现今残余油藏和油裂解气成藏均具有一定控制作用（胡守志，2007；Tian H，2008；施继锡，1995）。古油藏要实现从原始的石油聚集，到成藏保存、原油裂解、裂解气成藏等一系列过程，必须与海相克拉通盆地的区域性构造沉积演化相耦合，而区域性构造运动与沉积演化对古老烃源的成烃制约和古油藏的热演化裂解过程主要是通过对地质体的抬升剥蚀与沉积埋藏作用来实现。本书以近期古老海相层系天然气藏大发现为出发点，选择四川盆地南部地区（蜀南地区）海相层系为研究对象，通过构造演化与沉积响应分析，研究古老烃源岩生烃演化过程与古油藏原油裂解生烃演化过程，及热演化过程对构造沉积演化的响应特征，从而探讨构造沉积演化过程对古老烃源岩生烃演化、原油裂解生烃演化及晚期油裂解气成藏的控制作用。

一、古老海相层系天然气藏成因分析

（一）古老层系天然气藏大发现的启发

我国中西部海相叠合盆地古生界层系普遍具有沉积时代老、热演化程度高、埋藏深度大、油气藏遭破坏改造等特点（赵文智，2007；李艳霞，2006），增加了油气资源潜力评价和勘探开发的工作难度。我国古老海相烃源层系热演化程度较高，现今 R_o 值多在2%以上，大部分地区与层系在3.0%~4.0%之间，生烃潜力已经耗尽。然而自2011年以来在四川盆地高石梯—磨溪地区寒武系龙王庙组和塔里木盆地古城地区奥陶系鹰山组3段（古城6井）连获天然气勘探重大突破，说明该领域具备较大的天然气资源潜力。四川盆地高石梯—磨溪地区在寒武系龙王庙组约4300~4500m的主力层段获得天然气勘探的大突破，累计测试产量 $526.44\times10^4m^3/d$，单井平均测试产量 $187.48\times10^4m^3/d$；2012年提交磨溪8井区天然气控制储量 $1318.82\times10^8m^3$，磨溪9井区和高石梯构造预测储量 $1121.9\times10^8m^3$。塔里木盆地古城地区古城6井在奥陶系鹰山组3段测试，折日产气 $26.42\times10^4m^3$；2014年提交安岳气田磨溪区块寒武系龙王庙组新增天然气探明地质储量 $4403.85\times10^8m^3$，磨溪101井测试产量超过 $85\times10^4m^3/d$。通过轻烃判别表明，龙王庙组和鹰山组天然气异构烷烃和环烷烃含量较高，而且在储层内发育明显的沥青收缩孔，属典型的原油裂解气。

不同地质条件下原油在储层中的热稳定性存在一定差异，原油发生裂解的初始温度也会有一定差异，但一般情况下在地质温度超过146℃以后储层中原油将开始发生热裂解，并伴随气油比逐渐上升；储层地质温度高于200℃后原油基本完全裂解，并全部转化为天然气（Waples，2000）。而且单位油裂解生气数量是干酪根热解生气量的2~4倍，生气效率更高，油裂解生气是海相烃源岩成气的重要途径。统计显示，我国原油裂解气藏明显存在两期成藏或多期成藏特征（表4-7），从该类气藏成藏期次与过程来看，最初成藏以原油充注成藏为主，成藏期跨度从奥陶纪至侏罗纪，但最终油裂解气的晚期成藏期跨度较小，均在晚侏罗世—古近纪之间（晚燕山期—喜马拉雅期）（表4-7）。由此可见，古油藏的形成及原油在高温条件下的快速裂解可使海相烃源岩成为高效气源灶，原始石油聚集成藏是晚期油裂解气成藏的关键。

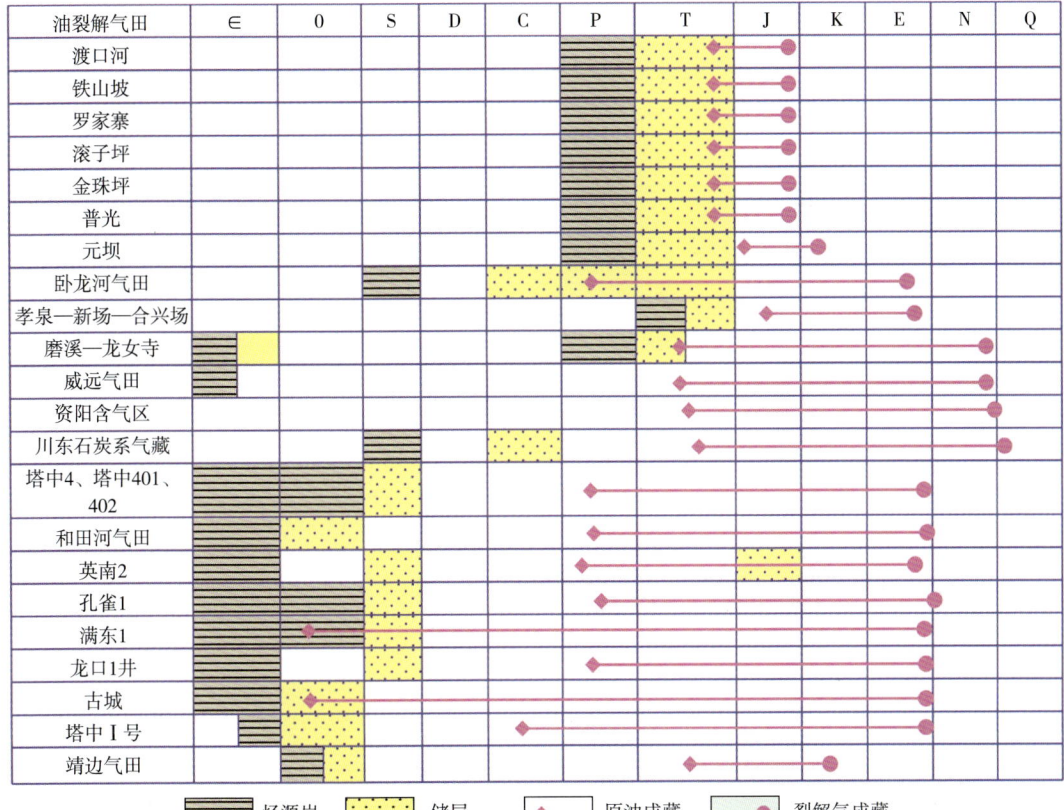

表4-7 我国主要原油裂解气藏生储组合与成藏过程

（二）古油藏为晚期油裂解气成藏提供了条件

古油藏是指岩石中集中出现的沥青或存在储层沥青的天然气藏，曾经在地质历史时期发生原油充注成藏（韩世庆，1982），后续某一时期古油藏调整改造，储层中石油已运移走或裂解形成天然气，仅有少量成藏记录（如成岩矿物中的油包裹体和孔隙中的少量残留烃类），或者大多数原油在原地经历过次生蚀变作用（包括热裂解、水洗、气洗、生物降解等作用），并形成古油藏存在证据的石油次生蚀变产物（稠油、沥青质或焦沥青）（王飞宇，2006），古油藏分布对晚期油裂解气成藏的发育和分布起控制作用。

我国古油藏众多，目前已陆续发现古油藏近50余处（图4-24），主要分布在中西部盆地或地区，如中部的鄂尔多斯盆地、四川盆地、贵州黔中古隆起及南盘江盆地和西部的塔里木盆地、准噶尔盆地及柴达木盆地等，普遍发育储层沥青。古油藏中的储层沥青经地球化学分析为石油裂解或降解的衍生物，说明古油藏中存在油裂解成气的过程，也说明古油藏与上覆现存油藏或油裂解气藏的成藏有一定联系，并对现存油藏、天然气成藏具有控制作用。因此，我国广泛分布的古油藏对下一步油裂解气藏的勘探具有重大意义，需要深入分析和解剖古油藏与现今气藏在成藏机理中的内在联系。

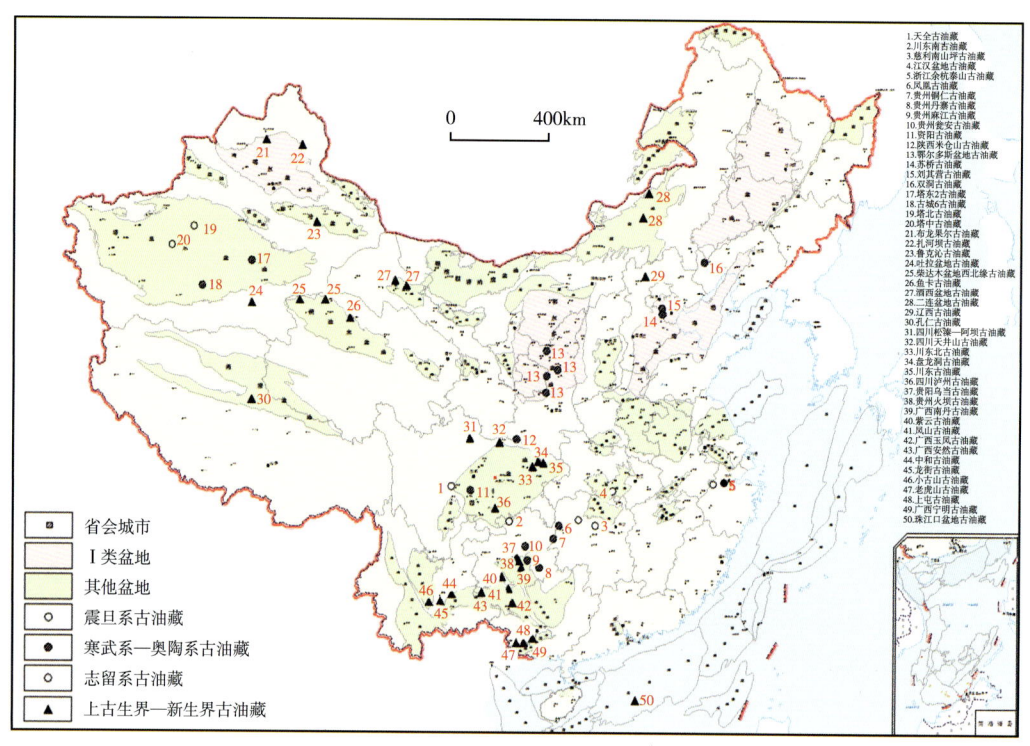

图 4-24 我国古油藏分布图

（三）构造演化控制了油裂解气晚期成藏

构造运动与沉积演化控制了古老海相地层生烃演化、油气藏聚集与晚期油裂解成藏。由于油和气的物理性质差异，在地质历史时期的构造变动过程中，长效保存天然气藏很难，油藏的保存相对容易，保存重油、稠油则更容易（陈安定等，2006），因此古油藏的成藏与保存过程，以及晚期油裂解成气过程，是分析该类气藏晚期成藏保存的关键。而古油藏的成藏保存与晚期油裂解成气与区域性构造演化息息相关。早期烃源岩生成石油后向上覆储层聚集并形成古油藏，构造抬升使得烃源岩或古油藏缺失了热演化的条件从而终止热裂解生气，直至后期快速沉降并沉积埋藏后重启二次生烃历程，原油大规模裂解成气，天然气在古油藏或上覆构造高点聚集，最终喜马拉雅期构造调整改造成藏是油裂解气的有效成藏模式。因此，综合分析海相叠合盆地区域构造演化、古油藏发育与分布特征、原油裂解等是寻找该类气藏的有效途径。本书以蜀南地区为例，通过构造沉积特征、生烃过程、原始石油聚集、原油裂解等分析，讨论海相叠合盆地构造演化对古老层系油裂解气成藏的控制作用。

二、蜀南地区构造演化与沉积响应特征

蜀南地区位于四川盆地南部，西起四川省乐山市—云南省绥江市，东至重庆市綦江区，北接简阳市—乐至县，南抵贵州省赤水市，大地构造位置属于川东南断褶带西南段和川中古隆平缓构造带西南段，海相地层发育较全，上覆层系发育大量天然气藏。

(一) 蜀南地区构造演化过程及期次

本书选取昭通—南江南北向剖面和成都—青山岭东西向剖面两条区域地质剖面，采用弯曲滑移去褶皱法进行地层去压实恢复（地层回剥），采用断层解析与平行流滑动恢复法进行断层恢复，对两条交叉剖面进行了构造反演恢复，分析了区域性构造演化期次与过程。其中，昭通—南江南北剖面全长680km，通过演化分析可识别出下古生界以来的七个构造演化期次，成都—青山岭东西向剖面全长330km，通过演化分析可识别出下古生界以来的六个构造演化期次。综合四川盆地东西向与南北向构造演化过程分析，建立地球物理影像可识别的构造演化过程，明确了五个旋回8个演化期次。

(二) 构造隆坳演化特征

四川盆地及周缘自早古生代以来"隆坳"相间发育，具"大隆大坳"特征。蜀南地区夹持在乐山—龙女寺古隆起和黔中隆起之间，其西部及西北部处于乐山—龙女寺古隆起区外围的斜坡地带，其余地区隶属于川南坳陷区，"隆坳"构造演化过程为高效气源岩及晚期油裂解成气提供了有利的条件。蜀南地区在晚震旦世以浅海盆地—广海陆棚相沉积为主，桐湾运动使蜀南地区发生短暂抬升剥蚀，早寒武世全区快速沉降，水体较深，沉积了以筇竹寺组为代表的盆地相—盆地边缘相页岩及粉砂岩。中—晚寒武世水体较浅，以斜坡—开阔台地相沉积为主。早奥陶世又发生快速沉降，沉积一套较为稳定的开阔台地相生物灰岩、石灰岩夹泥页岩。中晚奥陶世—志留纪，中扬子海槽关闭与江南古陆隆升挤压，使得川中古隆起形成并扩大，海域缩小，蜀南地区在志留纪主要为深水陆棚环境，长宁—古蔺—巴鱼—石柱—利川以南为浅水陆棚环境（汪泽成，2002）。在石炭纪黄龙组沉积期，峨眉地裂运动初始期（Ⅰ幕）的拉张作用影响到盆地东南部，由潮汐通道与鄂西浅海沟通。早晚二叠世之间的峨眉地裂运动（Ⅱ幕），形成了泸州（呈近南北向）和开江（近东西向）两个大型古隆起的雏形。进入中生代以后，受印支运动影响，中三叠世发育大幅构造抬升并遭受剥蚀，中—上三叠统之间发育抬升隆起型侵蚀不整合，此后盆地进入定型与快速沉积阶段。晚三叠世与侏罗纪沉积速率可高达300~600m/Ma，沉积了巨厚层上三叠统与侏罗系，经喜马拉雅期褶皱回返与构造改造最终定型（四川油气区石油地质志编写组，1989）。

概括来讲，蜀南地区完整经历了扬子、加里东、海西、印支、燕山和喜马拉雅等6个旋回，导致蜀南地区的升降运动频繁，并围绕蜀南地区发育了黔中古隆起、乐山—龙女寺古隆起和泸州古隆起等三个大型古隆起。黔中隆起和乐山—龙女寺隆起形成于加里东期，二者之间为川黔坳陷，晚海西期形成泸州茅口组顶古隆起，并在印支期和早燕山期还在持续活动。乐山—龙女寺古隆起与泸州古隆起是对蜀南地区油气运聚起控制作用的两个重要隆起。

乐山—龙女寺古隆起基本上代表了北东东向的一组构造，从盆地西南方向自西向东插入，是地台内部范围最广的一个大型隆起。志留纪末的加里东Ⅲ幕运动，是加里东期最大的一幕构造运动，形成了乐山—龙女寺古隆起高带，并迫使海水退缩至龙门山区及川湘鄂边境等地。古隆起从志留纪末，一直延续至二叠纪前，历经1.2亿年的风化剥蚀，古隆起顶部已准平原化。

泸州古隆起是两期相互重叠的古隆起。晚二叠世末的东吴运动使处于华蓥山深大断裂东侧的川南坳陷逐渐抬升，茅口组遭受不同程度的剥蚀，形成了泸州茅口组顶古隆起。中三叠世末，受印支运动早幕的影响，华蓥山断裂由拉张变为挤压，正断裂转化为逆断裂，位于东侧断层上盘的地区大幅度抬升，形成了北东—南西向延伸的具有断隆特点的大型泸州三叠系古隆起。早二叠世末的东吴运动形成的泸州茅口组顶古隆起和中三叠世末的印支运动形成的泸州三叠系古隆起，这两期古隆起统称为泸州古隆起。

（三）沉积响应特征

研究区地层纵向上层系较齐全，总厚6000~12000m，除泥盆系和石炭系广泛缺失外，其他地层均有发育，具有多层系、多旋回的特点。其中震旦系至中三叠统发育海相碳酸盐岩沉积，偶夹薄层碎屑沉积层，总厚4000~7000m。震旦系发育良好，分布稳定。寒武系、奥陶系、志留系属地台型沉积，广泛分布，中上寒武统、奥陶系和志留系受加里东运动影响均遭受剥蚀。泥盆纪与石炭纪时期，上扬子古陆呈持续的隆升状态，导致研究区缺乏泥盆系、石炭系沉积。二叠系与中下三叠统为浅海台地沉积，沉降沉积范围广，全区普遍发育。中三叠世末期，早印支运动开始活跃，上扬子地区整体性抬升，大规模海侵从此结束，并遭受不同程度的剥蚀。上三叠统是一套海陆过渡沉积，四川盆地由浅海台地逐渐转变为内陆湖盆，上三叠统厚度可达3000m。侏罗纪以后为陆相沉积期，主要发育一套厚2000~5000m的碎屑岩。侏罗纪湖盆范围较大，到白垩系、古近系和新近系沉积时期湖盆范围逐渐收缩，最后经喜马拉雅运动定型。第四系为冲积、洪积层，由疏松泥沙及砾岩组成，一般厚0~100m。

研究区海相层系发育受构造影响较大，由于庞大的乐山—龙女寺古隆起的存在，研究区在古生代主要表现为川西、川中隆起，地层缺失较多；川东南坳陷，地层连续，厚度较大。而在中—新生代构造运动后反向沉积，川西转为坳陷，地层连续，厚度大；川东南转为抬升，地层厚度较小。沉积过程中共发育9个大的不整合面（何登发，2011），对研究区油气生成与后期发展影响较大的有以下5个：（1）加里东中期运动形成奥陶系与寒武系间不整合面，在斜坡部位奥陶系的上超沉积特征，奥陶系顶部自东向西被削截，在龙门山前尖灭；（2）加里东晚期运动形成泥盆系与志留系间不整合面，在蜀南泥盆系缺失，志留系顶部普遍遭受剥蚀，威远地区仅残留下志留统；（3）海西运动旋回早期形成下二叠统与前二叠系之间的区域性不整合面，经过加里东运动，上扬子古陆和康滇古陆拼贴为一体，碰撞隆升导致蜀南地区广泛缺失泥盆系、石炭系，下二叠统主要超覆于志留系或奥陶系之上；（4）东吴运动使扬子准地台在经历了早二叠世海盆沉积以后再次抬升成陆，并形成上—下二叠统间平行不整合面；（5）印支晚期运动形成侏罗系与三叠系间不整合面，此后盆地已进入克拉通内坳陷发展过程。

（四）油气地质条件发育特征

构造作用对四川盆地海相油气分布的控制作用主要有以下四点：（1）地裂运动形成的拉张槽控制油气原生地质条件（储层和烃源岩）的发育；（2）通过构造沉降造成烃源岩层的深埋热演化，并保持长期的生烃状态；（3）古隆起控制油气运聚和古油气藏的分布；（4）盆山耦合造成了古油藏的调整改造与油裂解气晚期成藏，对油气保存条件和油气分布有重要的影响。研究区受构造演化与沉积演化影响，主要发育上震旦统灯影组、下寒武统、志留系龙马溪组、下二叠统、下三叠统嘉陵江组、中三叠统雷口坡组、上三叠统须家河组等多套烃源岩，并在震旦系、奥陶系、二叠系、三叠系和侏罗系发育了以碳酸盐岩和砂岩为主的多套储层。

兴凯地裂运动形成的稳定大陆边缘拉张槽控制了烃源岩与储层的发育，对下组合成烃条件有重要作用。兴凯运动拉张孕育阶段，上震旦统灯影组发生隆升和剥蚀作用，致使拉张槽内及其周缘灯影组残留厚度较薄，同时发生较强的风化壳喀斯特作用导致灯影组优质储层的形成。沧浪铺组和龙王庙组沉积期，拉张作用已非常微弱，拉张槽已基本填平，但可能仍有一定的沉降作用和古地形地貌差，对沉积相的分布仍有一定的影响，进而影响优质储层的发育（刘树根，2013；孙玮，2011）。兴凯运动拉张高潮阶段沉降作用最大，致使水体较深，沉积的筇竹寺组应是最好的烃源岩。四川盆地下寒武统烃源岩厚度和平均生气强度平面展布与拉张槽范围重叠，充分揭示拉张槽的发育对下寒武统优质烃源岩分布的控制作用。

峨眉地裂运动形成的拗拉槽群为良好的生、储组合发育提供裂谷型的拉张构造背景，在其台缘带上，处于大型礁滩发育最有利地带，其有机质充分转化和白云岩化作用为川东北天然气生成与保存提供了物理条件（罗志立，2012）。

三、古老烃源生烃演化过程及原始油气聚集

古老烃源岩生烃演化多受构造演化的影响，沉降埋藏与构造抬升期次决定了烃源岩生烃和停滞时期。

（一）古老烃源生烃演化过程及对构造演化的响应

蜀南海相层系发育了下寒武统筇竹寺组（$\epsilon_1 q$）、上奥陶统五峰组（$O_3 w$）、下志留统龙马溪组（$S_1 l$）、中二叠统栖霞组和茅口组等丰富的烃源物质。下寒武统筇竹寺组烃源岩是该区古老海相烃源岩的典型代表，其生烃演化过程对构造沉积演化具有很好的响应。本次工作以蜀南地区构造沉积体系为依据建立其地史与热史，通过生烃模拟实验标定生油、生气和油裂解气的生烃动力学参数，结合地热史与生烃动力学参数开展筇竹寺组烃源岩生烃史模拟。从模拟结果来看，寒武系筇竹寺组烃源岩存在三次生烃期和两次生烃停滞期（图4-25）。蜀南地区在经历了厚层沉积阶段之后，于加里东期和海西期发生沉积埋藏和抬升剥蚀事件，剥蚀厚度达800~2000m（朱传庆，2009），直接导致下寒武统烃源岩在加里东期和海西期出现了两次生烃和两次停滞，生烃停滞拓宽了液态烃生烃窗时间范围；印支期和燕山期虽发生几次抬升剥蚀，但是仍保持着巨厚沉积，上覆地层厚度达3000~5000m，下寒武统烃源岩生烃阶段并未出现停滞现象，燕山早期（172Ma）下寒武统烃源岩达到过成熟阶段，生成大量的天然气资源，为天然气藏的形成提供了丰富的气源。

筇竹寺组烃源岩在整个生烃演化过程中，其液态窗与气态窗两个阶段的演化过程为大气田的发现奠定了充足的物质基础，具体而言包括以下几个方面：(1) 加里东时期地层快速沉积埋藏，沉积层厚达3000m左右，使得下寒武统筇竹寺组烃源岩在423.5Ma进入生油门限，（兴凯地裂运动）加里东末期的构造运动引起地层大规模抬升剥蚀，剥蚀厚度达1200m左右，并造成泥盆、石炭系的沉积间断，这一构造沉积演化过程改变了下寒武统烃源岩生烃环境，导致筇竹寺组出现生烃停滞。(2) 海西期沉积了1400~1500m厚的二叠系，筇竹寺组烃源岩在海西末期（229Ma）再次进入生烃门限；云南运动和峨眉地裂运动的出现，地层遭受抬升剥蚀，剥蚀厚度1000m左右，出现生烃停滞；从生烃阶段和生烃史看，距今423.5—229Ma时期，下寒武统烃源岩热演化程度R_o处于0.5%~1.2%之间，长期处于液态窗范围内，生成了大量的石油。(3) 印支期虽然发生洋陆转化并抬升剥蚀，但

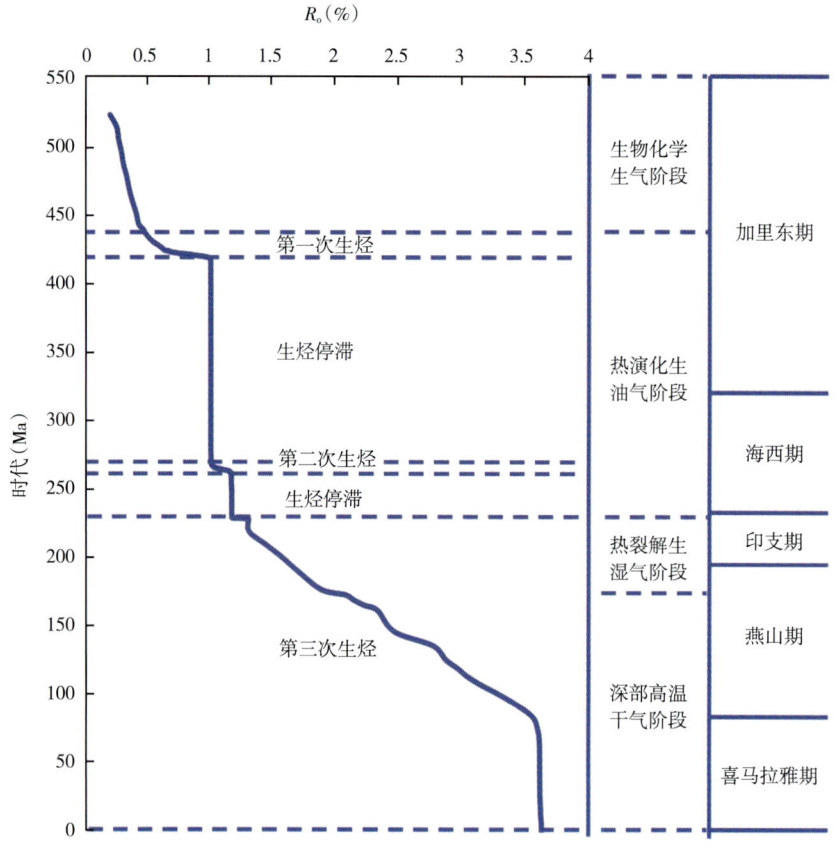

图 4-25 四川盆地蜀南地区下寒武统烃源岩的生烃演化阶段与构造演化的匹配关系

同时保持了快速沉积埋藏，沉积了厚层的须家河组，并未影响生烃进程，使得下寒武统烃源岩再次进入生烃阶段。(4) 燕山时期主要沉积侏罗系和白垩系两套地层，这个时期是四川盆地一次重要的整体沉降期，受褶皱回返作用发生了几次抬升剥蚀，局部剥蚀掉了下白垩统，但并未影响生烃演化进程。现今阶段，四川盆地蜀南地区下寒武统海相烃源岩达到过成熟阶段。

（二）古构造、古隆起与古油藏的形成

从油裂解气角度来看，古构造、古隆起是油气聚集的有利指向区，在沉积埋藏史演化进程中，影响最深、最广的是加里东期、印支期区域性隆起，其展布、规模与演变时间都是空前的。加里东期古隆起展布面积几乎覆盖全盆地，印支期古隆起亦达盆地面积 3/4，控制油气运聚和古油气藏的分布。古隆起对四川盆地海相天然气储量分布的控制作用较大，目前其上共获天然气探明地质储量 $6871.6 \times 10^8 m^3$，占四川盆地总探明储量的 26.4%。其中，乐山—龙女寺加里东古隆起上已发现了 2 个气田——威远灯影组气田和安岳龙王庙组气田，目前探明储量为 $4771.6 \times 10^8 m^3$。开江古隆起上已发现石炭系气田 13 个，探明储量约 $1600 \times 10^8 m^3$。泸州古隆起上已发现气田 35 个，含气构造 17 个，但都为下二叠统和下三叠统致密碳酸盐岩系裂缝型储层，没有发现孔隙性的储层，总计获天然气探明储量约 $560 \times 10^8 m^3$（刘树根，2013）。

从古老烃源岩生烃演化过程来看，423.5—229Ma 筇竹寺组烃源岩处于液态烃生烃阶段，即志留纪—三叠纪期间，筇竹寺组处于生油阶段。加里东期形成沉积—剥蚀型乐山—龙女寺古隆起，海西—印支期形成继承性沉积型泸州古隆起与开江古隆起，成为石油聚集的有利指向区，并形成古油藏（图4-26）。如乐山—龙女寺古隆起经历了多期构造运动，总体呈继承性发育，与四川盆地下寒武统烃源岩在志留纪和晚二叠世两个重要生烃时期相匹配，古隆起为区域性运移指向区，形成古油藏，轴线不断由西北向东南迁移，并最终在喜马拉雅运动后定型，控制着油气成藏过程（姜华，2014；刘树根，2008）。

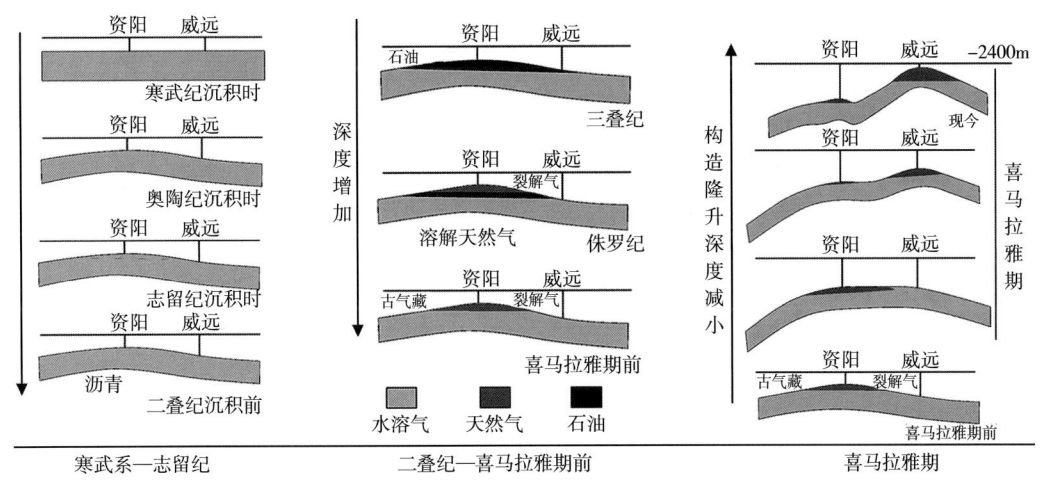

图4-26 四川盆地资阳—威远地区震旦系天然气成藏过程模式图（据刘树根，2008）

（三）原始油气的聚集与保存

蜀南地区发育的多套生储盖组合，为油气的生成、聚集和保存提供了条件（黄文明，2011），烃源岩主要发育寒武系、奥陶系、志留系、二叠系和三叠系等多套烃源岩；储层主要为寒武系龙王庙组、志留系石牛栏组与韩家店组、二叠系长兴组、下二叠统和三叠系须家河组、嘉陵江组、飞仙关组等多套储层；下古生界主要发育有泥质岩类与膏岩类盖层，区域性泥质岩类盖层为上奥陶统、下志留统泥岩，膏质类盖层则主要发育在中下寒武统。

加里东期、海西期的沉积演化导致烃源岩进入液态窗，加里东、海西、印支期的古隆起则聚集了大量的石油。古隆起抬升之后，处于克拉通内部的蜀南地区构造运动相对平静，直到燕山晚期侏罗系与白垩系的大规模沉积埋藏，一方面造成古老烃源高演化阶段生成少量高温裂解气，另一方面造成了古油藏内原油的大规模裂解并最终形成天然气藏。

四、原油裂解与天然气晚期成藏

油裂解生气是海相烃源岩成气的重要途径，1t 原油全部裂解可生成天然气 664~740m³。可以认为，古油藏原油是优质的气源物质基础。烃源岩生成的液态烃主要有3种赋存形式：源内分散状液态烃、源外分散状液态烃和源外富集型液态烃。原油裂解气为古老海相层系天然气晚期成藏提供气源，需要经历两个必备的演化过程，一是在液态烃生烃阶段生成大量石油，并分散在烃源岩内或运聚形成古油藏；二是晚期地质演化过程为源岩或古油藏达到较高的温度，为原油提供裂解成气的热力学条件（赵文智，2006）。基于蜀南构造演化史和正常原油裂解参数，开展不同赋存状态的原油裂解条件及过程研究，揭示了源内和源外原油裂解生烃演化与构造匹配关系，总结了油裂解气的晚期聚集成藏特征，为海相叠合盆地古生界天然气勘探提供了理论依据。

（一）原油裂解的生烃模拟过程

不同地质条件导致地层温度、压力等因素存在差异，而且不同介质条件下甲烷的生成活化能分布也有差异（赵文智，2006），原油发生裂解的过程具有很大的差异（李君，2013）（表4-8）。

表4-8 不同地质条件对原油发生裂解的影响因素（据李君，2013）

影响因素		实验结果
压力（MPa）	大于40	抑制裂解速度
	小于40	促进裂解速度
地层水	有水体系 非氧化盐类液体	一定促进作用（氧化还原或歧化反应，改变裂解的自由基链反应） 气体产率一定程度的增加
黏土矿物、碳酸盐	黏土催化剂	催化性能
	碳酸盐	抑制作用
TSR（硫酸盐热化学还原反应）	$MgSO_4$ 和 $CaSO_4$	强烈促进裂解，产气量是加水或者无水产量的2倍，
	Na_2SO_4 和 K_2SO_4	变化不明显

本书选择四川盆地古生界与中生界多块烃源岩样品进行抽提，对抽提物质进行原油裂解实验，建立源内的原油裂解动力学参数体系，并结合地史与热史演化过程，模拟蜀南地区地热史条件下源内的原油裂解演化过程。同时，对蜀南地区及川东北地区的油藏内的原油样品进行原油裂解实验，建立油藏内的原油裂解动力学参数体系，并结合地史与热史演化过程，模拟蜀南地区地热史条件下油藏内的原油裂解演化过程。通过实验模拟结果来看（图4-27），源内热裂解型气活化能分布相对较低，主体分布在210～220kJ/mol之间，而源外热裂解型气的活化能相对要高，以230kJ/mol为主。反应源外油裂解所需要的地质条件要更为严格，源外石油在不考虑扩散逃逸情况下将更难以裂解，为古生界原油裂解气藏的潜力评价提供理论支撑。

（二）源内原油裂解生烃演化与构造演化匹配

通过烃源岩抽提物进行的源内油裂解演化过程分析表明，下寒武统筇竹寺组烃源岩存在三次原油裂解过程（图4-28）。蜀南地区下寒武统筇竹寺组烃源岩内油裂解气生成过程主要表现为早期生烃、早期油裂解气、生烃停滞、中期生烃、中期油裂解气、生烃停滞、晚期油裂解气。加里东早、中期沉积巨厚的寒武系和奥陶系、志留系，筇竹寺组烃源岩在距今423.5Ma进入生油、生气门限，源内油裂解时间滞后于生油、生气门限时间，后期受加里东期构造抬升剥蚀影响，原油裂解出现停滞，同时上部古油藏遭到破坏。在距今299Ma的早海西期，蜀南地区处于稳定沉积期，沉积400～500m厚的下二叠统，源内原油再次发生裂解生气；而由于受云南运动和峨眉地裂运动的影响，在下二叠统遭受抬升剥蚀，油裂解气出现停滞。印支期盆地发生快速沉积埋藏，下寒武统筇竹寺组烃源岩再次进入油裂解气阶段。综合下寒武统筇竹寺组烃源岩内油裂解气史看，加里东时期和早海西期

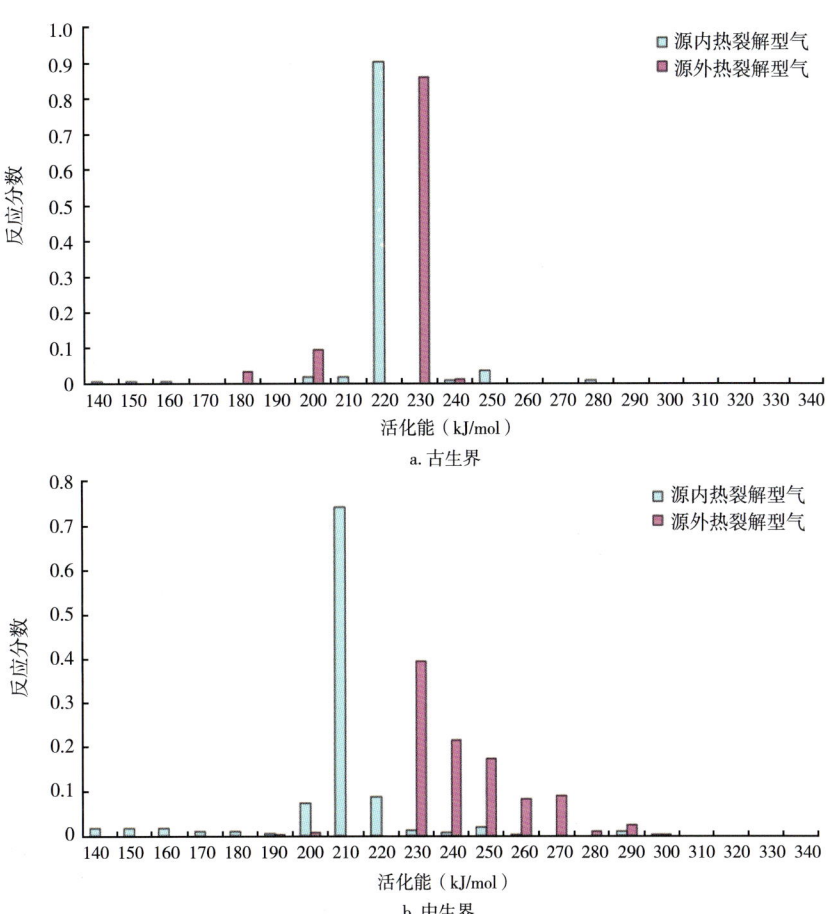

图 4-27 四川盆地古生界、中生界烃源岩源内与源外裂解气动力学参数差别

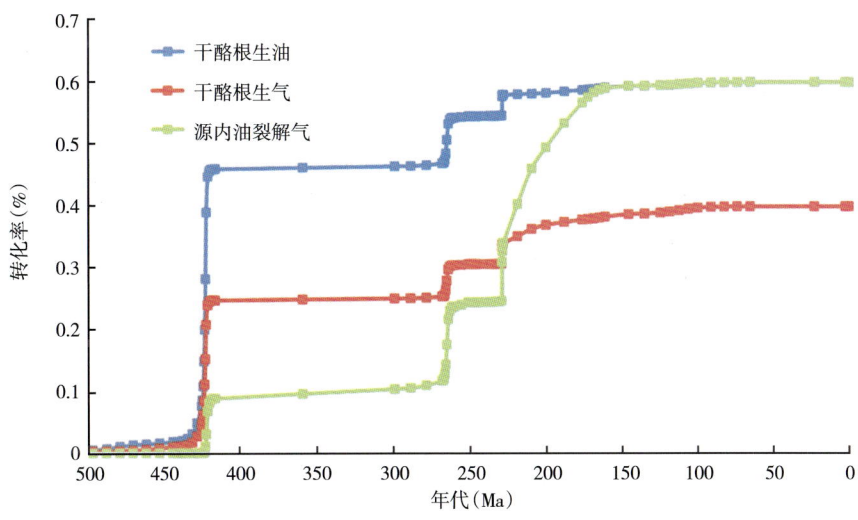

图 4-28 四川盆地蜀南地区下寒武统烃源岩生烃演化过程

内的油裂解气只占油裂解气总量的很小一部分，大部分油裂解气发生在距今229—161Ma期间，具有中晚期生气的特点。

（三）源外原油裂解生烃与构造演化时间匹配

以寒武系龙王庙组为目标层位，通过原油裂解的生烃模拟研究结果显示，龙王庙组古油藏内原油存在一次油裂解生气过程，但持续时间较长，主要发生在228-112Ma（图4-29、图4-30）。原油裂解的主要地质温度范围约130~220℃（表4-9），考虑到蜀南地区油气地质条件，本书设定原油裂解初始温度为146℃。由于加里东期、海西期、印支期抬升剥蚀时，寒武系龙王庙组古油藏内没有达到裂解温度146℃（采用本次动力学参数地质外推得到的油裂解气温度），拖延了古油藏内油裂解气的时间，导致古油藏内只存在一次油裂解气阶段。而烃源岩内油裂解气存在三次，最晚一次的时间在230Ma左右（图4-30）。烃源岩内油裂解气与源外油裂解气发生的时间存在50Ma的时间差，以沥青质R_o评价结果来看，原油的热演化过程比源内有机质热演化要迟缓（图4-29）。

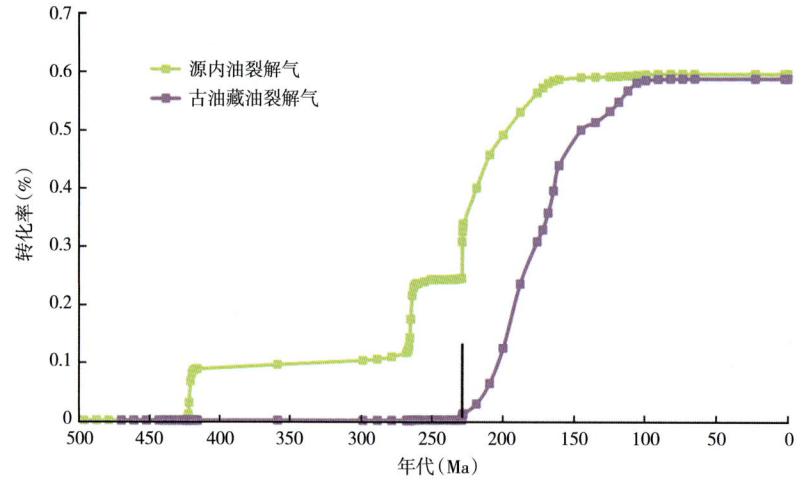

图4-29 蜀南地区古油藏油裂解和源内油裂解成气史分析

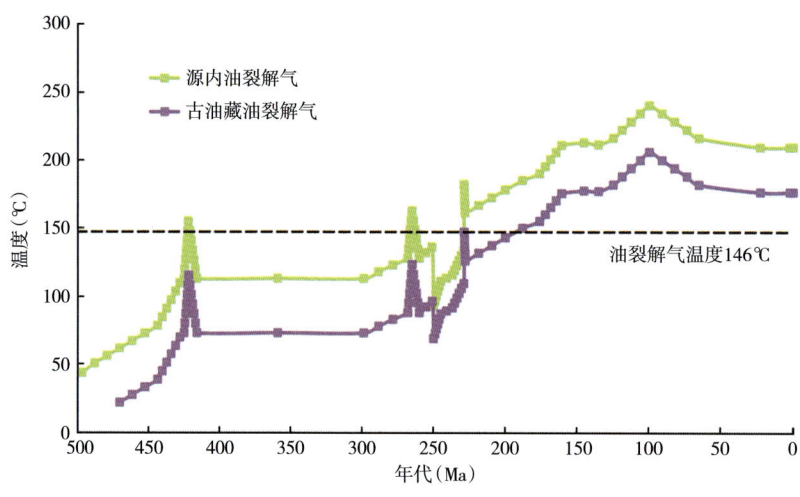

图4-30 蜀南地区古油藏油裂解和源内油裂解温度演化史分析

表 4-9 不同地区原油裂解起始温度

地区	温度范围（℃）	地区	温度范围（℃）	地区	温度范围（℃）
西加拿大盆地	90~120	马哈坎三角洲	140	意大利	150
阿尔及利亚	130	尼日尔	150	北海	165~175
亚拉巴马州	130~140	加利福尼亚州	130~150	威利斯顿	182

(四) 油裂解气的晚期聚集成藏

从蜀南地区凹陷区—斜坡区—古隆起区原油裂解成气的演化过程，以及油裂解气藏的成藏和最终定型的过程来看，寒武系烃源岩依次在海西期、印支期及燕山期进入生油高峰期。寒武系筇竹寺组古老烃源岩生排烃并进行一次成藏后，液态石油被寒武系与震旦系储层就近捕获成藏，受海西、印支期构造抬升影响，生烃演化经历了停滞期。由于上扬子克拉通基底的存在使得蜀南地区属于整体性升降，烃源岩与古油藏均处于相对稳定存在的状态，对古油藏保存有利。而海西、印支、燕山期构造旋回之后都伴随构造沉降与沉积埋藏，并激发烃源岩再次演化生烃，然而只有印支期后三叠系埋藏深度足够大，并激发了龙王庙古油藏内原油的裂解成气。

二叠纪—三叠纪，川（东）南地区经历了从稳定向活跃的转换。稳定期志留系内部层系下生上储形成原生古油藏，断裂强烈活动期，古油藏调整并在奥陶系—志留系及二叠系形成次生油藏（黄文明，2011）。三叠纪与侏罗纪期间，四川盆地沉降深埋，沉积了巨厚的沉积地层，深埋高温作用使得四川盆地内海相地层中一切能生成天然气的有机质均充分而完全的转化成天然气，致使有机质成气率极高（刘树根，2008）。

三叠系中—下统主要是海相碳酸盐岩，上统主要是海陆过渡相的碎屑岩沉积，在盆地中部及南部一般埋深500~2000m，受江南古陆持续向西北方向扩展影响，中三叠世以后四川盆地东部抬起，海盆环境西深东浅，晚三叠世海盆再次下沉并接受沉积。侏罗系分为中—下统自流井群，中统沙溪庙组、遂宁组，上统蓬莱镇组，全盆地发育，多埋藏地腹，埋藏深度约1000~3000m，但在中侏罗世晚期（遂宁期）环境又趋安定，主要沉积的是棕红色泥岩、砂质泥岩夹粉砂岩薄层，微细层理十分发育。巨厚的沉积地层使得在侏罗纪—白垩纪时期，古老海相层系油藏内古温度普遍在120~215℃之间，导致古油藏处于原油裂解温度范围之内并发生强烈裂解成气，并产生异常高压。燕山—喜马拉雅运动使得四川盆地整体隆升，导致天然气藏晚期调整并最终成藏（黄文明，2011）。

五、研究思路与意义

(一) 研究思路

早期干酪根热解生成的残留在生油岩中或进入油气藏中的原油，在持续的热应力作用下会继续裂解生成湿气，而随着热演化程度的加深，湿气会进一步发生二次裂解生成干气，这种由原油发生裂解生成的天然气，就是所谓的原油裂解气。由于烃源岩生成油的赋存形式与温压环境不同，导致油裂解成气的热演化条件存在差异。构造演化过程与原油裂解过程的耦合关系与耦合程度，影响了晚期裂解气的保存和成藏。要分析该类晚期油裂解气成藏的分布富集规律，需要将现今气藏与古油藏裂解研究相结合，将定性与定量相结合，建立古老海相烃源层系晚期油裂解气成藏研究思路，以探讨叠合盆地构造演化对沉积埋藏、生烃演化、原油裂解、晚期成藏等的控制作用。该研究思路总体而言包括如下 6 个方面：

（1）构建区域性构造演化恢复模型，通过构造演化过程与沉积响应特征，分析油气形成的基本生油岩、储层、盖层等发育与展布规律。借助区域性二维地震与局部精细三维地震资料，建立油气区地质框架模型，并采用平衡剖面恢复技术反演各地质历史时期构造演化特征，分析烃源岩、储集岩、盖层等基本油气地质条件发育规律，并详细评价古生界海相叠合盆地的烃源层系。

（2）构建地史与热史数据模型，确定生烃热演化条件。结合钻井分层、测录井资料，通过分析构造演化、沉积埋藏、抬升剥蚀等作用下沉积埋藏厚度与剥蚀厚度变化，研究古地温梯度变化特征，确定生烃热演化的地史与热史条件，以及生烃门限温度与门限深度。

（3）开展烃源层系生油、生气及油裂解气等生烃演化分析，包括烃源岩有机质热演化、源内与源外液态烃的热裂解演化分析，通过生烃模拟实验与生烃动力学方法确定各类生烃演化阶段的动力学参数。结合地史与热史数据模型外推特定地热史条件下的生烃演化过程，确定生油与生气的阶段性变化。

（4）开展成藏组合的时空配置关系与古油藏形成的可能性分析，估测古油藏圈闭面积大小、古油柱高度及古油藏的规模，通过确定古油藏特征及古油水界面，评价古油藏含油潜力及调整改造的油藏生命史。

（5）分析古油藏与现今油裂解气藏的成生关系，研究其气源条件、油气藏继承性、油气藏位置变迁规律。分析古油藏油藏类型、古油藏圈闭开放度与天然气藏成藏效应等，建立最优化晚期油裂解气成藏的模式。

（6）分析识别古油藏（焦沥青）的存在与意义，建立同类古油藏追踪与识别的技术体系，以及古油藏流体性质的识别方法，扩大油裂解气藏勘探的场面。

（二）研究意义

从现今勘探实践来看，古油藏对油裂解气藏的勘探具有一定的指示意义，而且相当大比例的油裂解气藏与古油藏具有成因联系。原油裂解气为古老海相层系天然气晚期成藏提供气源，需要经历两个必备的演化过程，其一是在液态烃生烃阶段生成大量石油，并分散在烃源岩内或运聚形成古油藏；二是晚期地质演化过程为烃源岩或古油藏达到较高的温度，为原油提供裂解成气的热力学条件。

中国中西部在晚三叠世前，沉积发育多套海相地层，其中包括震旦系、寒武系、奥陶系、志留系、二叠系等多套古生界海相烃源层系。同时，中西部盆地区构造演化历史时期长，能够满足古老烃源多次生烃的地区较多，如四川盆地、塔里木盆地、鄂尔多斯盆地等，这一演化特征为早期古油藏的成藏与晚期油裂解气藏的成藏奠定了基础。前文述及我国现阶段已确定 50 余处古油藏，在我国中西部地区分布广泛。本书分析提出的古构造演化特征、古老烃源生烃演化特征、古油藏成藏特征，以及与现今气藏的分布富集规律等进行耦合分析，建立古油藏与现今气藏沟通桥梁的研究方案，一旦确定已发现古油藏与现今天然气藏的规律，可通过古油藏研究扩大油裂解气勘探的场面，对相关研究区油裂解气藏勘探意义深远。

第五节 海相烃源岩生排烃全过程模型定量评价

一、构建定量化评价框架模型

20世纪上半叶是各种成烃理论发展最为活跃的阶段，特别是有机成油理论在大量实验的支持下获得了空前的发展。有机质成油说得到了大多数人的认可，但对有机质的生油组合和生油过程以及演化特征却有不同认识。20世纪20年代，苏联学者维尔纳茨基研究了有机质的地质作用，在其《地球化学概论》（1933）中，详细讨论了关于石油的有机组成和有机成因，提出碳循环模式。从此，成油理论步入了地球化学研究阶段。

碳循环模式的提出，使得有机质热演化生烃过程中不同演化阶段、不同演化路径下碳元素的转化更加复杂（图4-31）。原始有机碳可分为有效碳和残碳，其中低演化阶段还有杂原子化合物（NSOs）生成。有效碳（C_e）、杂原子化合物（NSOs）、残碳（C_R）的含量及百分比受烃源岩类型和有机质的生烃能力所限定。根据生烃动力学法对有机质生烃过程的研究，以及有机地球化学的物质平衡原理，分析研究生排烃演化过程与各组分量化关系。大致包括以下分支：

（一）有效碳分支

可转化为烃类的有机碳 C_e，称之为可转换碳（Jarvie，1991）、易反应碳或不稳定碳（Cooles等，1986）。原始有机碳中有机质在热演化初期，有效碳（C_e）部分发生初次裂解演化生烃，产物包括干酪根成油部分和干酪根成气部分，所生油气的量化关系不易判定。初次裂解后发生第一次排烃过程，一部分石油排出源岩层系，即所谓的有可能运聚成为油藏的净油，同时伴随一部分天然气。油气的排出受排烃效率约束，造成了一部分滞留源岩内的残留烃，这部分残留烃同样包括残留油和残留气两项。不同演化阶段不同组分的量化关系难以确定，但最终热演化产物可以通过实验室分析测试获得，这也是"生排烃全过

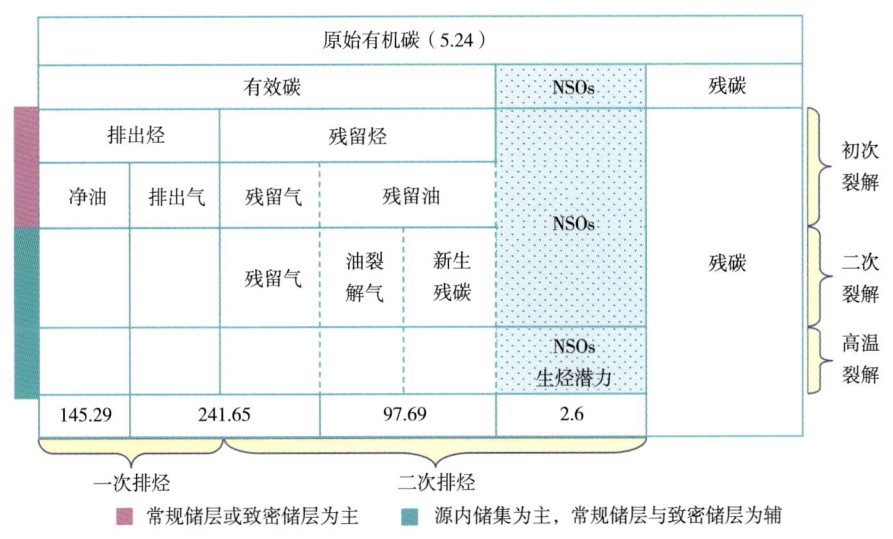

图4-31 生排烃全过程定量化评价框架模型

程"模型研究的基础。

(二) 杂原子化合物分支

在早期成熟阶段经由早期形成的 C_{6+} 沥青和残余干酪根的二阶重组反应形成的热稳定大分子分解产生的。芳构化和缩聚反应同热分解反应共同发生，导致地质条件下早期形成的 C_{6+} 的一部分发生退化反应，苯酚化合物、羧基酸和其他氧化物能通过该退化反应形成逆产品，产生新的耐熔部分——杂原子化合物 NSOs。实验条件下 C_{6-13} 部分的馏程可至 450~500℃，随后因油裂解气和干酪根焦化而开始降低，焦化的过程可能伴随逆反应产物 NSOs 的产生，并由此产生 C_{13+} 单峰。干酪根热演化产物中，杂原子化合物 NSOs 占有大量比重，以往分析严重低估了其晚期生气潜力。

(三) 残碳分支

碳质有机残留物，由于没有足够的氢，因此该组分不会转换为烃类，通常称之为惰性碳 (Cools 等，1986；Jarvie，1991)、残碳或残余有机碳 (C_R)。在有机质热演化过程中，由于受制于氢平衡原理，一部分有效碳获得了氢原子而转化成烃，另一部分未获氢原子的碳则成为了残碳 C_R。

有效碳 C_e、杂原子化合物 NSOs、残碳 C_R 在热演化过程中的各项反应，是"生排烃"全过程的表现，建立"生排烃全过程"模型，需要对各个阶段中各组分进行量化。而定量化评价的依据，是由实验室测试所得的烃源岩残留烃中的有机碳 C_{HC}，以及最终阶段油气产物。综上所述，该过程共包含了初次裂解、二次裂解、高温裂解三个阶段，以及一次排烃、二次排烃两大过程。在实际地质条件下，当有机碳成熟时，C_e 转换为烃类和一部分碳质残留物，最终排烃导致 TOC 下降。其过程可能更为复杂，生烃与排烃是伴随烃类物质从源岩向源外排出后综合压力场改变而发生的间歇性过程 (图 4-32)。

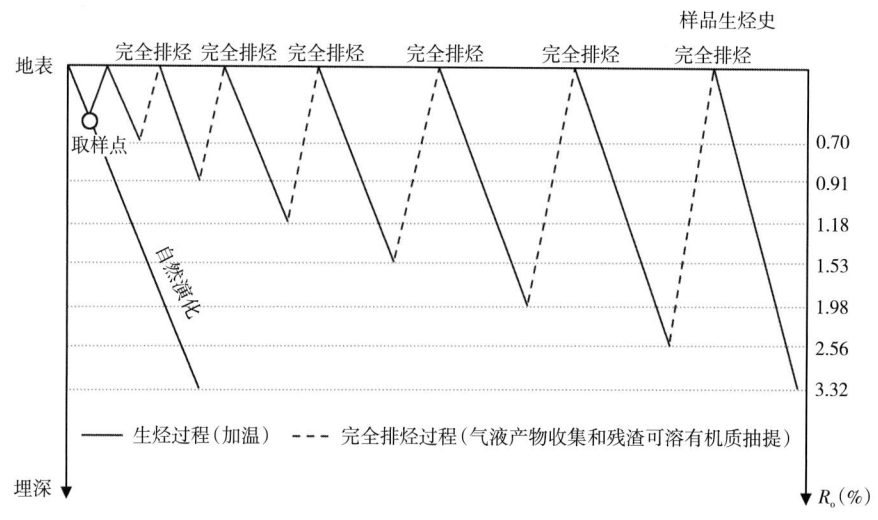

图 4-32 分温阶连续递进开放热解生排烃模拟实验所代表的生烃史示意图 (据郑伦举，2012)

二、确定生烃各过程中组分量化关系

海相烃源岩生油气母质、生烃机理较为复杂，如海相烃源岩中有干酪根和液态烃两类生气母质，生气过程也包括初次裂解、二次裂解和高温裂解等多个阶段，这使得海相烃源岩生烃组分确定、生烃阶段、组分量化更为困难。目前主要采用的盆地模拟和实验室模拟方法存在的问题如下：(1) 主生油期、生气期的界定、表示的指标还不统一，有成熟度（R_o）、地质时代、温度、产率等；(2) 将实验室单升温速率的模拟结果直接应用于地质实际中，未能考虑烃源岩的生烃能力和具体地质条件的匹配关系，存在很大误差；(3) 在利用动力学方法时使用单一的地质升温速率（如2~5℃/Ma），将地质过程简单化；(4) 采用盆地模拟系统的或缺省的生烃动力学参数，忽略了不同地区干酪根有机质、不同时代层位干酪根有机质动力学参数的差异；(5) 开放系统（如 Rock—Eval）确定的动力学参数较多，主要反映的是烃源岩的初次裂解，不能反映海相烃源岩的二次裂解生气过程。

实验室模拟结果反映的是某一烃源岩在不同升温速率与不同温度阶段生烃的一种能力，是一种概念生烃产率能力，只有与实际地史结合才具备实际意义。而生烃动力学方法是联系盆地地史、热史、生烃史和热解实验结果之间的纽带和桥梁。利用实验方法推导出干酪根生气及成熟度的动力学参数，通过动力学计算软件将实验结果外推到地质条件中，可以预测所研究地层中油气的生成量、生成速率及其对应的古地温和地质时代，并较准确地确定生烃阶段。在这个过程中，除借助热解实验结果、生烃动力学模拟计算结果外，还需要根据各组分间物质平衡原理建立评价数学模型。

（一）原始有机碳

运用已建立的有机碳恢复模型（详见第四章）。

（二）原始氢指数

$$H_{io} = \frac{S_1 + S_2}{TOC} \times 100 \tag{4-13}$$

式中，H_{io} 为原始氢指数，即最大生烃潜力，mgHC/gTOC；S_1 为游离烃（mgHC/g岩石），为升温过程中300度以前热蒸发出来的，已经存在于源岩（岩石）中的烃类产物；S_2 为裂解烃（mgHC/g岩石），为300℃以后的受热过程有机质裂解出来的烃类产物，反映干酪根的剩余生烃能力。

（三）活性有机碳（有效碳比率：有效碳/TOC）比率计算公式

$$C_c(\%) = 0.085 \times H_{io} \times TR \tag{4-14}$$

式中，TR 为转换率，表示活性有机碳的转换比率；C_c 为活性有机碳比率（即可转换的有机碳）；H_{io} 为原始氢指数[低熟样品（R_o 为0.5%以下）的热解数据计算]（$I_H = S_2/TOC$）；0.085为有效碳系数。

（四）TR 计算

避免因用参数出现参数求取循环，造成麻烦。

$$TR = \frac{100\%}{1 + 20645.5e^{-12.068R_o}} \tag{4-15}$$

（五）物质平衡方程

将复杂的烃源岩油气生成、排出过程用以下五个物质平衡方程表示。其中，方程式（4-16）、(4-17)、(4-18)、(4-19)代表初次裂解阶段，方程式（4-20）、(4-21)、(4-22)代表二次裂解阶段，式（4-23）代表高温裂解阶段的最终结果。

$$C_{\text{Coil}} = C_{\text{cexoil}} + C_{\text{cnexoil}} \qquad (4-16)$$

$$C_{\text{Cgas}} = C_{\text{cexgas}} + C_{\text{cnexgas}} \qquad (4-17)$$

$$C_{\text{Cex}} = C_{\text{cexOil}} + C_{\text{cexgas}} \qquad (4-18)$$

$$C_{\text{Cnex}} = C_{\text{cnexOil}} + C_{\text{cnexGas}} \qquad (4-19)$$

$$C_{\text{CnexOIL}} = C_{\text{cgasOC}} + C_{\text{ROC}} \qquad (4-20)$$

$$C_{2\text{gas}} = C_{\text{cnexgas}} + C_{\text{cgas}} \qquad (4-21)$$

$$C_{2\text{gas}} = C_{\text{gascrackex}} + C_{\text{gascracknex}} \qquad (4-22)$$

$$C_{\text{gasr}} = C_{\text{gascracknex}} + C_{\text{csec.gasB}} \qquad (4-23)$$

式中，C_{cex}、C_{cnex} 为初次裂解排出油气与烃源岩内残留油气含碳量；C_{coil}、C_{cgas} 为初次裂解由干酪根裂解生成的油、气含碳量；C_{cexoil}、C_{cexgas}，C_{cnexoil}、C_{cnexgas} 为初次裂解阶段烃源岩中排出和滞留油、气含碳量；C_{cgasOC}、C_{ROC} 分别为滞留油裂解气含碳量和裂解产生的残碳；$C_{2\text{gas}}$ 为二次裂解后源岩内拟定天然气含碳量；$C_{\text{csec.GasB}}$ 为高温裂解阶段 NSOs 裂解成气的含碳量；$C_{\text{gascrackex}}$、$C_{\text{gascracknex}}$ 为排出和滞留的二次裂解气含碳量；C_{gasr} 为烃源岩（页岩）中的最终滞留气含碳量。

（六）氢平衡原理

油到气的裂解受系统中有效氢含量的控制。油的 H/C 原子比约为 1.8，甲烷的 H/C 原子比为 4.0。当油裂解成甲烷时，油中缺乏 55% 氢原子。根据 H 平衡准则，$C_{\text{cnexoil}}:C_{\text{ROC}}:C_{\text{cgasOC}} = 2.22:1.22:1$，即裂解 2.22 份油，就会产生 1 份气和 1.22 份残碳。

三、建立单一测试样品的生排烃全过程模型

选取蜀南龙马溪组页岩现今平均 TOC 样品点为例进行研究，现今 TOC 为 2.48%，热演化程度 R_o 为 2.65，恢复系数 2.11，由此获得原始有机碳 TOC_o 为 5.24%（表4-10）。

表4-10 平均 *TOC* 样品点 Rock—Eval 各项热解参数及原始生烃潜量恢复结果

TOC	S_1	S_2	S_3	$T_{\max}$	OI	S_2/S_3
2.48%	0.09	0.18	0.09	496	4	2
H_{io}	P_i	H_i	P_{io}	TR_{HI}	TOC_o	S_{2O}
484.62	0.33	7.00	0.06	99.21%	5.24	19.58

此外，还有如下重要参数或关系：
（1）关系：威 201 井密闭取心测定干酪根初次裂解排气率 81%；
（2）关系：油二次裂解的生气量与残碳量比例——氢平衡原则（1:1.22）；
（3）一次残留油=生成油-净油；
（4）一次残留气=干酪根产气-排出气；

（5）排油量=最大生油量-最大油裂解气量；

（6）排油率=净油/（净油+油裂解气量）。

蜀南地区龙马溪组页岩处于过成熟阶段，产出气以干气为主，平均甲烷含量高达99%以上（表4-11），因此可以认为龙马溪组页岩气H/C原子比近似为4.0。根据H平衡准则，$C_{\text{cnexoil}}:C_{\text{Roilcrack}}:C_{\text{gascrack}}=2.22:1.22:1$，即裂解2.22份油，就会产生1份气和1.11份残碳，现已知$C_{\text{Roilcrack}}$，即可求得C_{cnexoil}和C_{gascrack}。

表4-11 威201井气体组分含量

深度(m)	C_1	C_2	C_3	iC_4	nC_4	iC_5	nC_5	C_6	C_7	O_2	N_2	CO_2	H_2	Total
1384.77	0.9838	0.000	0.0052	0.0055	0.0055	0.0000	0.0000	0.0000	0.0000	0.0000	0.0000	0.0000	0.0000	1.0000
1426.27	0.9903	0.0000	0.0058	0.0019	0.0019	0.0000	0.0000	0.0000	0.0000	0.0000	0.0000	0.0000	0.0000	1.0000
1501.59	0.9982	0.0000	0.0008	0.0005	0.0005	0.0000	0.0000	0.0000	0.0000	0.0000	0.0000	0.0000	0.0000	1.0000
1515.38	0.9921	0.0034	0.0016	0.0005	0.0005	0.0000	0.0000	0.0000	0.0000	0.0000	0.0000	0.0018	0.0000	1.0000
1524.33	0.9973	0.0008	0.0012	0.0004	0.0004	0.0000	0.0000	0.0000	0.0000	0.0000	0.0000	0.0000	0.0000	1.0000
1538.58	0.9858	0.0078	0.0022	0.0007	0.0007	0.0000	0.0000	0.0000	0.0000	0.0000	0.0000	0.0028	0.0000	1.0000

注：从第二列往右数据为摩尔分数。

将有机碳含量转换为单位质量岩石含油、气量，则测试样品点页岩总生油量11.64kg/t，初次裂解阶段向外排出6.94kg/t。页岩总生气量24.24m³/t，总滞留气量3.00m³/t，总排气量21.24m³/t，其中初次裂解阶段滞留源内1.19m³/t，排出源外18.04m³/t；二次裂解阶段滞留源内3.0m³/t，排出源外3.2m³/t。可见二次裂解气对龙马溪组页岩气贡献较大，占到68%。

计算龙马溪组页岩全过程排油率、排气率及总排烃率如表4-12所示。初次裂解排油率59.62%，排气率81.00%，总排烃率75%；二次裂解排气率51.61%；总排油率59.62%，总排气率77.62%，总排烃率90.76%。

表4-12 龙马溪组页岩全过程排油率、排气率及总排烃率

过程	排油率		排气率		总排烃率	
初次裂解	$C_{\text{cexoil}}/(C_{\text{cexoil}}+C_{\text{cnexoil}})$	59.62%	$C_{\text{cexgas}}/(C_{\text{cexgas}}+C_{\text{cnexgas}})$	81%	C_{cex}/C_c	7.5%
二次+杂原子化合物裂解			$C_{\text{gascrackex}}/C_{\text{gascrack}}$	51.61%		
全过程	$C_{\text{cexoil}}/(C_{\text{cexoil}}+C_{\text{cnexoil}})$	59.62%	$1-\dfrac{C_{\text{gasr}}}{C_{\text{cexgas}}+C_{\text{cnexgas}}+C_{\text{gascrack}}}$	77.62%	$1-\dfrac{C_{\text{gasr}}}{C_{\text{cexoil}}+C_{\text{cexgas}}+C_{\text{gasr}}+C_{\text{gascrackex}}}$	90.76%

通过龙马溪组全过程生排烃模式的剖析，可以得出蜀南龙马溪组页岩具有以下4方面的排烃特征：（1）龙马溪组页岩排油率相对较高，接近一半的原油滞留为演化后期二次裂解气的大量生成奠定了物质基础；（2）龙马溪组页岩初次裂解向源外排出比例较大，为常规资源做贡献较大；二次裂解气滞留源内比例较大，为非常规页岩气资源做贡献较大；

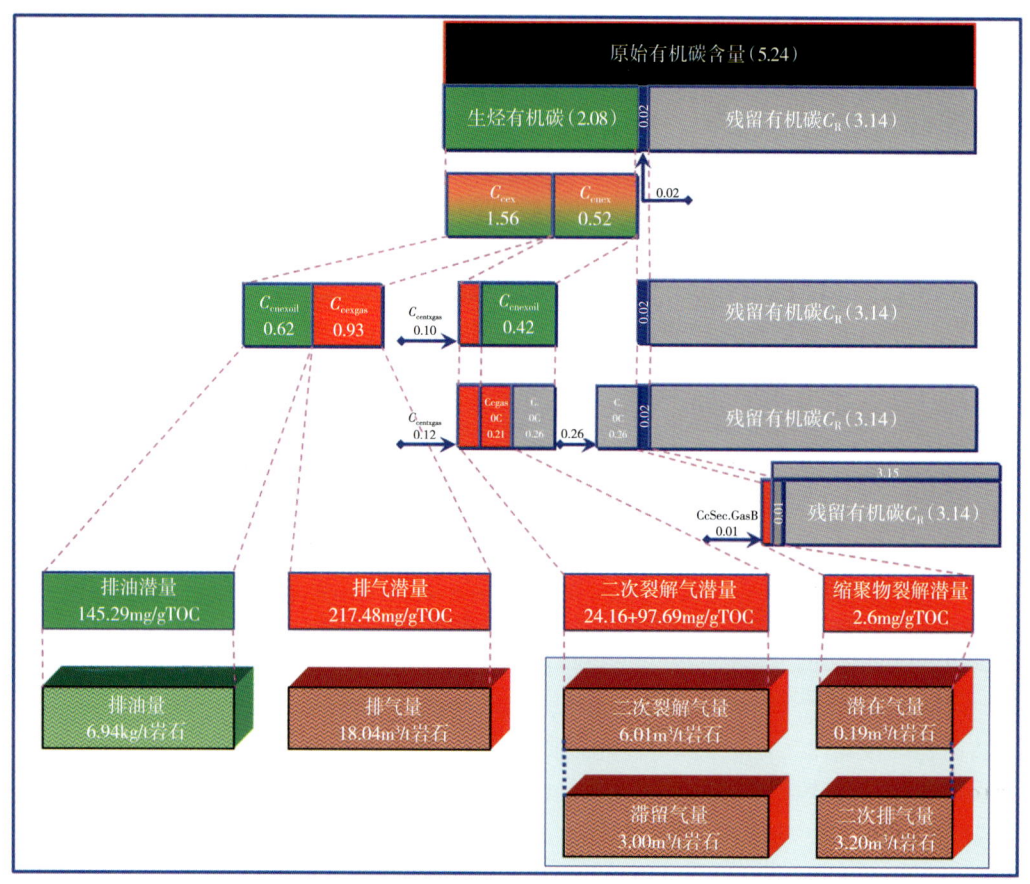

图 4-33 蜀南龙马溪组页岩全过程生排烃定量模式

（3）龙马溪组页岩气以二次裂解气贡献为主，高过成熟阶段页岩生排烃特征控制页岩最终含气量；（4）龙马溪组页岩总体排出气量高于滞留气量，是蜀南常规气藏的优质烃源岩。

第五章 蜀南地区龙马溪组有机质孔隙演化特征

富有机质泥页岩一般是指泥页岩分布面积广、厚度稳定（>30m）、有机碳的质量分数高（TOC>2%）。目前，不少研究者认为该类泥页岩，对页岩气富集至关重要。页岩气是主体位于暗色泥页岩或高碳泥页岩中，以吸附或游离状态为主要存在方式的天然气聚集。非常规油气从排烃阶段来讲可以分为源内滞留页岩油气、近源充注致密油气、或二次运移到常规储层致密相带中的致密油气，非常规油气资源直接赋存于烃源岩层内或与其互层紧邻的致密砂岩/灰岩层内。致密储层（包括泥页岩致密层和砂岩、石灰岩致密层）以独特的方式提供油气储集空间，在原有观念认为不具备油气储集能力的致密层段内"封锁"和"束缚"了大量的非常规油气。在高演化阶段烃源层内有机孔的发育弥补了无机孔的损失，深部致密储层受生烃过程产生的有机酸溶蚀而产生增孔作用，弥补了压实成岩的减孔效应，提高了非常规储层的油气储集能力。泥页岩孔隙主要由粒间孔、有机质纳米孔和溶蚀孔三部分构成，泥页岩烃源岩正是由于有机孔的发育而在成熟与高成熟阶段为页岩油气的富集成藏提供了机遇（图5-1），统计结果揭示有机质纳米孔平均占泥页岩总孔隙的31.74%，平均占岩石体积的1.8%。在高演化阶段烃源层内有机孔弥补了无机孔的损失。

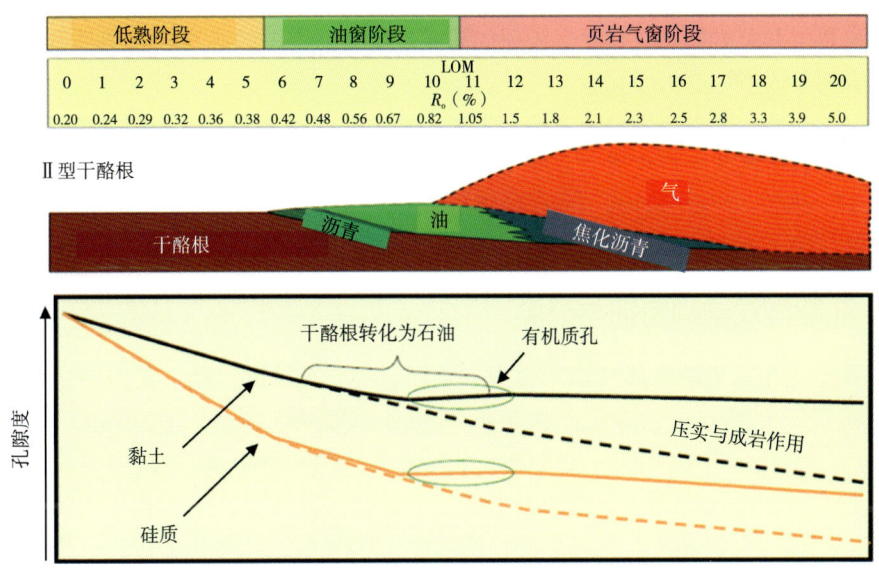

图5-1 干酪根热演化阶段与烃源岩内孔隙发育对应关系（引自Passey等，2012）

有机质孔隙在富有机质泥页岩中广泛发育，是泥页岩储集空间的重要组成部分。页岩气既可以以游离态保存在孔隙中，又可以吸附在矿物颗粒与有机质表面。有机质孔隙度大小直接控制着吸附态天然气的含量，孔隙的分布情况控制着页岩油气的分布。另外，原始有机质的类型与演化程度、有机质粒内孔的发育程度，是判断页岩层区块商业开发价值的地质条件标准；有机质孔隙的埋藏深度是判断页岩层区块商业开发价值的开发条件标准。因此，有机质孔隙研究对页岩气勘探和页岩气资源量评价具有重要的价值，对后期的开发也具有一定的指导意义。

第一节 有机质孔隙成因与测试计划

一、有机质孔隙成因

富有机质泥页岩发育3类孔隙——有机质孔隙、粒间孔隙和粒内孔隙。有机质孔是指有机质颗粒内的孔隙，是页岩在埋藏成岩与有机质演化过程中形成的孔隙，属于次生孔隙，是富有机质泥页岩主要孔隙类型，一般较原生孔隙发育。目前，有关有机质孔的成因主要存在两种观点：（1）干酪根生烃形成有机质孔。Jarvie（2007）、Loucks（2009）等认为有机质孔主要是由固体干酪根转化为烃类流体而在干酪根内部形成的孔隙。在有机质埋藏和成熟阶段（油气生成窗），有机质生烃形成液体或气体聚积，产生气泡，有机质体积缩小，气体体积膨胀，导致有机质孔产生。这类孔隙主要受热演化程度的控制，与有机质的烃转化率呈正相关关系，泥页岩烃转化率越高，有机质孔隙越大。目前，对干酪根生烃形成有机质孔的研究较深入，在大量的泥页岩中均可见到此种类型的孔隙。（2）沥青质裂解阶段产生有机质孔隙。在对鄂尔多斯盆地延长组长7页岩孔隙演化研究时，利用成岩物理模拟实验样品进行扫描电镜观察，发现页岩有机质孔隙在模拟温度大于380℃时开始出现，在325℃时有机质孔隙主要是有机质边缘收缩缝，450℃时开始出现有机质边缘和粒内孔，大于550℃时有机质孔隙明显增加。对渝页1井页岩储层孔隙发育特征的研究也证实沥青中的确存在有机质孔，说明残留的沥青质裂解阶段产生有机质孔隙。

因此，有机质孔隙按成因分类主要有干酪根孔隙和沥青质裂解孔隙两种类型，主要是由于富有机质页岩有机质颗粒在成岩后期（成熟—过成熟阶段）颗粒内部压力增大，有机质颗粒体积缩小，伴随一次排烃过程，产生的次生有机质孔。在高演化阶段残留沥青裂解也能产生有机质孔。这2种类型的孔隙发育主要与泥页岩有机质丰度及热演化程度相关。

二、孔隙微观结构特征与分类

基质孔隙是泥页岩的基质块体单元中未被固态物质充填的空间。泥页岩中基质孔隙发育，引用霍多特分类方法，按孔径大小可将其划分为微孔（孔径<10nm）、小孔（孔径10~100nm）、中孔（孔径1000~100nm）和大孔（孔径>1000nm），其中微孔构成泥页岩主要的吸附空间；小孔为泥页岩毛细管凝结和扩散的主要区域；中大孔则为渗流和层流的主要区域。按成因可将基质孔隙区分为：残余原生粒间孔、晶间孔、矿物铸模孔、次生溶蚀孔、黏土矿物间微孔以及有机质孔。

（一）残余原生粒间孔

残余原生粒间孔是原生粒间孔经过成岩作用中的压实、失水改造后残留的粒间孔隙空间（图5-2a）。这种孔隙与常规储层的残余原生粒间孔相似，通常随埋藏深度的增加而缩小。

(二）晶间孔

晶间孔是环境稳定和介质条件适当情况下，矿物结晶形成的晶间微孔隙，其孔径多分布在 10~500nm 之间。区内龙马溪组泥页岩中最常见的晶间孔为缺氧环境下形成的草莓状黄铁矿晶粒间的孔隙（图 5-2b）。

(三）矿物铸模孔

泥页岩形成初期，其混杂的矿物晶体（如黄铁矿）在成岩阶段压实作用下，因晶体坚固，其几何形态不易发生形变，而在一定水动力或酸性流体介质条件下，矿物晶体遭受这些流体的冲击或溶蚀而发生脱落，留下了大量与晶形大体相仿的印坑，扫描电镜下观察到的矿物铸模孔孔径多在 100~500nm 之间（图 5-2c）。

(四）次生溶蚀孔

泥页岩中常含有长石及碳酸盐等易溶矿物，在空气、地下水或有机质脱羧后产生的酸性水作用下溶蚀而产生的次生孔隙，这类孔隙又可分为粒内溶孔（图 5-2d）和粒间溶孔。粒内溶孔孔径相对较小，主要分布在 0.05~2μm 之间；粒间溶孔孔径相对较大，主要分布在 1~20μm 之间。

(五）黏土矿物间微孔

主要为黏土矿物伊利石之间的微孔隙。当泥页岩孔隙水偏碱性并且富含钾离子时，随着埋藏深度的增加，蒙皂石会向伊利石发生转化，并伴随着体积减小，从而产生微裂（孔）隙，这种微裂（孔）隙孔径相对较小，主要分布在 0.02~2μm 之间（图 5-2e）。

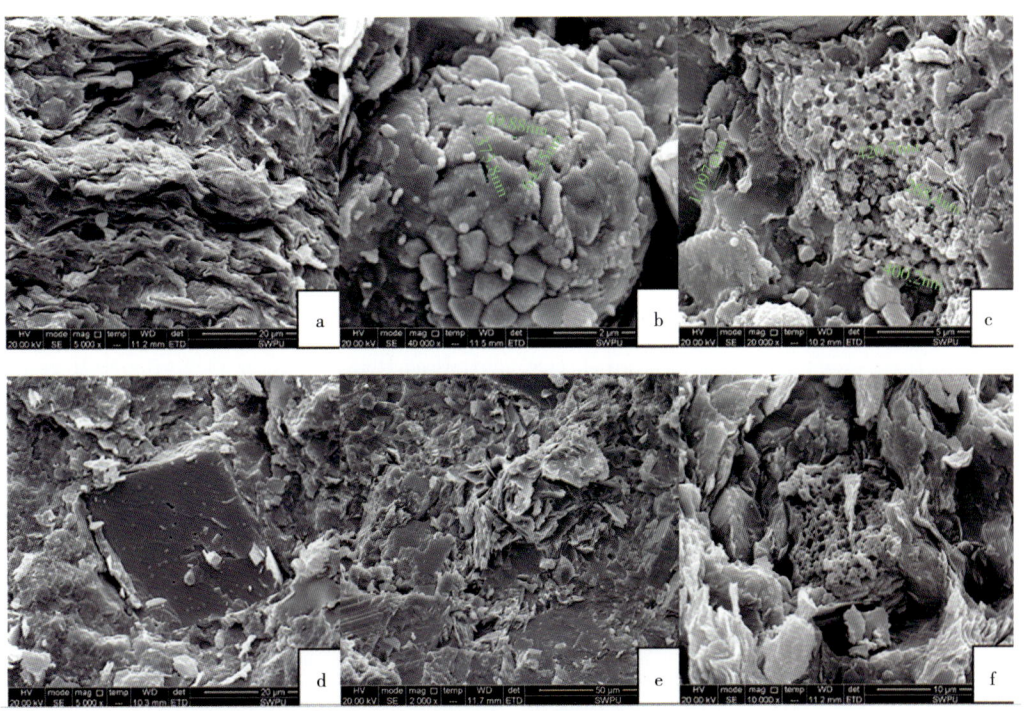

图 5-2　龙马溪组泥页岩基质孔隙类型及特征

a. 残余原生粒间孔，X3 井，龙马溪组，1397.91m；b. 晶间孔，X3 井，龙马溪组，1409.60m；c. 矿物铸模孔，X3 井，龙马溪组，1422.54m；d. 粒内溶孔，X3 井，龙马溪组，1414.59m；e. 黏土矿物间微孔，X3 井，龙马溪组，1422.54m；f. 有机质孔，X3 井，龙马溪组，1409.60m

（六）有机质孔

泥页岩中有机质孔隙是泥页岩中有机质在热裂解生烃过程中形成的孔隙。据 Jarvie 等研究表明，有机碳含量为 7% 的泥页岩在生烃演化过程中，消耗 35% 的有机碳可使泥页岩的孔隙度增加 4.9%（Jarvie，2007）。产生的有机质孔隙孔径主要分布在 2~1000nm 之间（图 5-2f），其中微孔和小孔所占比例较大，其对泥页岩的比表面积和孔体积贡献较大，对泥页岩的吸附性起着巨大的积极作用。

三、有机质孔隙随热演化程度发育关系

成岩作用与有机质生烃作用共同控制页岩孔隙演化，总体而言分为建设型和破坏型两种类型，分别通过不同的途径进行孔隙演化（图 5-3）。

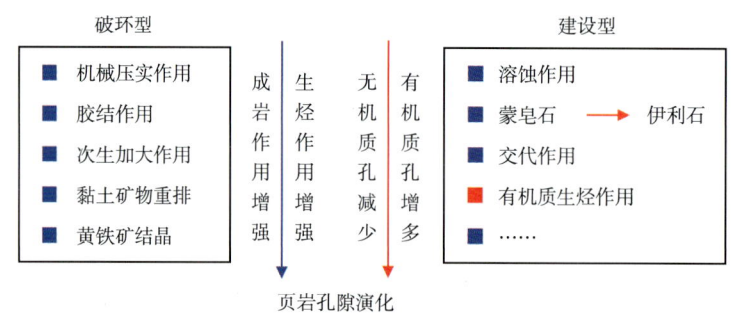

图 5-3　页岩层系破坏型与建设型孔隙演化过程

在不同阶段页岩孔隙类型不同，主导孔隙也不同。（1）早成岩阶段：原生粒间孔；（2）中成岩阶段：粒间孔、粒内孔、有机质孔，原生孔比例逐渐减少，次生孔比例增大；（3）晚成岩阶段：有机质孔、溶蚀粒内孔、溶蚀粒间孔，以无机质孔为主。总体看，页岩孔隙以无机质孔为主，有机质孔占 20%~45%，平均 30%（Wang 等，2011；Loucks 等，2012）。

当前研究来看，有机质孔发育受有机碳含量和热演化程度控制。但是，有机质孔、TOC、R_o 三者之间作用关系、主要作用因素、三者之间关系的普遍性等都存在很大疑问。而且，大多数成熟样品中比表面积随着 TOC 的升高而升高，但低成熟度样品中比表面积与 TOC 关系不明显，有机质的体积比例近似于其含量比例的 2 倍（图 5-4）。

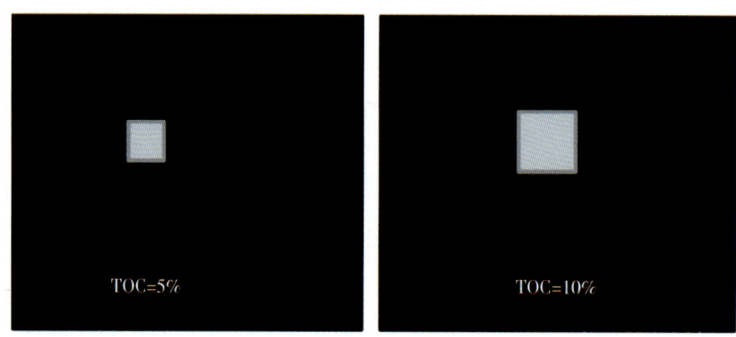

图 5-4　有机质体积比例与孔隙比例关系示例

因此，目前关于有机质孔隙的发育演化过程存在三种不同的认识：（1）有机质孔与R_o之间，随热演化程度的增大，有机质孔增多（Dahl等，2012；Dong，2012；Haris等，2012；Murphy等，2012）；（2）热演化程度：有机质孔与R_o之间为负相关关系（Curtis等，2011）；（3）热演化程度：有机质孔与R_o之间关系不确定，伴随R_o增大，有机质孔隙大小及数量未见明显增大（Fishman等，2012）。以上三种不同观点表明，有机质孔与R_o之间关系尚待进一步研究（图5-5）。

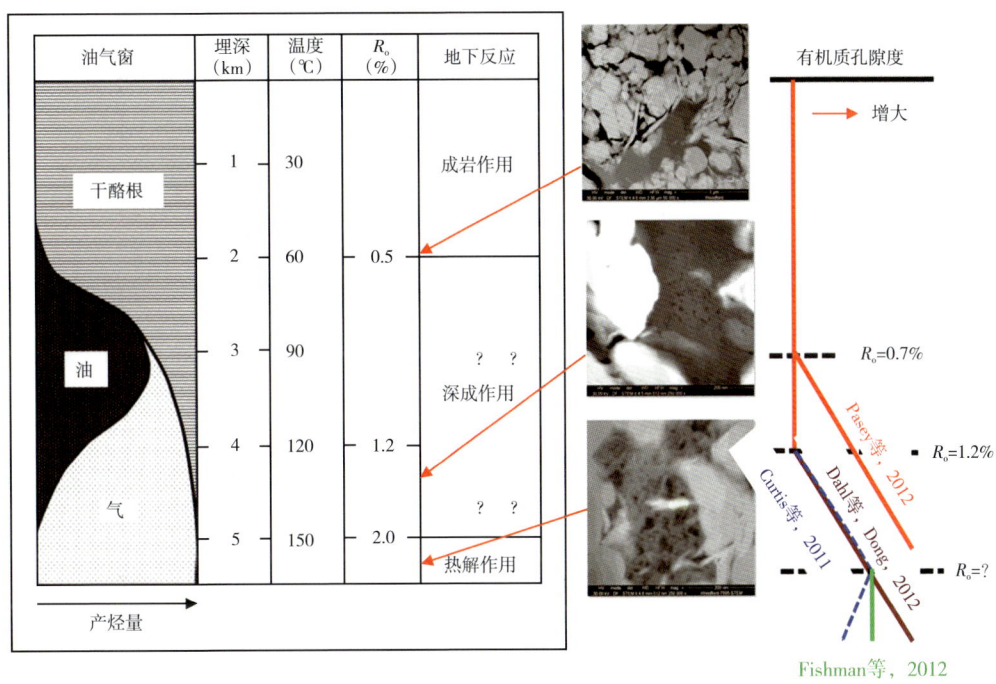

图5-5　关于有机质孔与R_o之间关系的不同表述

第二节　有机质纳米孔隙定量表征

许多非常规天然气储层的岩石物理学性质与常规气藏的岩石物性差别很大，主要是该储层有纳米级孔隙和喉道，独特的孔隙结构，特殊的润湿性、运移机理和存储性质。这些差异导致气藏中的渗流机理与常规气藏不同，尤其是当孔喉尺寸只比饱和流体分子大一个数量级时，该差异更明显。尽管这些影响很重要，但目前对它的了解很少。了解页岩的岩石物理学性质和其亚微米级孔隙结构，是成功描述页岩层中流体渗流形态和特征的关键。

一、高压压汞孔隙度测定仪（MICP）

水银（汞）是一种有毒物质，常在实验室用来间接测量岩石的毛细管压力和孔隙度。高压压汞孔隙度测定仪在实验室得到了广泛应用，用来描述多孔固体介质中关于孔隙体积（孔隙度）和相当大范围内孔隙大小分布的特征。水银是非润湿相，它只能通过连通孔隙。可进入孔隙中的水银体积受到分析过程中达到的最大压力的限制。MICP可以为常规储层岩石提供具有代表性的并且可以重复的结果。然而对于页岩气藏岩石，由于页岩的致密性，实现可重复结果的方案是不可能的。水银测定的毛细管压力曲线受以下因素影响：(1) 孔隙大小分布和致密性；(2) 岩石和流体类型；(3) 饱和历史（注入与排出过程）。由进汞和退汞曲线的数据计算的孔隙大小分布有一定差异。排出曲线计算的孔隙尺寸比注入曲线的要小。这一差异是由于注入与排出的滞后效应，它依赖于饱和过程（Leverett，1941）。这也可能是因为汞的前进角和后退角的变化造成的，或者是由于汞的滞留。退汞法测孔隙度的传统计算方法如下：

$$p = \frac{-2\sigma\cos\theta}{r} \tag{5-1}$$

式中，p 是非湿相流体（汞）进入半径为 r 的圆柱形孔隙所需要的注入压力。σ 和 θ 分别是汞的表面张力和接触角。该方程说明，当表面张力和接触角保持不变时，随着压力的增加，汞逐渐进入更小的孔隙。

图 5-6 显示了 Utica 页岩的进汞和退汞曲线以及对应的孔隙大小直方图。汞前沿在针入度计中的上升说明了汞的瞬间注入，从而说明有少量裂缝存在。随着注入压力的增加，汞开始进入张开的连通孔隙中。只有通过该方法才能确定有效孔隙度。当压力到达上限时，开始退汞，让压力逐渐降低到大气压（约 14.7psi）。在试验中监测压力和累计注入、排出的汞体积。进汞和退汞过程的曲线反映了不同的孔隙大小或不同的流动单元。根据已知的汞表面张力 480×10^{-5}N/cm 和接触角 140°，用图 5-6 可以计算出孔喉直径。图 5-6 是用进汞的体积数据统计分析得到的孔隙大小分布。Utica 页岩的孔喉直径中值为 30nm。进汞过程主要在压力为 3500~21000psi 之间，该压力对应于 10~60nm 的孔喉直径和一种页岩孔隙结构以及矿物结构。残余汞的饱和度为 23.3%。

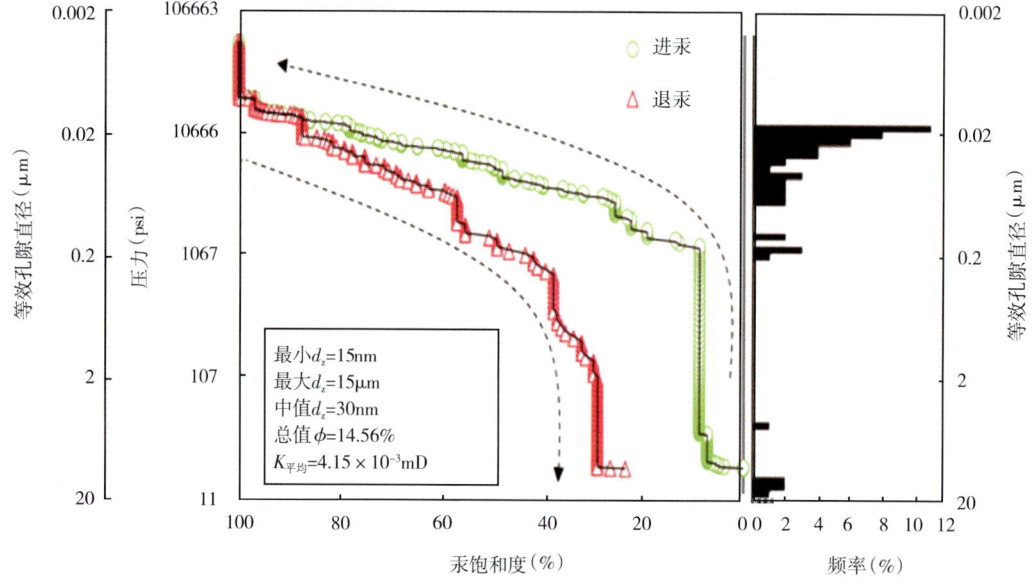

图 5-6 Utica 页岩 Dolgeville 层（深 5179ft）岩样的进汞和退汞数据及对应孔隙分布

图 5-7 为用 Haynesville 页岩岩样进行的另一个成功的 MICP 实验。该图显示，有 35% 的汞在没有施加压力时就进入岩样。而且有 15μm 宽的裂缝。该裂缝将大大提高气体的流动能力和存储能力。计算的渗透率表明多数为纳米级孔网。进汞过程主要发生在压力为 10600psi 和 60000psi 时，该压力对应的等效孔喉直径为 4~20nm。Haynesville 的渗透率非常低，为 $1.38×10^{-4}$ mD，主要是因为其页岩气储层独特的纳米级水平孔隙。总的滞留汞量为 61.3%，其中包括滞留在可能存在的裂隙中的汞。因此，汞在纳米级孔隙中的滞留量为 26.66%。

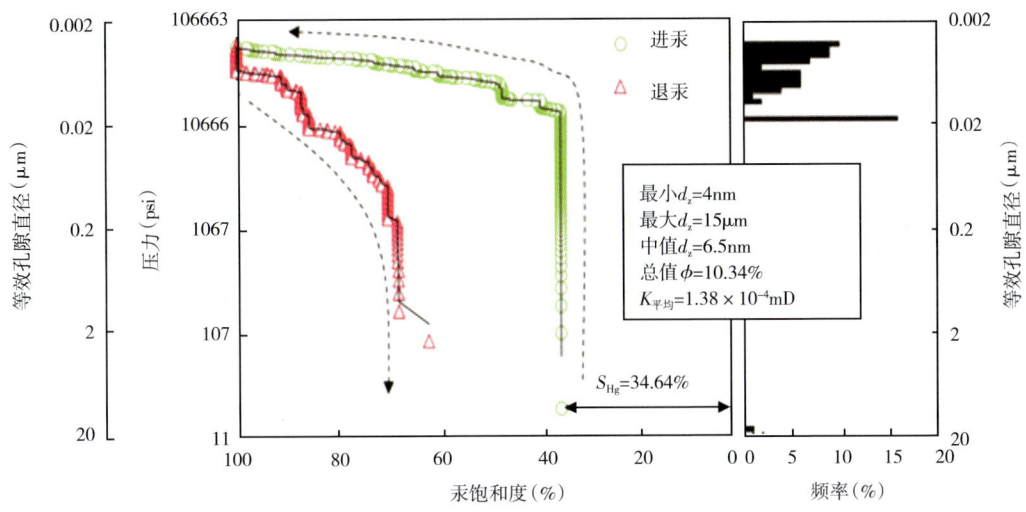

图 5-7 Haynesville 5179ft 深度岩样的进汞和退汞数据以及对应孔隙大小分布

二、SEM 成像和 FIB 连续磨铣原理及分析测试

场发射扫描电子显微镜系统（SEM—FIB），或称双射线系统，广泛应用于材料学研究。该系统的电子枪提供就地成像，同时聚焦粒子束提供连续选矿。许多电子检测器都与双射线显微镜有关。本书主要通过三个检测器检测被电子束袭击的目标样品的反射电子和射线。反射的电子包括二级电子（SE）和成像时的反向散射电子（BSE）。用能量分散光谱仪（EDS）进行元素绘图。BSE 检测器是成像的更好选择，因为它可以减少表面电荷。但是，SE 也可以提供满意的成像。含页岩气岩石是不导电的。在暴露的表面很容易出现超电子电荷。因此在本实验中，当用高电子束电流时（0.17~1.4nA），在 SEM 部分用较低的电子束电压（2~5kV）。图 5-8 为用于进行页岩气连续切片和成像的标准双射线仪器。该过程必须保证倾斜 52°的角度，确保粒子束正常到达样品。

（一）切割和磨光小岩片

首先将样品切割成 5mm×5mm×2mm 的小片。样品需用最好的砂纸抛光，形成平坦、光滑的表面，确保磨铣的最佳时间和速度。抛光不会破坏天然的表面特征，FIB 磨铣到表层里边，可以研究未破坏的黏土结构。尽管磨铣非均质表面需要更长的时间，但每次通常都使用新磨铣的表面。

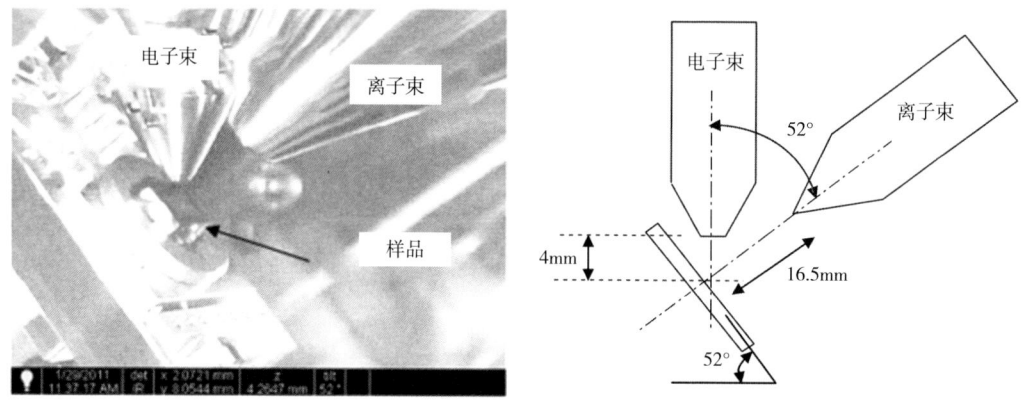

图 5-8 双射线显微镜和以 52°倾斜角加载在上面的页岩样品

(二) 将样品片胶结和镀膜

用碳胶将岩样粘接到铝柱上。在三维成像叠加时影像偏移是最主要的问题。有三种偏移类型：样品偏移、机械台偏移和粒子束偏移。碳胶可以有效地将样品粘接到铝柱上，大大降低样品偏移的发生。为了避免在 FIB 切片过程中机械台偏移，样品的面积要尽可能小。尽管如此，由于粒子束定向的无序性，仍然会有轻微的偏移。通过高度聚焦的粒子束定向作用校正的 FIB 来消除这些偏移。由于页岩岩石是不导电物质，因此镀金和镀钯是增加样品的导电性、减少表面电子电荷的最佳材料。另外，镀层可以避免碳胶对样品内部本身具有的有机质中碳的干扰。

(三) 将准备好的样品加载到双射线仪器上

先将样品柱用销钉固定在双射线台上，然后将容器抽真空。接着就可以选择最优电子束流量和电压进行成像。选择一个平坦的工作台面，工作台倾斜 52°进行磨铣。为了避免目标区遭到破坏，在目标区上喷射一个 $10\mu m \times 10\mu m \times 1.5\mu m$ 的铂涂层；该过程需要大约 18 分钟。为了减轻连续切片和成像的工作强度，将镀膜覆盖区周围的大量岩块去掉。将"泳池"（即下面所讲的两个平行的小凹坑）磨铣掉需要两个步骤：首先在目标区前面用较高的电流（21nA）和常规交叉切片法切出一个粗糙的大小为 $25\mu m \times 25\mu m \times 20\mu m$ 的样品，此处用到了硅。然后用正交切割法和 9.3nA 的电流平行切掉两个 $7\mu m \times 12\mu m \times 20\mu m$ 的小凹坑。接着，用清洗交叉切割工具将对着 SEM 枪的表面清洗干净。清洗包括几个步骤，每一步的磨铣电流为 93pA。有些样品有严重的结皮和磨铣物二次沉淀现象。为了减少这种结皮现象，将"泳池"加深加宽。粒子束脱落是影像重叠过程中一个问题，它主要依赖于磨铣物而不是聚焦粒子束。在大多数情况下，气孔、非均匀相和铂沉积是导致结皮的主要因素。为了减小整个工作过程中的结皮现象，建议使用较低的粒子束电压（2~5KV），该方法将结皮厚度降低到 2nm。

(四) 进行连续的 FIB 磨铣和 SEM 成像

自动化连续磨铣过程将 $10\mu m \times 0.05\mu m \times 25\mu m$ 的岩石材料磨铣掉，所用电流为 93pA，镀膜为金。在磨铣中用金比用硅的刻蚀速度要快。磨铣过程完成后，用 SEM 得到一个新的二维表面成像。每一片样品需要 4~5 分钟的磨铣时间和 30 分钟时间得到高分辨率的影像。该过程重复了 200 遍。磨铣一个 $10\mu m \times 10\mu m \times 25\mu m$ 的样品需要的总时间在 15~20 个小时。可以通过减小磨铣目标物的体积或加大磨铣电流来提高该过程的推进速度。在这里，用一个自动化程序减轻该工作。图5-9所示为所有的磨铣和清洗过程以及切片过程。

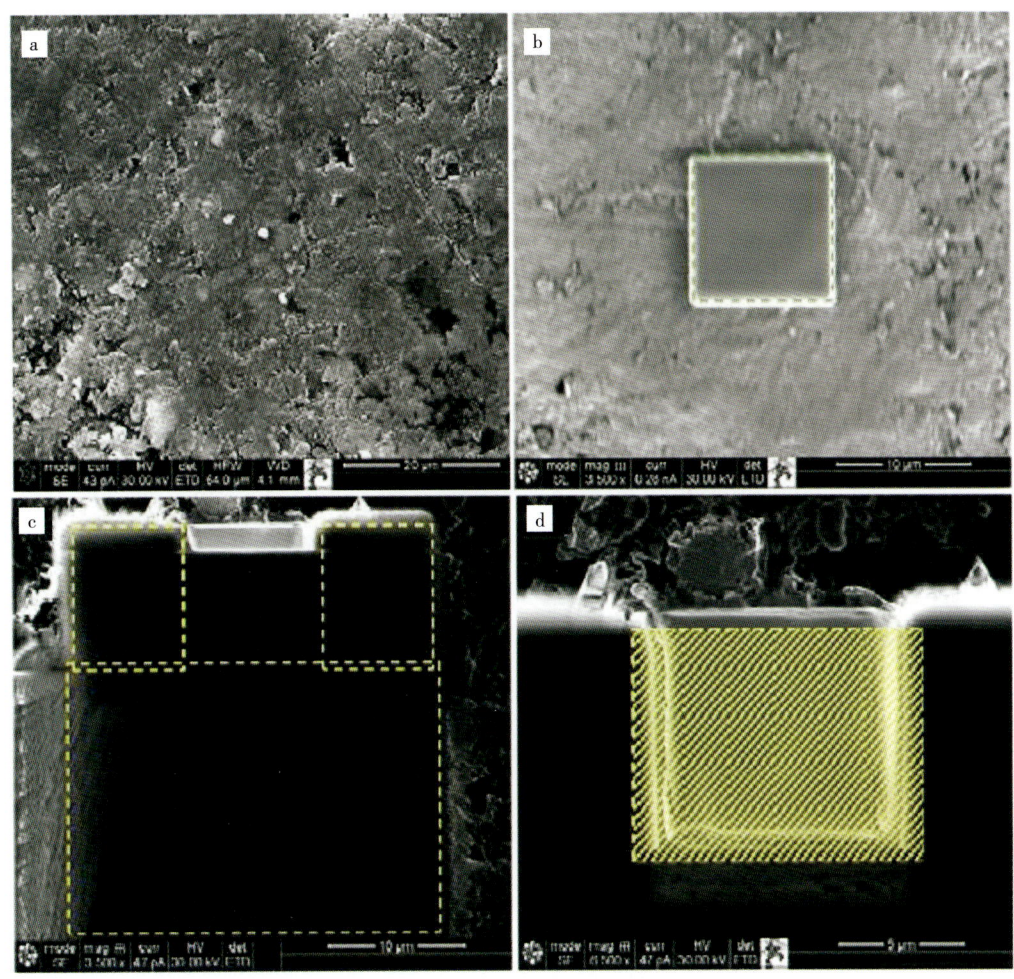

图5-9　连续切片过程的SEM-FIB影像

a. 定位抛光样品的平面；b. 在目标区（约18分钟）喷射10μm×10μm×1.5μm的铂涂层；c. 磨铣和清洗"泳池"；
d. 进行10μm×0.05μm×25μm的自动切片，按顺序将200个薄片成像（19~20小时）

第三节　蜀南地区页岩有机孔隙演化特征

一、高压压汞分析测试结果

采集威201井和宁201井15块志留系龙马溪组典型岩心样品开展压汞测试，从测试结果来看，岩石孔隙较为致密。进汞效率非常低。总体来看，进汞饱和度在1.5%~19.58%之间，最大进汞饱和度仅为19.58%（图5-10）。

岩层非常致密，孔隙度较小，但喉道相对均一，总体处于12~15nm之间。因此造成岩心样品进汞效率低下，最大进汞饱和度仅为19.58%。但退汞效率总体较高，最大约

92%,说明岩心孔喉连通性较好(图5-11)。

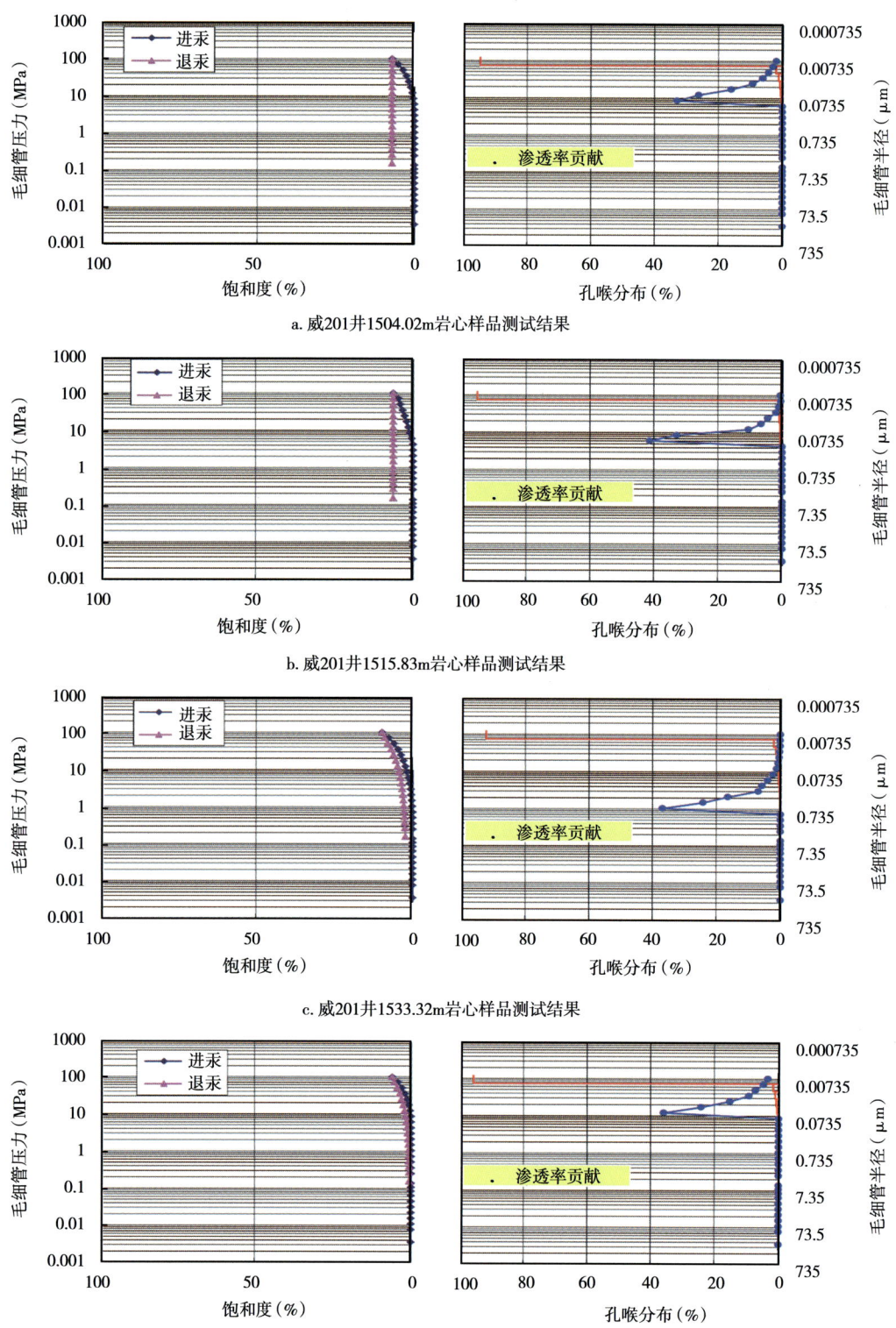

a. 威201井1504.02m岩心样品测试结果

b. 威201井1515.83m岩心样品测试结果

c. 威201井1533.32m岩心样品测试结果

d. 威201井1527.64m岩心样品测试结果

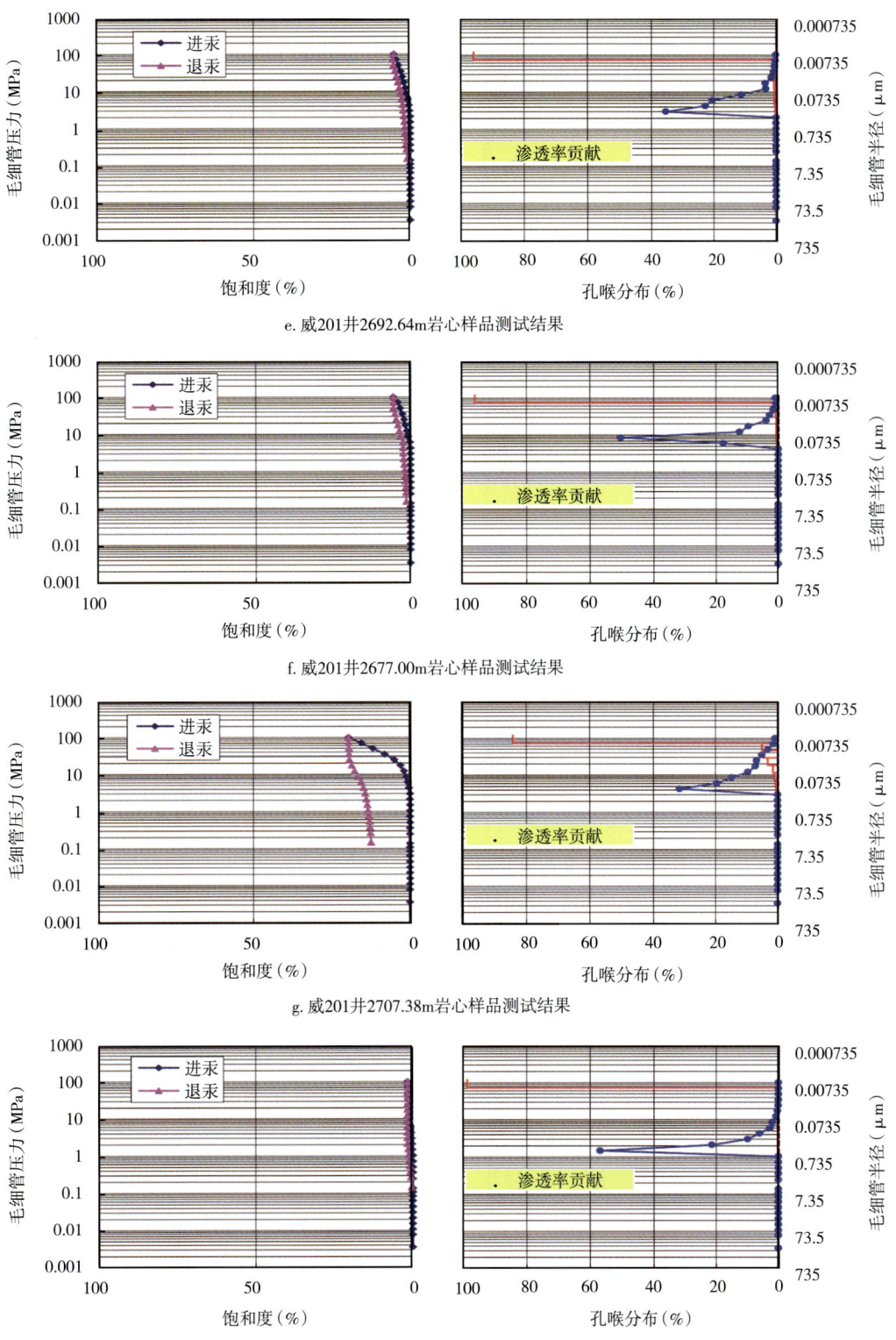

e. 威201井2692.64m岩心样品测试结果

f. 威201井2677.00m岩心样品测试结果

g. 威201井2707.38m岩心样品测试结果

h. 威201井2776.54m岩心样品测试结果

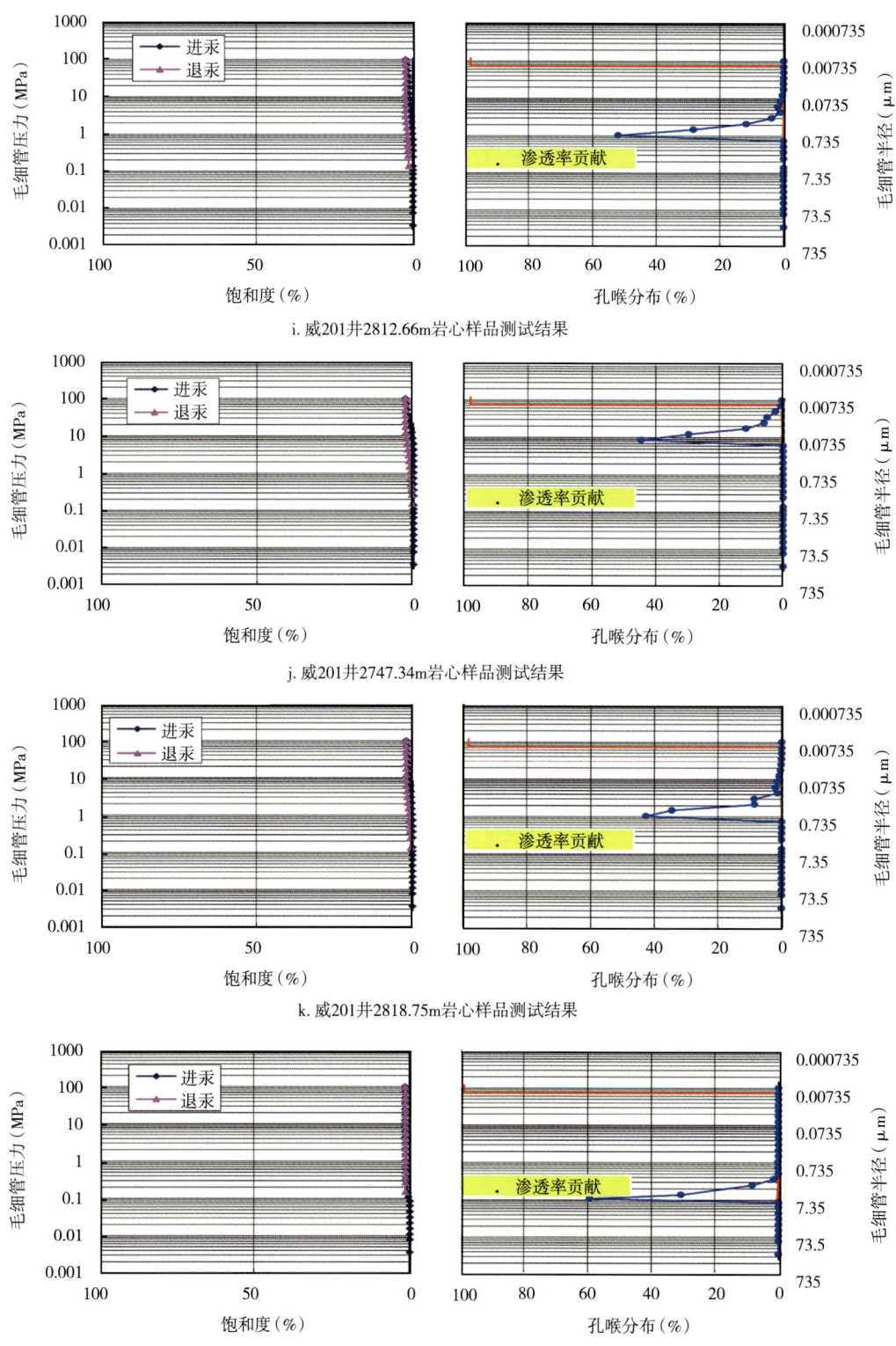

i. 威201井2812.66m岩心样品测试结果

j. 威201井2747.34m岩心样品测试结果

k. 威201井2818.75m岩心样品测试结果

l. 威201井2807.74m岩心样品测试结果

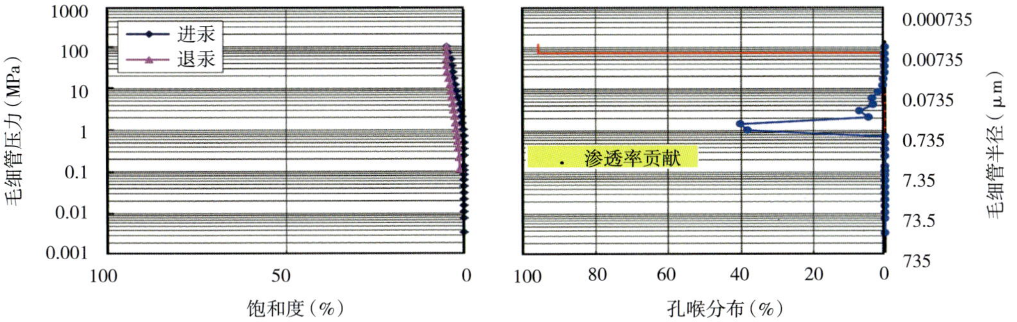

第五章 蜀南地区龙马溪组有机质孔隙演化特征

m. 威201井2797.80m岩心样品测试结果

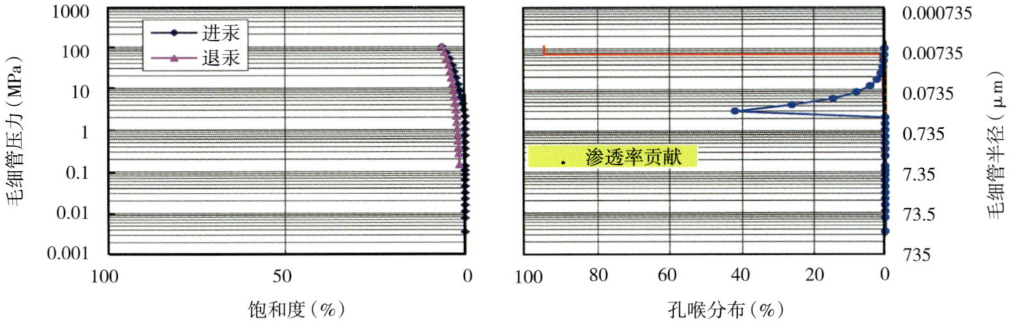

n. 威201井2505.48m岩心样品测试结果

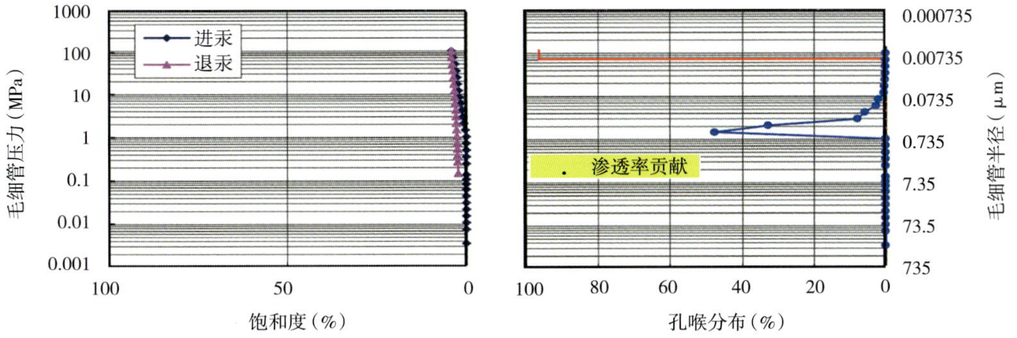

o. 威201井2517.00m岩心样品测试结果

图5-10 蜀南地区威201井和宁201井岩心样品高压压汞分析测试结果

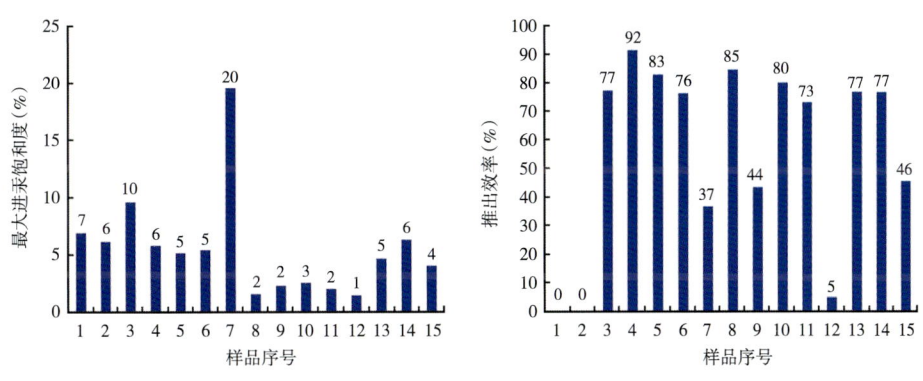

图5-11 岩心样品进汞饱和度与退汞效率柱状图

二、SEM—FIB 测试及结果

（一）分析测试方案设计

由于本书需要考虑有机孔随热演化程度的变化关系，分析测试的方案需要围绕这一要求进行设计。从推理的角度可以进行两类设计：

（1）选择低熟样品，设定时间温度序列，通过加温加压，诱发石油生成与石油裂解。即选定统一低熟岩心样品，分为若干份，分别进行加热到某一设定温度并保持一定时间。按设定的不同温度进行加热模拟之后，岩心样品会具有一定的热演化程度 R_o 值，然后按照这一热演化序列值分别开展 SEM—FIB 测试（图5-12）。

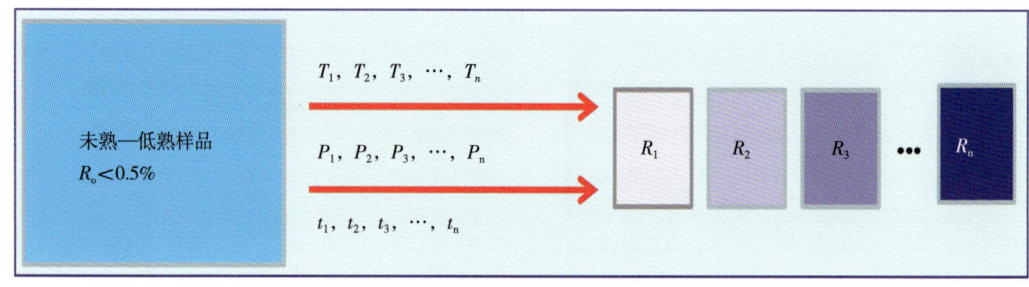

图 5-12　低熟样品增温诱发测试方案

（2）重构孔隙网络，对比成岩物理模拟样品与天然样品物性结果。即采集不同样品，分别测试其 TOC、R_o 等基础地化参数，然后分别开展 SEM—FIB 测试。本着方便、客观、实用、高效的原则，本次研究采用第二种方案进行分析测试（图5-13）。

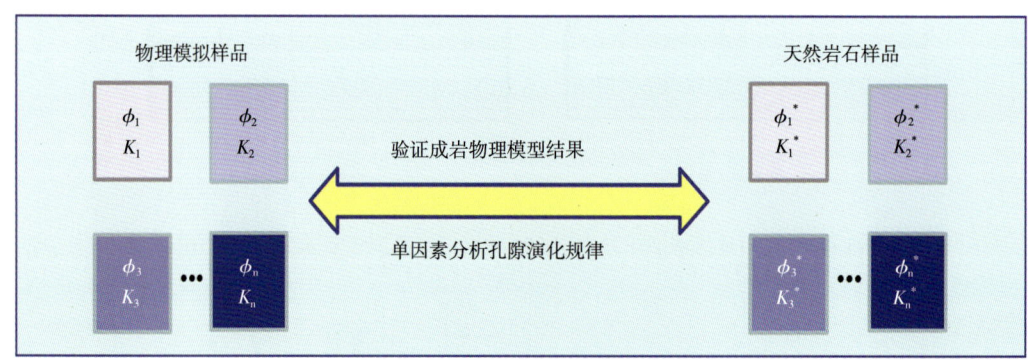

图 5-13　随机样品测试重构实验方案

（二）SEM—FIB 测试结果

通过采集典型岩石样品开展 SEM—FIB 测试，获取高分辨率镜下图片。以图片处理技术，对不同热演化程度 R_o 下页岩样品进行有机质面孔率计算。从测试结果来看，从低演化程度样品开始，随着热演化程度的升高，有机质孔趋于增大。但随着演化程度的增高，在高演化阶段，有机质孔开始下降（图5-14、表5-1）。

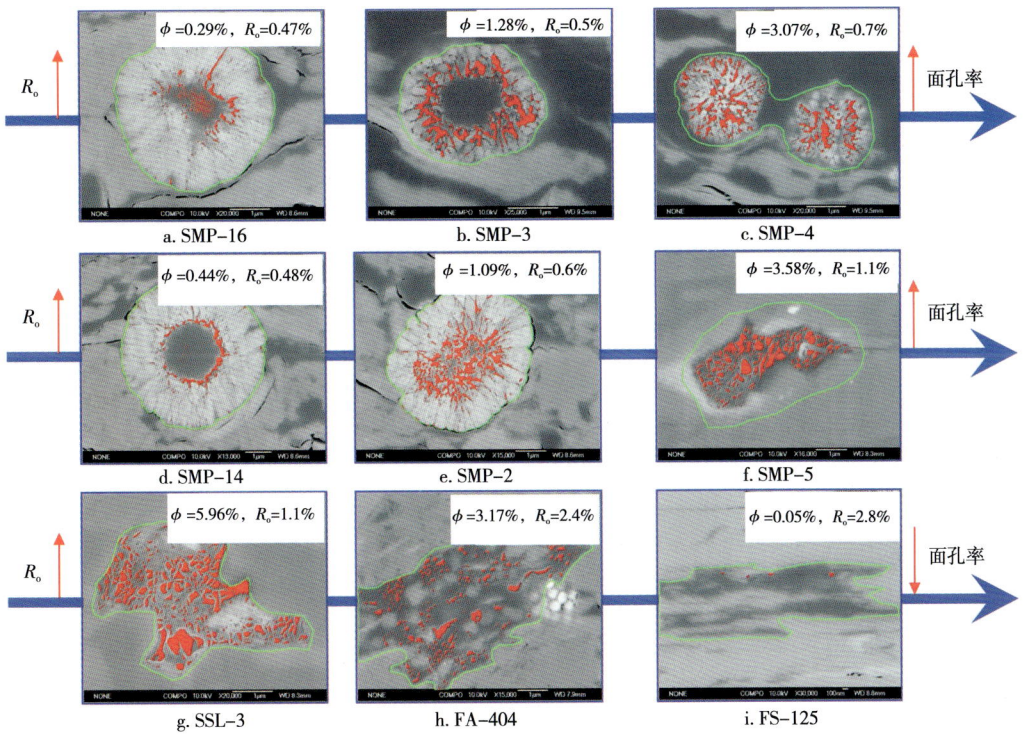

图 5-14 不同热演化程度样品有机质孔发育特征

表 5-1 分析测试样品热演化程度与有机质面孔率统计表

序号	样品号	R_o（%）	面孔率（%）
1	XML-001-16	0.47	0.29
2	XML-001-14	0.48	0.44
3	XML-002-2	0.49	0.26
4	XML-002-3	0.50	1.28
5	XML-001-2	0.60	1.09
6	XML-002-4	0.70	1.24
7	SSL-1-1-11	1.10	6.18
8	SSL-1-1-3	1.30	5.96
9	SSL-1-1-5	1.50	5.05
10	F-A-02-4	2.40	1.70
11	F-A-02-7	2.40	1.91
12	F-A-02-6	2.40	1.41
13	F-A-02-5	2.40	1.95
14	F-A-02-8	2.30	4.68
15	F-A-04-03	2.20	6.65

续表

序号	样品号	R_o(%)	面孔率(%)
16	F-A-04-04	2.40	3.17
17	F-B-11-04	2.50	0.81
18	F-B-11-05	2.50	0.07
19	F-B-11-07	2.50	0.12
20	F-B-11-11	2.50	0.06
21	F-B-12-03	2.70	0.09
22	F-B-12-09	2.70	0.11
23	FS-1-2-5	2.80	0.50
24	FS-1-2-6	2.80	0.39
25	FS-1-2-7	2.80	0.07
26	FS-1-2-5	2.80	0.50
27	FS-1-2-6	2.80	0.39
28	FS-1-2-7	2.80	0.07
29	F-B-13-09	3.10	0.18
30	F-B-13-11	3.10	0.07
31	F-B-14-16	3.30	0.09
32	F-B-14-15	3.30	1

三、蜀南地区页岩有机质孔隙度随热成熟度变化规律

有机质孔隙度 $C\phi_{phi}$ 随热演化程度的关系研究，Christopher J Modica 等做了非常好的借鉴工作。Christopher J Modica（2012）根据同一数据组（45口井）再结合电测井数据，导出了盆地内 R_o、TOC 的平均值，并建立数学模型估算了粉河盆地中莫里页岩的平均干酪根孔隙度值，其埋藏深度和成熟度范围均较宽泛，图 5-15 为推导的结果。

由图可见，莫里烃源岩标准初始丰度（TOC 为 3%~4%）位置，并在其完全转化的情况下，干酪根孔隙度的最大数值为 2.5%~3.3%。此外，R_o 低于 0.9% 时，无论初始丰度如何，干酪根孔隙度都可能以指数形式减少。图中的虚线为计算曲线，表示假设的干酪根孔隙度的动力学随着成熟度和丰度而变化；其中，每条曲线代表不同的初始有机碳轨迹，初始有机碳的变化范围从最左边曲线的 2%，到最右边的高达 6%。

然而，这一评价方法只考虑了初始裂解动力学（Christopher J Modica，2012），没有对未反应的残余碳或焦沥青很可能演化成二次裂解反应的副产品做出解释。这意味着，运用以前的关系式评估干酪根孔隙度可能会比较乐观，尤其是成熟度较高的情况下（大致上 R_o 高于 1.1%），在这种情况下，二次裂解生成的轻烃以及最终的甲烷可能形成大量焦沥青，焦沥青容易堵塞孔隙（Vandenbroucke 等，1993；Muscio 和 Horsfield，1996）。在高成熟

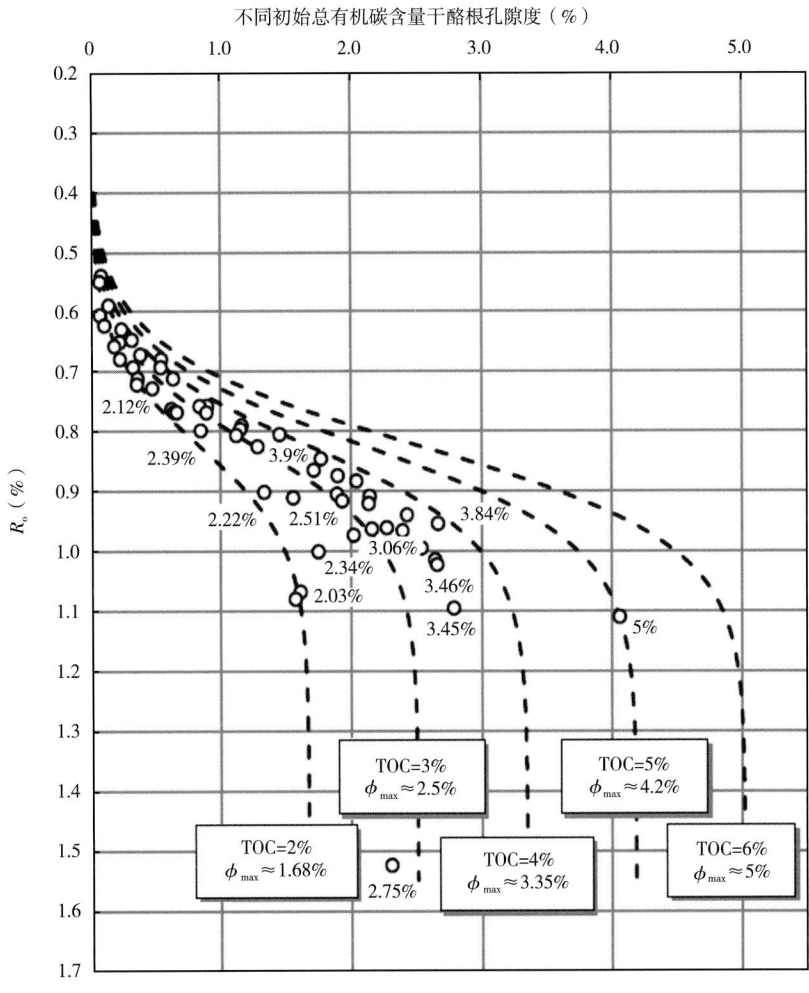

图 5-15　不同初始总有机碳含量干酪根孔隙度随成熟度的变化

虚线为 TOC 为 2%~6%条件下的计算曲线，曲线反映了不同初始丰度轨迹 II 型烃源岩［可转换碳百分数（C_c）为 36%］的最大假设存储能力。圆圈为莫里页岩 45 口井的计算值，TOC 和 R_o 据粉河盆地的电测井数据估算

状态下，超过 30%的干酪根孔隙可能会被未反应的残余碳堵塞（Ungerer，1993；Muscio 和 Horsfield，1996；Jarvie 等，2007）。另外，干酪根热演化是芳构化和芳环缩聚增大的过程，最终将形成石墨，导致烃源岩碳元素发生重新定向排列，从而使得一些生成的有机孔隙与无机孔隙消失（图 5-16）。

在前人研究基础上，本次研究对分析测试结果进行了分析。从分析结果来看，不同 R_o 阶段页岩孔隙度呈不同的变化趋势，且明显的分为三段式（图 5-17）。

分段特征非常明显，在 $R_o<1.2$ 时，有机质孔随演化程度的升高而升高；而在 $1.2<R_o<2.4$ 时，有机孔隙演化处于一个近乎平台期，即有机质孔的增加量不明显，也没有明显的减孔效应；而当 $R_o>2.4$ 以后，有机孔迅速减少，基本在 R_o 3.5 以后基本无法分辨。由此建立三段式发育的数学模型：

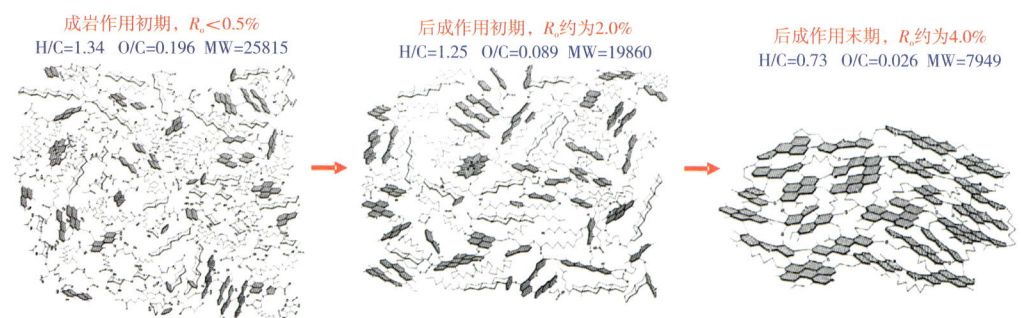

图 5-16 巴黎盆地图阿尔阶烃源岩Ⅱ型干酪根结构演化及碳元素重定向排列过程
（据 Behar 和 Vandenbroucke，1987）

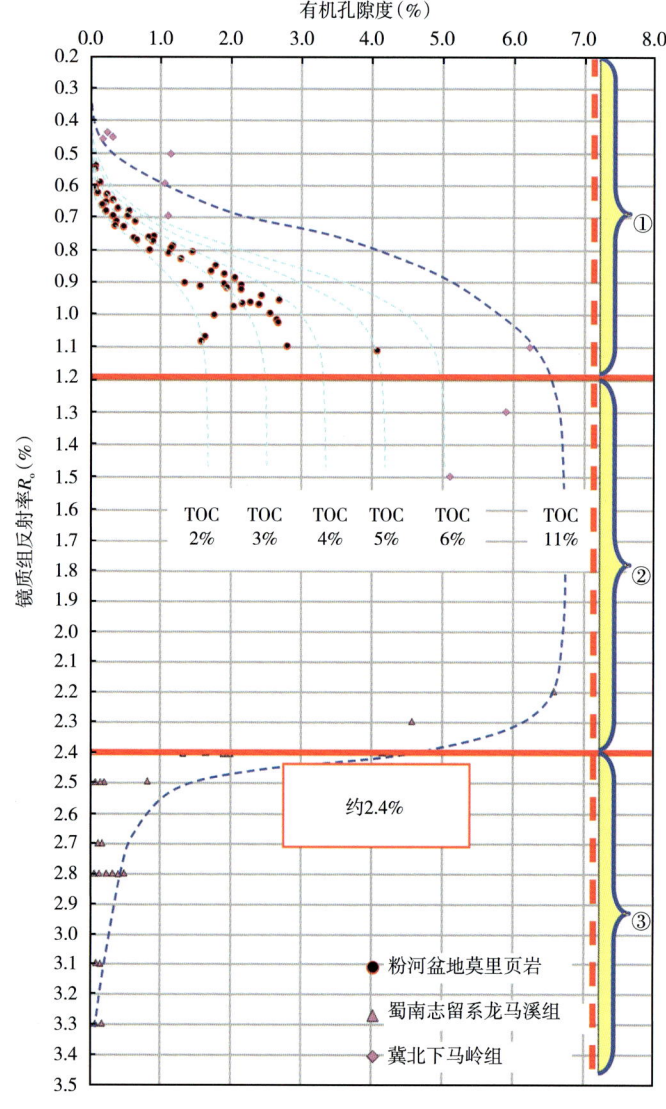

图 5-17 蜀南地区龙马溪组页岩有机质孔隙分段模式

$$\phi_{phi} = [(TOC_o - Cc) \times k] \times TR \times \frac{RhoB}{RhoK} \quad R_o < 2.4 \quad (5-2)$$

式中，$RhoB = 2.6$，为页岩密度（Okiongbo 等，2005）；$RhoK = 1.2$，为干酪根密度（Okiongbo 等，2005）；$TOC_o = 11.1\%$；$k = 1.118$；Cc、TR 等计算公式详见第四章。

$$\phi_{phi} = e^{\frac{2.5759 - R_o}{0.1073}} \quad R_o > 2.4 \quad (5-3)$$

运用该数学模型，对蜀南地区不同热演化程度下有机孔进行计算，并将计算值与实测值进行对比分析，两者基本相吻合（图 5-18）。

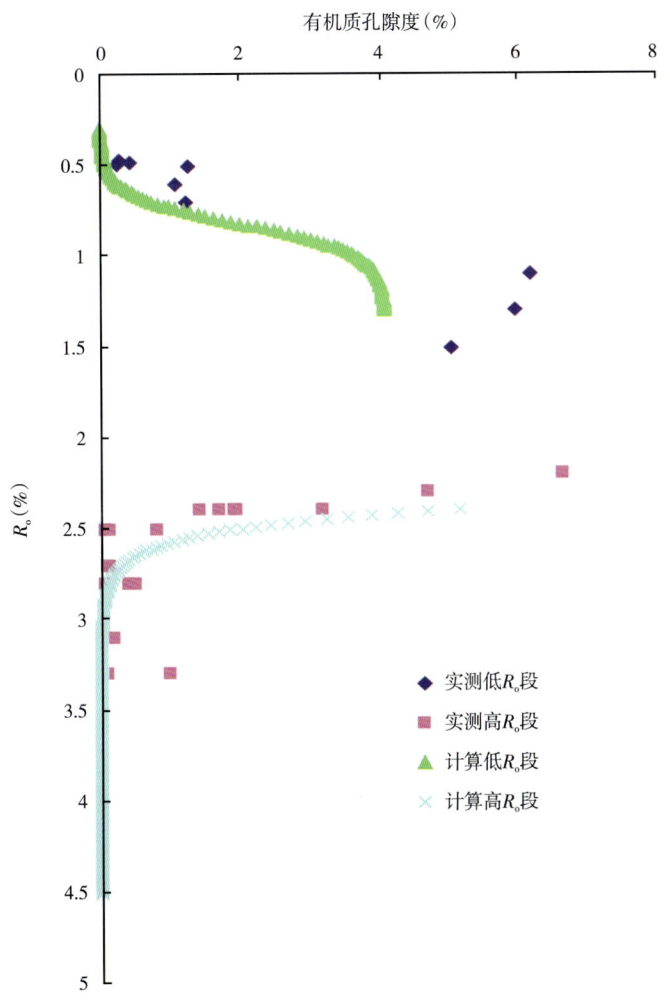

图 5-18 蜀南地区龙马溪组页岩有机质孔隙度实测值与计算值对比

为进一步检验该数学模型的有效性，本次研究通过实测值与模拟值建立蜀南地区热演化程度等值线图，在此基础上运用有机孔发育数学模型进行平面有机孔隙计算。从模拟结果分析，热演化程度较高的东南地区有机孔极不发育。而西侧犍为—威远地区热演化程度在 2.0%~2.4% 之间，其有机孔隙度较高，在 4.0%~6.0% 之间。

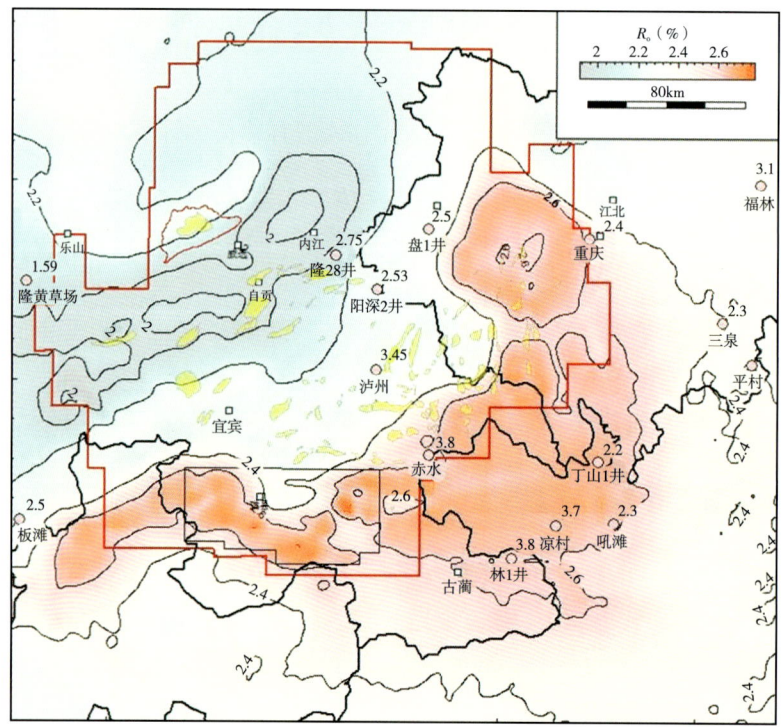

图 5-19 蜀南龙马溪组 R_o 等值线图

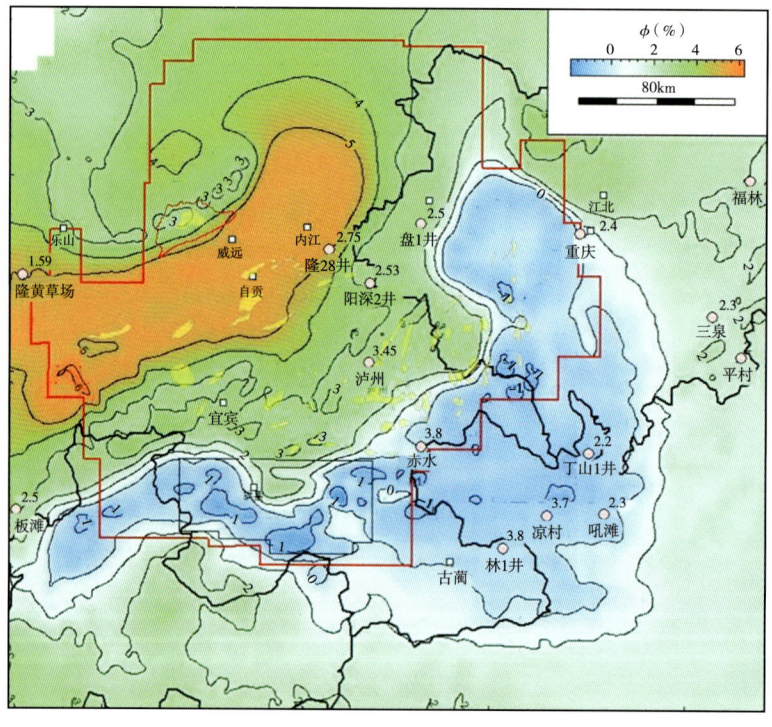

图 5-20 蜀南龙马溪组有机质孔隙度等值线图

第六章 油气资源评价与资源结构特征

油气资源结构研究目的是通过建立不同类型盆地或目标区带或含油气系统内常规、非常规资源分配比例，构建资源空间分布模式，为实现常规与非常规资源一体化评价，整体勘探评价研究和立体化勘探提供地质模型和理论支持。

针对蜀南地区多层系富含油气、常规与非常规油气并存的特点，选择多种方法开展油气资源评价工作。以盆地模拟法对主力烃源层系的生烃量进行模拟与评价，多种统计法对上覆常规天然气储层的资源量进行评价。最终在资源评价基础上建立常规与非常规油气资源结构模型。

第一节 盆地模拟与页岩气资源评价

一、盆地模拟方法及评价流程

盆地模拟是根据石油地质、石油地球化学、石油地球物理原理，依据盆地沉积、热演化及油气赋存状况等实际资料，利用数值模拟的方法，对油气生成运聚过程的定量分析模拟。

盆地模拟最早是由 Dow（1972）首次提出的，20 世纪 70 年代至 80 年代初，是盆地模拟发展的初期，主要是一维盆地模拟，研究从地史到排烃史之间的问题。代表性的公司有德国尤利希核能研究有限公司石油与有机地球化学研究所、日本石油勘探有限公司勘探部等。20 世纪 80 年代至 90 年代早中期，主要为二维盆地模拟时期，主攻油气二次运移和聚集。在此期间，盆地模拟技术日臻成熟，在地热模型、排烃及运聚模型方面取得了长足的进展。较有代表性的公司有法国石油研究院（IFP）、美国南卡大学、英国 BP 公司等。20 世纪 90 年代后期，是三维或多维盆地模拟时期，继续深入研究二维的油气二次运聚模型，如多相多组分模型、避免解渗流方程的方法等，并且在空间三维领域开展油气二次运聚研究。目前，盆地模拟技术主要围绕着多维盆地模拟（Multi—Dimensional Basin Modeling）、多组分的研究，运移、排烃、相对渗透率的问题和压力预测、流体预测、复杂构造、风险分析表达模拟结果、显示的问题等，并取得了突破性的进展。1999 年 AAPG 年会定名为"Multi—Dimensional Basin Modeling"，是指盆地模拟在空间维数上的广泛含义和各应用领域的进展。盆地模拟流程框架详见图 6-1。

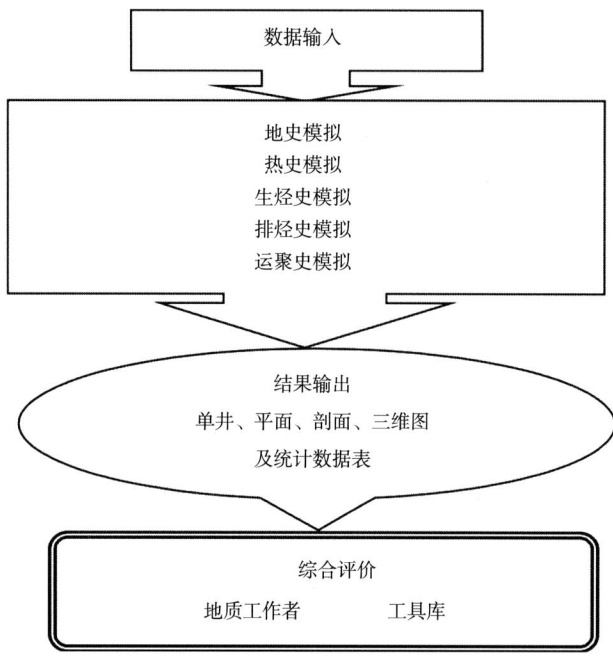

图 6-1 盆地模拟软件 BASIMS 框架图

二、蜀南地区油气基础地质模型构建

在区域二维地震剖面解释成果与局地三维地震资料解释成果基础上，结合钻井测试分层数据，准确建立构造地质格架，编绘主要层系残余厚度等值线图。以 USGS 公开地表地形 GIS 数据为地面，构建蜀南地区油气基础地质模型（图 6-2）。

为构建相对较为客观的框架模型，调研与分析多种剥蚀厚度恢复方法，如沉积速率法、波动分析法、裂变径迹法、流体包裹体法，以及镜质组反射率法。所谓镜质组反射率法，是在正常情况下，R_o 值随深度的变化是连续的、渐变的，但有时发生突变。出现这种异常情况的原因有多种，如沉积岩中再循环的镜质组岩体中有局部热源等。地层缺失也是引起 R_o 值不连续的原因之一。在确定了 R_o 值的突变是地层受剥蚀而造成以后，即可根据剥蚀面上、下 R_o 值的差计算被剥蚀的厚度。计算时可采用作图法或解联立方程的办法。应用此方法时，除上面提到的条件外，须有足够的 R_o 实测数据，这往往是难以达到的。

由于蜀南地区龙马溪组埋深较大，点测样品数据量少，不能满足镜质组反射率法的要求。为此，在镜质组反射率法基础上，优选建立声波时差测井法。沉积物在沉积、埋藏过程中，孔隙度随埋深的增大呈指数减小，又因为在具有均匀分布的小孔隙的固结地层中，孔隙度与传播时间之间存在着正比例线性关系（Wyllie 等，1956）。

泥岩声波时差与埋深的关系为：

$$\Delta t = \Delta t_0 \mathrm{e}^{-CH} \tag{6-1}$$

式中，Δt_0 是地表未固结泥岩的声波时差，理论值在 $620\sim650\mu s/m$，可根据研究区内多口井正常压实曲线上推至地表平均求得。Δt 为任一埋深的泥岩声波时差，C 为正常压实曲线斜率，H 为泥岩埋深。

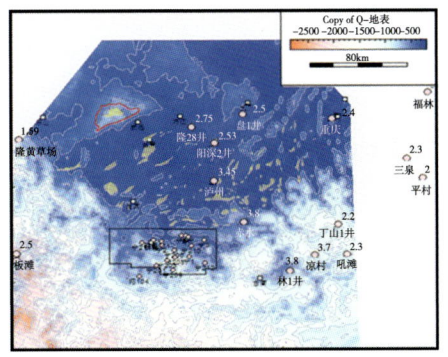
现今地面构造底

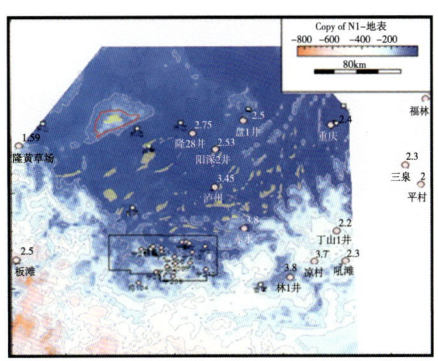
新近系底界构造底

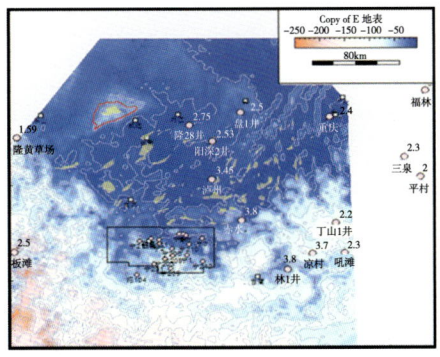
古近系底界构造底

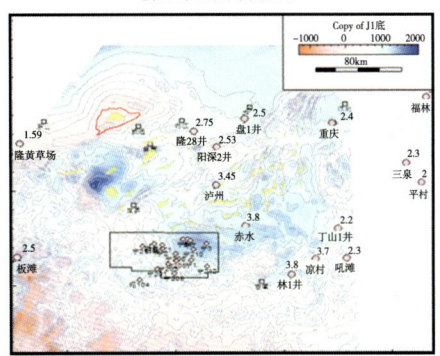
侏罗系珍珠冲组底

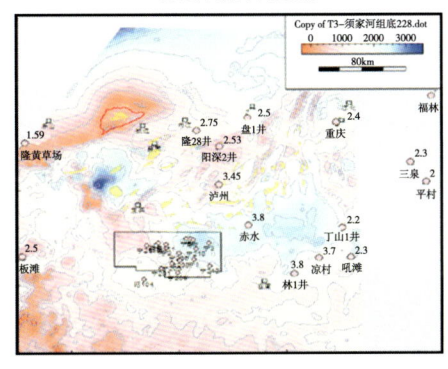
三叠系须家河组底

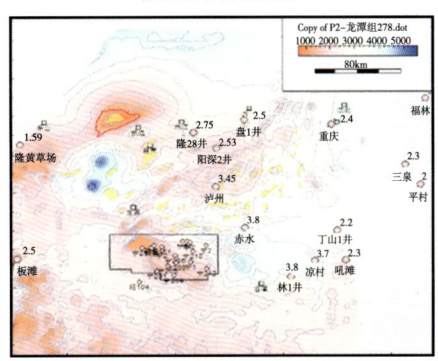
二叠系龙潭组底

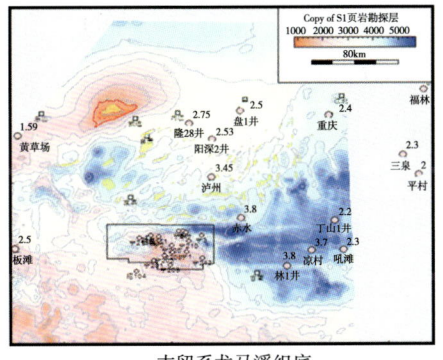
志留系龙马溪组底

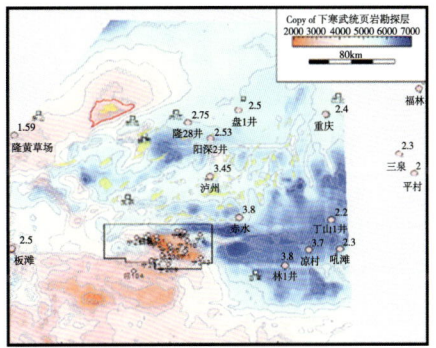
寒武系筇竹寺组底

图 6-2　蜀南地区油气基础地质模型

其恢复地层剥蚀厚度方法及其原理：在地层有剥蚀的地区，当不整合面以上沉积物的厚度小于剥蚀厚度时，将不整合面以下泥岩压实曲线上延至 Δt_0 即位古地表，古地表与不整合面之间的垂直距离即位剥蚀厚度（表6-1）。

表6-1 四川盆地主要不整合面剥蚀厚度恢复

盆地中的位置	中—新生界之间剥蚀量（m）	侏罗系与三叠系之间剥蚀量（m）	上下二叠统之间的剥蚀量（m）	下古生界顶部剥蚀量（m）	主要作者
川东南	约1000	200	800~900	2000	朱传庆
川西南	约1000	1000	260~450	500	朱传庆
川东北	2100	200	100~200	230	朱传庆
川南	约700	约800	约1000	约1200	郑民，宋涛
川北	—	—	约100	—	李儒峰
川东北	1200~2000	—	—	200~500	曾道富
川中	1200~2000	—	—	300	曾道富
川南	1200~2000	700	—	—	曾道富
川中	1320	—	—	—	邓宾
川东	2100	—	—	—	邓宾
川西	1280	—	—	—	邓宾
川北	2320	—	—	—	邓宾

三、龙马溪组生烃量计算与资源量评价

分析相关钻井测井资料曲线，结合实测数据，编制生烃要素图件（图6-3）。现今TOC及HI与埋藏深度、构造位置具有很好的对应关系，而且页岩含气量与研究区地势有一定的相关性（图6-4）。

成熟度受控于地温梯度，而地温梯度与地层埋深有直接关系（图6-4），其烃源层系热转化率也与热演化程度紧密相关，并评价页岩生气量 $152 \times 10^{12} m^3$（图6-5）。页岩气既可以游离态运移和聚集在构造部位或相对高孔渗地层中，也可以吸附和游离的方式滞留在烃源岩中，与蜀南地区的构造格局有一定的相关性。

页岩气有利区面积 $6.66 \times 10^4 km^2$，地质资源 $12.27 \times 10^{12} m^3$，单位面积最大 $16.01 \times 10^8 m^3/km^2$，单位面积最小 $0.005 \times 10^8 m^3/km^2$，均值 $1.85 \times 10^8 m^3/km^2$，龙马溪组排气率91%（图6-6）。

建立并运用页岩气可采资源量评价模型，开展页岩气可采资源量评价：

$$Q = \sum_{i=1}^{n} H_i \cdot S \cdot \rho \cdot \int_{h_i}^{h_i+H_i} G_o\left(\frac{H_o}{H_i} \cdot h\right) dh \qquad (6-2)$$

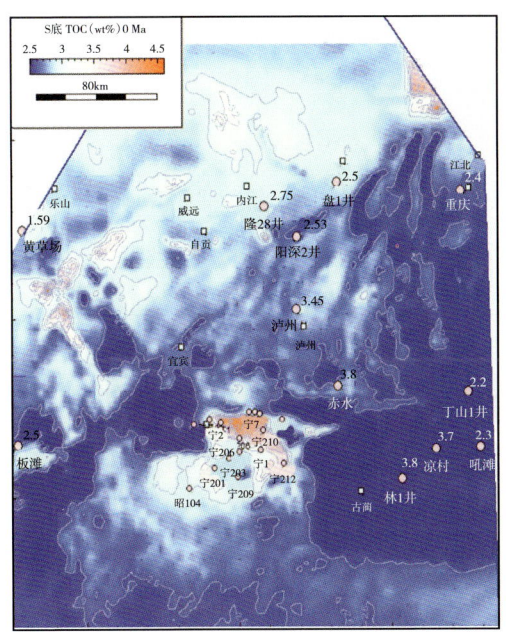
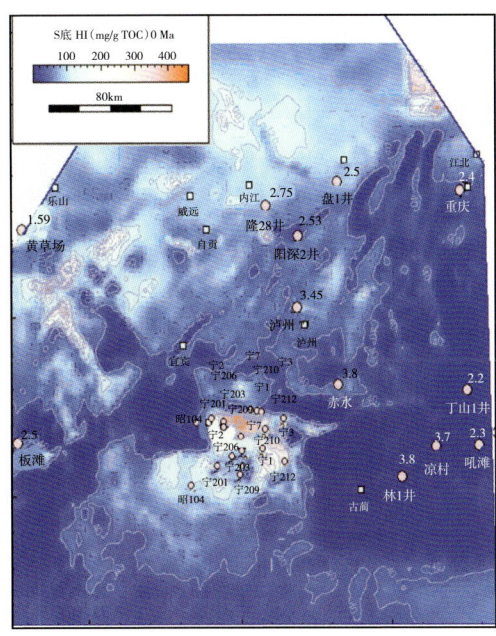

a. 龙马溪组现今TOC展布图　　　　　　　b. 龙马溪组现今HI展布图

图 6-3　龙马溪组关键生烃要素 TOC 及 HI 展布图

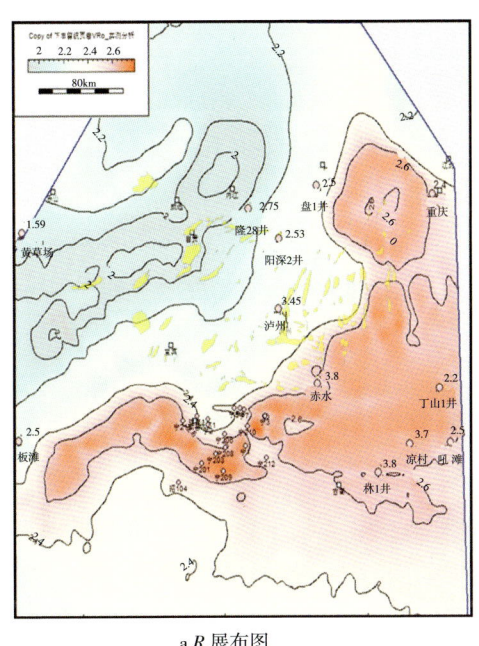
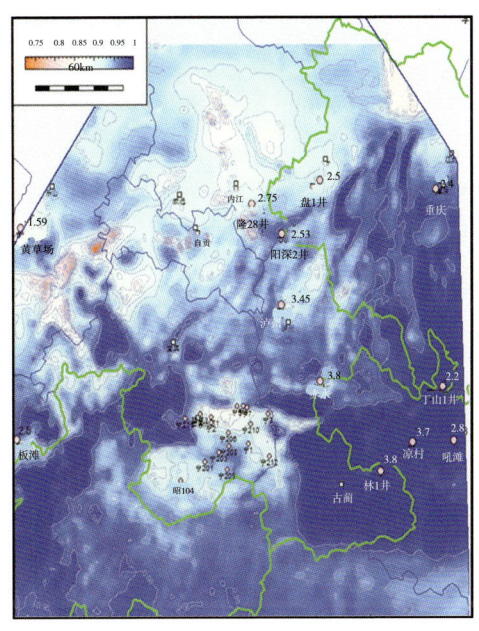

a. R_o展布图　　　　　　　　　　　b. 转化率图

图 6-4　龙马溪组关键生烃要素 R_o 及烃源层系转化率图

页岩气可采资源有利区面积 $6.46 \times 10^4 \mathrm{km}^2$，可采资源，$1.24 \times 10^{12} \mathrm{m}^3$，单位面积最大 $0.82 \times 10^8 \mathrm{m}^3/\mathrm{km}^2$，单位面积最小 $0.071 \times 10^8 \mathrm{m}^3/\mathrm{km}^2$，均值 $0.19 \times 10^8 \mathrm{m}^3/\mathrm{km}^2$（图 6-7），可采系数 10.1%。

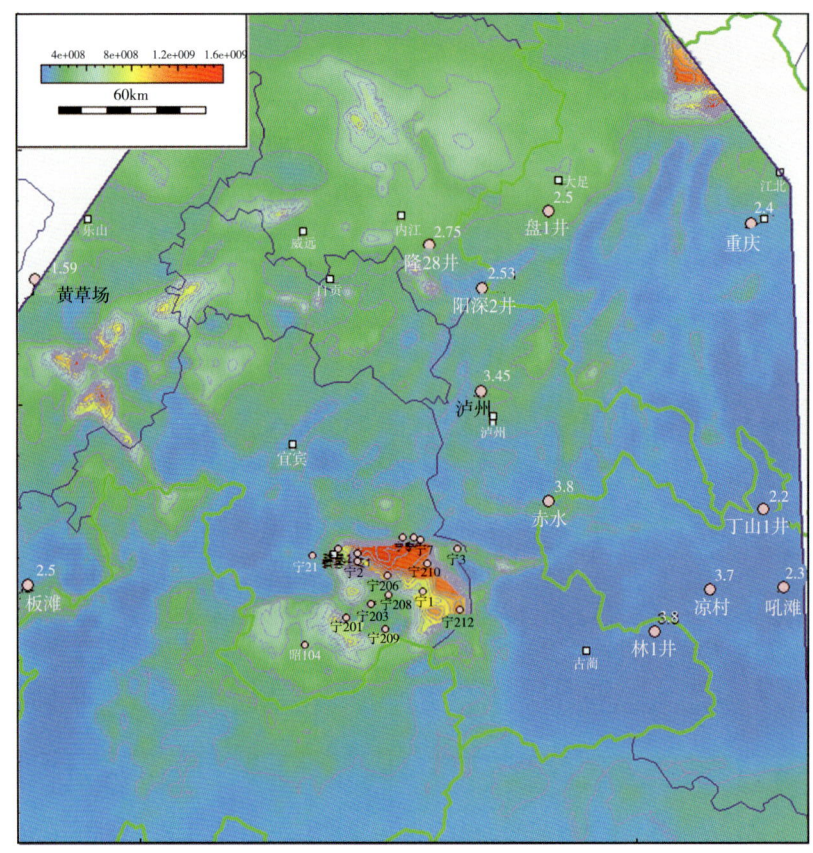

图 6-5　蜀南地区龙马溪组页岩气地质资源分布图

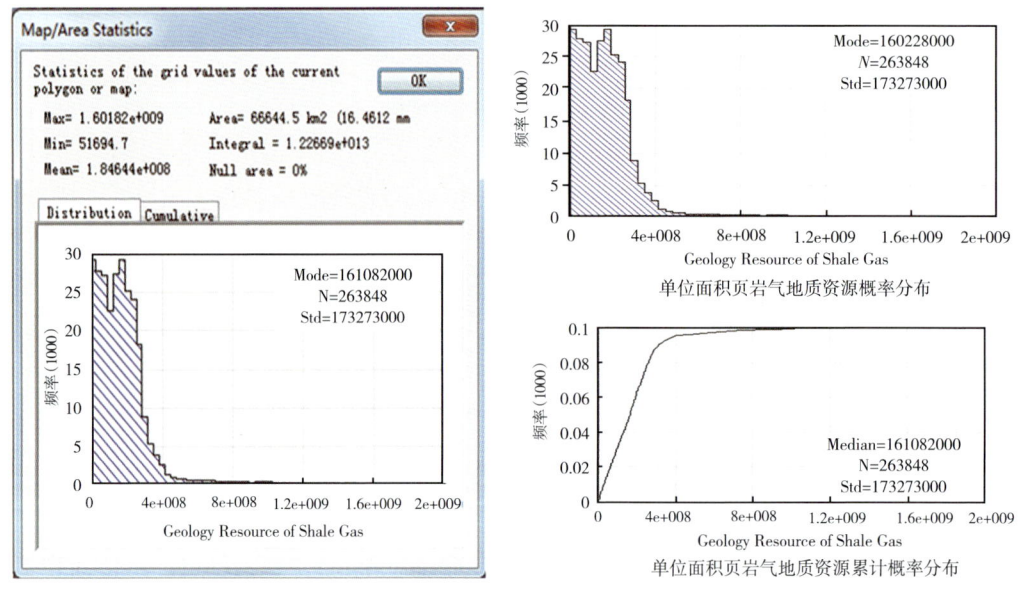

图 6-6　页岩气地质资源量评价结果

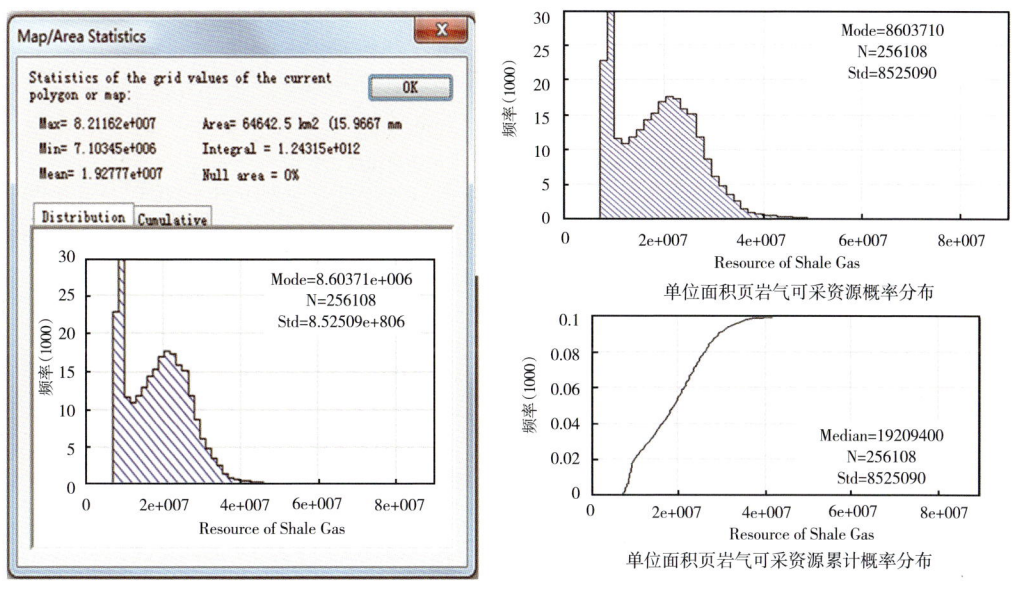

图 6-7　页岩气可采资源量评价结果

第二节　常规油气资源评价

一、成因法评价结果

成因法油气资源评价与统计法、类比法相比，属于相对比较乐观的一种评价方法。目前国内对盆地级、区带级油气资源总量的估算一般都是以成因法奠定油气资源总量范围。其主要研究内容包括，计算烃源岩的生（排）烃量，然后根据刻度区地质类比研究成果，刻度出评价区相应的（排）聚烃系数，最后计算出评价区内油、气的地质资源量。

该方法核心内容，即在生烃要素等地质条件研究基础上，模拟评价烃源岩生烃量，然后以分析确定的油气运聚系数，计算能够运聚成藏的资源量。前面已经明确龙马溪组烃源岩总生气量 $152\times10^{12}\,m^3$，只需确定运聚系数，既可以确定上覆层系常规天然气资源量总体。

运聚系数是成因法计算油气资源量的一个关键参数。油气运聚系数的大小，也就是含油气系统效率的高低，与盆地或含油气系统的构造和沉积史、构造背景类型、含油气系统主要组成之间的关系密切；与烃源岩、储层和盖层以及它们的沉积动力学紧密相连；同时受油气运移距离（烃源岩与油气区带之间的距离）、烃源岩范围和烃灶边界、平均有机质含量、烃源岩净厚度等因素的较大影响。油气运聚效率的高低受多种因素影响，重点是因为油气损失发生在整个系统中，而首当其冲的是烃源岩，然后沿着运移路径运移和散失，最后是在油气圈闭中运聚成藏。Jean-Jacques Biteau 等（2010）认为运聚系数主要有盆地大小、类型、埋藏史、烃源岩生烃能力、烃源岩成熟度、运移类型和距离以及储层或保存最佳时期与油气充注的一致性等影响因素。根据全球 175 个盆地统计分析，认为对于不同盆地或运聚单元类型，运聚系数范围在 0.1% 到 50% 之间（图 6-8、表 6-2）。

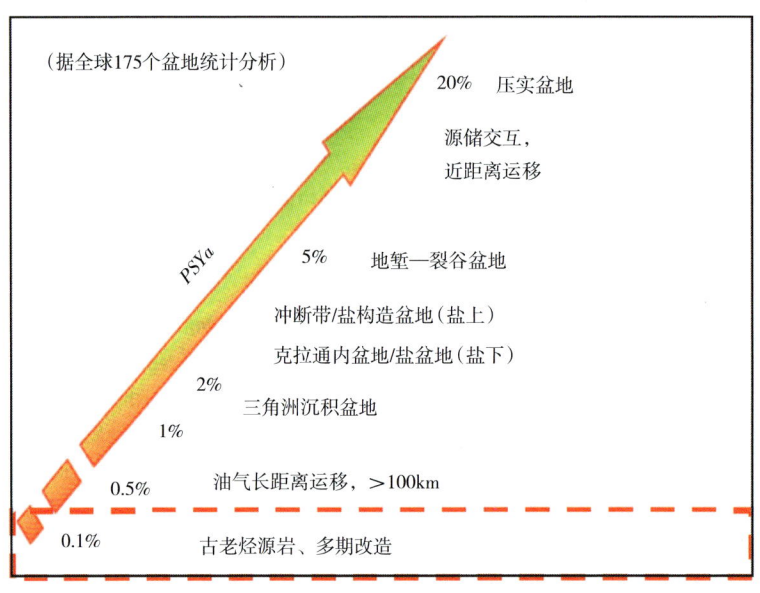

图 6-8 盆地类型和油气运聚系数之间的关系

表 6-2 盆地/运聚单元类型与运聚系数关系表（据 Jean-Jacques Biteau 等，2010）

运聚系数	0.1%	0.5%	1.0%	2.0%	2.0%~5.0%	5.0%	20.0%
盆地类型	古老烃源岩 多期改造、充注与成藏不匹配	油气长距离运移 >100km		三角洲沉积盆地	冲断带/盐构造盆地（盐上） 克拉通内盆地/盐盆地（盐下）	地堑—裂谷盆地	压实盆地 源储交互，近距离运移

龙马溪组页岩年代较远，且已达过成熟阶段，以生气为主。而蜀南地区又经历多期构造抬升改造，油气藏多期调整。同时，主要是以低渗低孔孔洞—裂缝型、裂缝—孔隙型储层为主，区内大部分钻井有不同程度的气显示，说明资源呈分散状态。考虑上述实际地质条件结合表6-2，可见志留系含油气系统运聚效率较低，运聚系数为0.1%。结合三次资评川南低陡构造带刻度区运聚系数取值（表6-3），认为蜀南志留系含油气系统运聚系数取值0.1%~0.3%比较合理。

表 6-3 川南低陡构造带刻度区运聚系数参数表（据三次资评）

概率值	5%	50%	95%
运聚系数	0.003822	0.002604	0.001909

结合区内总生烃量，蜀南志留系含油气系统以龙马溪组页岩为烃源的常规天然气地质资源量为 $1520 \times 10^8 \sim 4560 \times 10^8 m^3$ 之间。

二、统计法评价结果

油气勘探开发实践已经证实，具有相似油气地质条件的一系列油气藏，例如，同属于一个含油气盆地或一个区带（层系）的油气藏的大小规模、个数呈现如下的规律性：（1）盆地、区带中较大的几个油气藏能够拥有全部资源量的大部分；（2）较大的油气藏一般在勘探的早期就被发现，发现资源量增长较快，此后尽管勘探工作量持续增长，但发现的油气藏以中—小型为主，资源量呈缓慢增长态势。这个规律在统计学上可以用某种构型的密度函数来描述。这样，用已经发现的油气藏为样本，推算某一认定的母体的参数，就可预测出整个盆地或区带资源量了。本次研究统计上覆 6 个主力产气层系的 335 个气藏储量数据（表 6-4），以确保统计法开展资源评价的客观、有效。

表 6-4　蜀南地区主力产气层系天然气藏储量数据统计表

油藏名称	储层层位	发现时间	探明天然气地质储量（$10^8 m^3$）	油藏名称	储层层位	发现时间	探明天然气地质储量（$10^8 m^3$）	油藏名称	储层层位	发现时间	探明天然气地质储量（$10^8 m^3$）
广福坪	飞仙关组	19770101	0.5	永安场	嘉陵江组	19760101	1.5	牟家坪	茅口组	19750101	13.3
合江	飞仙关组	19910101	0.37	永安场	嘉陵江组	19770101	1.35	牟家坪	茅口组	19760101	8
李子坝	飞仙关组	19780101	1.5	永安场	嘉陵江组	19840101	0.08	牟家坪	茅口组	19770101	3.4
临峰场	飞仙关组	19870101	0.19	长垣坝	嘉陵江组	19590101	11.34	牟家坪	茅口组	19780101	2.3
临峰场	飞仙关组	19890101	1.32	长垣坝	嘉陵江组	19600101	8.74	纳溪	茅口组	19600101	0.42
庙高寺	飞仙关组	19760101	0.5	长垣坝	嘉陵江组	19910101	0.04	纳溪	茅口组	19610101	4.8
庙高寺	飞仙关组	19770101	0.3	赵场	嘉陵江组	19940101	1	纳溪	茅口组	19710101	2.47
纳溪	飞仙关组	19750101	0.61	自流井	嘉陵江组	19850101	2.52	纳溪	茅口组	19740101	0.11
纳溪	飞仙关组	19760101	0.5	自流井	嘉陵江组	19870101	2.02	纳溪	茅口组	19750101	0.74
坛子坝	飞仙关组	19710101	0.2	白节滩	茅口组	19730101	0.3	纳溪	茅口组	19760101	0.8
坛子坝	飞仙关组	19750101	2	白节滩	茅口组	19760101	3	纳溪	茅口组	19780101	1.6
坛子坝	飞仙关组	19760101	1	白节滩	茅口组	19890101	0.48	纳溪	茅口组	19790101	0.46
坛子坝	飞仙关组	19780101	1	白节滩	茅口组	19970101	2.73	纳溪	茅口组	19860101	0.54
坛子坝	飞仙关组	19980101	0.55	白节滩	茅口组	20030101	1	纳溪	茅口组	19910101	0.29
五通场	飞仙关组	19750101	0.1	宝华场	茅口组	19980101	0.17	纳溪	茅口组	19920101	0.25
阳高寺	飞仙关组	19640101	0.02	川主庙	茅口组	19870101	0.25	纳溪	茅口组	19950101	0.93
永安场	飞仙关组	19770101	5	打鼓场	茅口组	19720101	1	纳溪	茅口组	19980101	0.13
白节滩	嘉陵江组	19700101	7.19	大塔场	茅口组	19780101	6	南井	茅口组	19720101	19.1
白节滩	嘉陵江组	19780101	0.3	大塔场	茅口组	19910101	1.06	南井	茅口组	19730101	7
白节滩	嘉陵江组	19810101	0.7	丹凤场	茅口组	19820101	1.82	南井	茅口组	20030101	0.7
打鼓场	嘉陵江组	19620101	6.7	丹凤场	茅口组	19830101	1.3	青杠坪	茅口组	19770101	3.3

续表

油藏名称	储层层位	发现时间	探明天然气地质储量($10^8 m^3$)	油藏名称	储层层位	发现时间	探明天然气地质储量($10^8 m^3$)	油藏名称	储层层位	发现时间	探明天然气地质储量($10^8 m^3$)
丹凤场	嘉陵江组	19790101	2.58	丹凤场	茅口组	19840101	1.43	榕山镇	茅口组	19770101	2.43
丹凤场	嘉陵江组	19890101	0.72	丹凤场	茅口组	19850101	1.34	沈公山	茅口组	19910101	3.06
丹凤场	嘉陵江组	19910101	0.25	丹凤场	茅口组	19870101	0.79	沈公山	茅口组	19970101	3.82
邓井关	嘉陵江组	19580101	28.9	丹凤场	茅口组	19910101	0.61	沈公山	茅口组	20030101	2.62
邓井关	嘉陵江组	19670101	1.1	丹凤场	茅口组	19940101	0.72	圣灯山	茅口组	19560101	2.8
邓井关	嘉陵江组	19900101	0.44	东山	茅口组	19870101	0.24	圣灯山	茅口组	19910101	0.97
付家庙	嘉陵江组	19650101	16.35	东山	茅口组	19920101	0.38	宋家场	茅口组	19740101	38
付家庙	嘉陵江组	19660101	2.4	付家庙	茅口组	19700101	35	坛子坝	茅口组	19970101	0.76
付家庙	嘉陵江组	19670101	1.2	付家庙	茅口组	19720101	0.14	塘河	茅口组	19820101	0.44
付家庙	嘉陵江组	19730101	0.61	付家庙	茅口组	19740101	2	塘河	茅口组	19930101	1.4
付家庙	嘉陵江组	19750101	0.03	付家庙	茅口组	19760101	0.8	同福场	茅口组	19960101	1.26
高木顶	嘉陵江组	19570101	1.33	古佛坎	茅口组	19980101	1.12	桐梓园	茅口组	19720101	15
广福坪	嘉陵江组	19640101	2	古佛山	茅口组	20030101	4.83	桐梓园	茅口组	19780101	0.3
合江	嘉陵江组	19660101	5.2	观音场	茅口组	19770101	4.5	桐梓园	茅口组	19790101	4.97
合江	嘉陵江组	19710101	3	观音场	茅口组	19970101	3.18	瓦市	茅口组	19860101	1.39
合江	嘉陵江组	19720101	2.96	广福坪	茅口组	19740101	1.3	瓦市	茅口组	19910101	0.23
合江	嘉陵江组	19730101	3.4	广福坪	茅口组	19850101	0.89	瓦市	茅口组	19920101	0.77
合江	嘉陵江组	19980101	0.42	合江	茅口组	19750101	2.34	瓦市	茅口组	19950101	1
荷包场	嘉陵江组	19960101	1.65	合江	茅口组	19770101	0.7	威远	茅口组	19890101	8.61
花果山	嘉陵江组	19910101	0.44	合江	茅口组	19910101	0.36	五通场	茅口组	19900101	3.3
黄瓜山	嘉陵江组	19560101	2.2	合江	茅口组	19970101	1.31	五通场	茅口组	19950101	4.51
黄瓜山	嘉陵江组	19570101	1.93	荷包场	茅口组	19850101	1.66	阳高寺	茅口组	19590101	24
黄瓜山	嘉陵江组	19580101	0.46	荷包场	茅口组	19880101	0.41	阳高寺	茅口组	19600101	0.19
黄瓜山	嘉陵江组	19720101	0.19	荷包场	茅口组	19890101	2.52	阳高寺	茅口组	19730101	5.54
黄家场	嘉陵江组	19660101	17	荷包场	茅口组	19900101	7.47	阳高寺	茅口组	19730101	5.47
孔滩	嘉陵江组	19710101	5.41	荷包场	茅口组	19910101	3.07	阳高寺	茅口组	19810101	1.6
孔滩	嘉陵江组	19770101	0.7	荷包场	茅口组	19920101	3.95	阳高寺	茅口组	19910101	0.24
孔滩	嘉陵江组	19860101	1.04	荷包场	茅口组	19930101	11.25	阳高寺	茅口组	19950101	3.76
孔滩	嘉陵江组	19920101	0.3	荷包场	茅口组	19940101	0.95	杨家山	茅口组	19770101	2.52
老翁场	嘉陵江组	19660101	3.5	荷包场	茅口组	19960101	0.16	永安场	茅口组	19860101	0.99
李子坝	嘉陵江组	19850101	1.89	荷包场	茅口组	19970101	1.96	长宁	茅口组	19980101	1.31
李子坝	嘉陵江组	19870101	0.3	荷包场	茅口组	19980101	3.26	长垣坝	茅口组	19980101	0.12
李子坝	嘉陵江组	19890101	0.39	荷包场	茅口组	20030101	4.35	中兴场	茅口组	19730101	7.8

续表

油藏名称	储层层位	发现时间	探明天然气地质储量(10^8m^3)	油藏名称	储层层位	发现时间	探明天然气地质储量(10^8m^3)	油藏名称	储层层位	发现时间	探明天然气地质储量(10^8m^3)
李子坝	嘉陵江组	19940101	0.18	花果山	茅口组	19880101	3.57	中兴场	茅口组	19770101	0.2
荔枝滩	嘉陵江组	19660101	0.18	花果山	茅口组	19910101	0.85	中兴场	茅口组	19900101	0.12
荔枝滩	嘉陵江组	19670101	0.6	花果山	茅口组	19960101	2.21	中兴场	茅口组	19960101	0.48
灵音寺	嘉陵江组	19960101	2.03	花果山	茅口组	19980101	0.17	朱坨镇	茅口组	19790101	5
灵音寺	嘉陵江组	20030101	2.2	黄家场	茅口组	19630101	46	朱坨镇	茅口组	19820101	0.6
龙洞坪	嘉陵江组	19590101	0.17	黄家场	茅口组	19850101	3.64	转龙场	茅口组	19940101	2.86
龙洞坪	嘉陵江组	19750101	0.5	黄家场	茅口组	19870101	0.87	自流井	茅口组	19590101	55.7
龙市镇	嘉陵江组	19960101	0.69	黄家场	茅口组	19900101	1.56	自流井	茅口组	19910101	0.1
隆昌	嘉陵江组	19940101	2.42	黄家场	茅口组	19910101	0.16	自流井	茅口组	19920101	1.6
鹿角场	嘉陵江组	19940101	3.91	黄家场	茅口组	19920101	1.25	自流井	茅口组	19950101	4.2
麻柳场	嘉陵江组	20030101	194.8	黄家场	茅口组	19970101	1.21	自流井	茅口组	20030101	1.68
庙高寺	嘉陵江组	19700101	7.2	九奎山	茅口组	19710101	4.1	大塔场	栖霞组	19970101	0.24
庙高寺	嘉陵江组	19710101	3.2	九奎山	茅口组	19720101	0.13	九奎山	栖霞组	19630101	2.1
庙高寺	嘉陵江组	19720101	7.7	九奎山	茅口组	19760101	1.8	九奎山	栖霞组	19970101	0.41
庙高寺	嘉陵江组	19740101	0.5	九奎山	茅口组	19920101	3.74	庙高寺	栖霞组	19780101	0.7
庙高寺	嘉陵江组	19750101	0.5	九奎山	茅口组	19950101	0.94	庙高寺	栖霞组	19980101	0.2
庙高寺	嘉陵江组	19860101	0.96	孔滩	茅口组	19760101	17.25	纳溪	栖霞组	19840101	4.13
庙高寺	嘉陵江组	19910101	0.26	孔滩	茅口组	19770101	3.74	安岳	须家河组	20100101	1171.19
庙高寺	嘉陵江组	19940101	0.15	孔滩	茅口组	19870101	2.04	观音场	须家河组	19860101	0.42
庙高寺	嘉陵江组	19960101	2.61	来苏场	茅口组	19860101	1.09	观音场	须家河组	19890101	0.1
庙高寺	嘉陵江组	19980101	0.1	来苏场	茅口组	19880101	0.31	观音场	须家河组	19940101	1.43
牟家坪	嘉陵江组	19920101	0.95	老翁场	茅口组	19710101	33	观音场	须家河组	19970101	0.19
牟家坪	嘉陵江组	19980101	0.1	老翁场	茅口组	19740101	1	合江	须家河组	19710101	1.57
纳溪	嘉陵江组	19580101	6.25	老翁场	茅口组	19850101	1.26	荷包场	须家河组	19780101	1
纳溪	嘉陵江组	19640101	2	李子坝	茅口组	19780101	2	荷包场	须家河组	20070101	171.8
纳溪	嘉陵江组	19700101	1	李子坝	茅口组	19810101	5.73	九龙山	须家河组	19890101	13.6
纳溪	嘉陵江组	19710101	0.02	李子坝	茅口组	19840101	3.67	龙女寺	须家河组	19800101	3.44
纳溪	嘉陵江组	19750101	0.1	李子坝	茅口组	19970101	0.58	纳溪	须家河组	19710101	0.6
纳溪	嘉陵江组	19910101	0.09	荔枝滩	茅口组	19720101	0.07	纳溪	须家河组	19730101	0.3
榕山镇	嘉陵江组	19900101	0.96	荔枝滩	茅口组	19750101	2.85	瓦市	须家河组	19780101	1
沈公山	嘉陵江组	19640101	12	梁董庙	茅口组	19820101	1.7	朱坨镇	须家河组	19910101	0.08
沈公山	嘉陵江组	19650101	6	梁董庙	茅口组	19840101	3	宝华场	长兴组	19900101	1.58
沈公山	嘉陵江组	19750101	2	梁董庙	茅口组	19910101	0.27	丹凤场	长兴组	19820101	5.72

续表

油藏名称	储层层位	发现时间	探明天然气地质储量(10^8m^3)	油藏名称	储层层位	发现时间	探明天然气地质储量(10^8m^3)	油藏名称	储层层位	发现时间	探明天然气地质储量(10^8m^3)
沈公山	嘉陵江组	19890101	4.24	临峰场	茅口组	19830101	3.7	丹凤场	长兴组	19870101	0.36
沈公山	嘉陵江组	19940101	1.51	临峰场	茅口组	19880101	0.36	荷包场	长兴组	19860101	7.02
圣灯山	嘉陵江组	19490101	3.8	临峰场	茅口组	19910101	0.32	荷包场	长兴组	19880101	2.78
石龙峡	嘉陵江组	19670101	5.92	临峰场	茅口组	19960101	2.86	花果山	长兴组	19870101	0.53
塘河	嘉陵江组	19660101	6.3	灵音寺	茅口组	19910101	8.28	黄家场	长兴组	19950101	0.14
塘河	嘉陵江组	19670101	1.1	龙洞坪	茅口组	19720101	1.67	九奎山	长兴组	19910101	0.3
塘河	嘉陵江组	19750101	11.2	龙洞坪	茅口组	19730101	1.5	来苏场	长兴组	19870101	0.05
塘河	嘉陵江组	19900101	0.64	龙洞坪	茅口组	19860101	1.63	李子坝	长兴组	19780101	0.85
同福场	嘉陵江组	19930101	4.51	龙洞坪	茅口组	19930101	1.76	李子坝	长兴组	19790101	1.36
同福场	嘉陵江组	20050101	35.69	龙洞坪	茅口组	19940101	0.32	李子坝	长兴组	19810101	0.45
桐梓园	嘉陵江组	19660101	2.8	龙洞坪	茅口组	19980101	0.47	李子坝	长兴组	19850101	1.53
桐梓园	嘉陵江组	19980101	0.11	龙市镇	茅口组	19840101	3.09	李子坝	长兴组	19910101	0.14
五通场	嘉陵江组	19650101	4.65	龙市镇	茅口组	19850101	1.07	鹿角场	长兴组	19900101	2.59
五通场	嘉陵江组	19660101	2	龙市镇	茅口组	19860101	0.69	鹿角场	长兴组	19910101	0.52
五通场	嘉陵江组	19980101	2.51	隆昌	茅口组	19840101	7.6	庙高寺	长兴组	19770101	0.5
兴隆场	嘉陵江组	19650101	26.17	鹿角场	茅口组	19790101	6.89	纳溪	长兴组	19870101	0.32
兴隆场	嘉陵江组	19810101	0.69	鹿角场	茅口组	19810101	2.86	榕山镇	长兴组	19780101	0.8
阳高寺	嘉陵江组	19580101	8	鹿角场	茅口组	19840101	3.64	石龙峡	长兴组	19940101	0.47
阳高寺	嘉陵江组	19590101	0.35	鹿角场	茅口组	19870101	1.45	塘河	长兴组	19910101	0.12
阳高寺	嘉陵江组	19670101	0.13	庙高寺	茅口组	19720101	1.2	新店子	长兴组	19980101	0.11
阳高寺	嘉陵江组	19700101	0.8	庙高寺	茅口组	19750101	0.5	阳高寺	长兴组	19860101	0.08
阳高寺	嘉陵江组	19710101	3.4	庙高寺	茅口组	19760101	5.5	永安场	长兴组	19780101	0.2
阳高寺	嘉陵江组	19740101	0.5	庙高寺	茅口组	19770101	3.5	中兴场	长兴组	19720101	0.35
杨家山	嘉陵江组	19750101	2.12	庙高寺	茅口组	19790101	6.68	朱坨镇	长兴组	19820101	0.2
宜宾	嘉陵江组	20030101	17.53	庙高寺	茅口组	19980101	0.2				

本书采用发现过程法、规模序列法、广义帕莱托法等开展常规天然气资源评价,结果见表6-5。

表6-5 研究区志留系含油气系统范围内各层系资源量

层位	油气资源量(10^8m^3)		时代
	探明地质储量	总地质资源量	
雷口坡组	1.24	225.2	T_2
嘉陵江组	409.1	983	T_1
飞仙关组	14.3	36.8	

续表

层位	油气资源量（$10^8 m^3$）		时代
	探明地质储量	总地质资源量	
上二叠统	32.97	1061	P_2
下二叠统	678.5	95	P_1
志留系	0	302.6	S
奥陶系	0.55	425.8	O
寒武系	0	527.3	∈
汇总	1137	3656	

第三节　四川盆地蜀南地区油气资源结构

一、油气资源结构

通过评价常规天然气资源与非常规天然气资源潜力，分析蜀南地区常规与非常规天然气资源纵向分布特征（图6-9）。

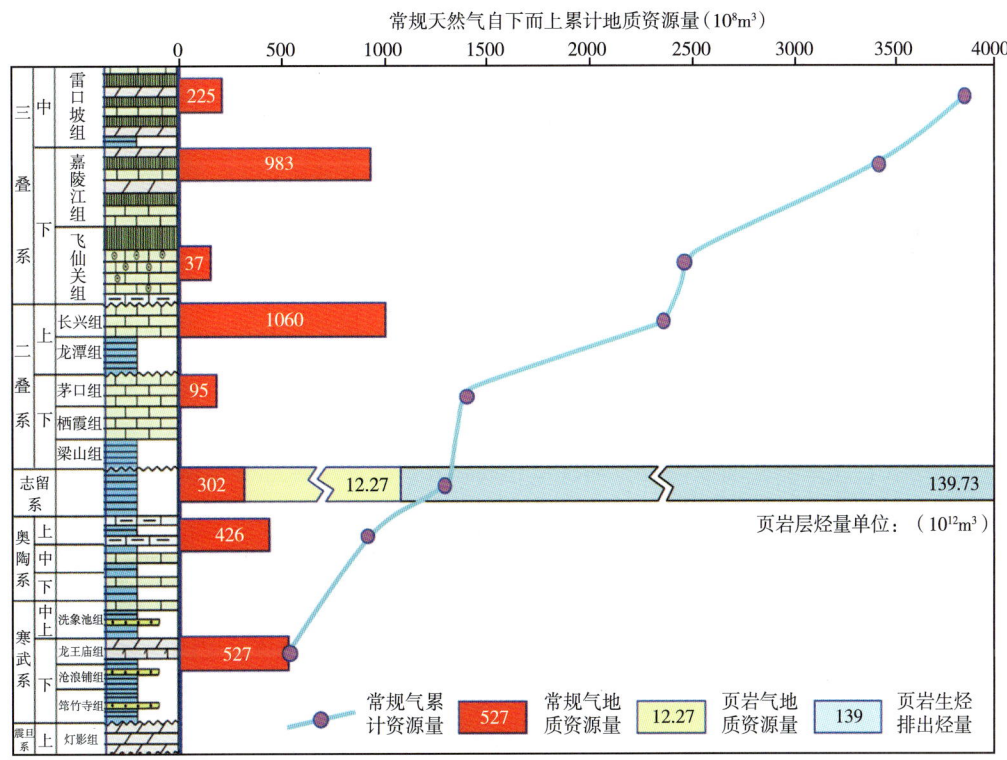

图6-9　蜀南地区常规与非常规天然气资源纵向分布特征

在常规与非常规天然气资源纵向分布基础上，建立油气资源结构模型（图6-10）。常规资源赋存于独立圈闭，单体或集群型分布，总资源量$3656×10^8 m^3$。非常规页岩气资源除威远西北部龙马溪组页岩剥蚀区没有资源分布以外，呈大面积连续型分布，无界限明显的圈闭，总资源量 $12.27 \times 10^{12} m^3$。从常规与非常规油气资源的比例来看，非常规页岩气是常规天然气的33倍，也就是说常规与非常规之比为1:33，与福特沃斯盆地的常规与非常规气之比相同。

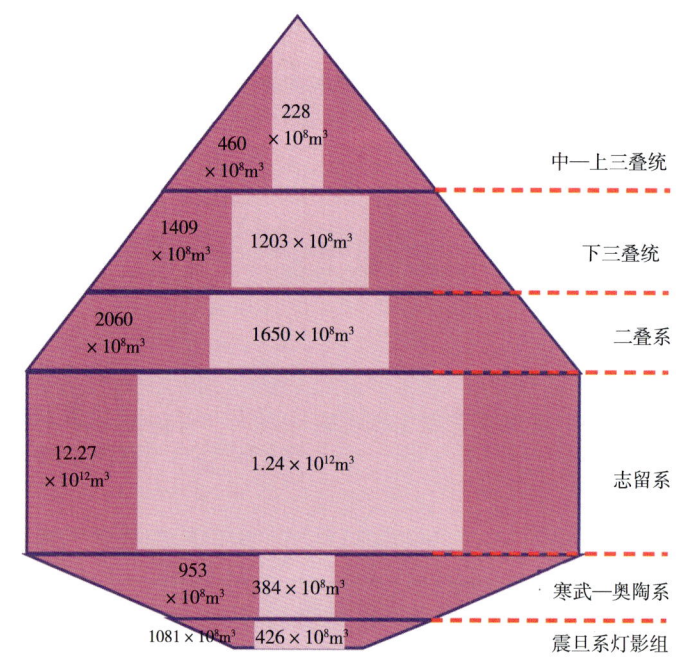

图6-10 蜀南地区龙马溪组含油气系统常规与非常规油气资源结构

二、常规天然气资源分布特征

常规天然气资源较非常规资源受古构造控制明显，主要分布在乐山—龙女寺古隆起的斜坡以及泸州古隆起的斜坡及核部。海西期和印支期继承发育的泸州古隆起深刻影响了茅口组、嘉陵江组有利储层的发育以及油气藏分布。

非常规页岩气资源受现今构造影响较常规资源大，在现今隆起等埋深较浅区资源丰度较低。威远背斜为曾经的剥蚀区、现今的隆起区，资源丰度为 $1 \times 10^8 \sim 4 \times 10^8 m^3/km^2$；高木顶、天宫堂等盆地边界抬升区资源丰度为 $4 \times 10^8 \sim 6 \times 10^8 m^3/km^2$；而诸如富顺—永川，是曾经的沉积中心、现今埋藏相对较深区，页岩气资源丰度可达 $7 \times 10^8 \sim 9 \times 10^8 m^3/km^2$。经济埋深小于4000m的地区，相对页岩气资源丰度较低，而资源丰度较高的地区埋深较大。

晚期构造运动对常规、非常规天然气成藏都有影响，常规资源受影响更大，如盆地边界区基本没有常规资源的分布，但仍有页岩气资源分布，只是资源丰度相对较低。

蜀南志留系含油气系统具有成因关系的常规与非常规资源结构。常规天然气以二叠系、三叠系构造—岩性天然气为主，储层类型为裂缝—孔洞型/裂缝—孔隙型，地质资源量为 $2060 \times 10^8 \sim 4120 \times 10^8 m^3$，占生烃量的 $0.1\% \sim 0.2\%$。龙马溪组非常规页岩气，储层类型为裂缝及微—纳米孔，地质资源量为 $27.9 \times 10^{12} m^3$。非常规与常规天然气地质资源比例为 $(65 \sim 130):1$。

通过与美国成熟页岩气开采区类比,确定海相页岩平均采收率为12%,而蜀南地区常规天然气采收率平均为75%。因此,考虑开发有利区以及技术采收率因素,龙马溪组页岩气可采资源量为$1.2×10^{12}m^3$,常规天然气可采资源量为$1545×10^8 \sim 3090×10^8m^3$。非常规与常规天然气技术可采资源比例为(4~8):1。

总体来说,非常规页岩气地质资源、可采资源远高于常规天然气,是蜀南老气区具有战略意义的重要接替资源,应深入研究页岩气分布富集规律,加强开发利用配套技术与装备攻关,形成适合我国特点的页岩气勘探开发关键技术和经济有效开发方式,将资源优势转化为产量优势,实现页岩气规模开发利用。

常规天然气总地质资源量$6052.4×10^8m^3$,可采资源量$4632.8×10^8m^3$。主要分布在二叠、三叠系,其中嘉陵江组地质资源量$2732.0×10^8m^3$,可采资源量$2301.7×10^8m^3$;下二叠统地质资源量$1240.0×10^8m^3$,可采资源量$1021.5×10^8m^3$。嘉陵江组、下二叠统资源探明率分别为19.4%和56.3%,而奥陶系、志留系、飞仙关组和雷口坡组探明率极低,共有$2031.3×10^8m^3$剩余资源未探明。

(1) 嘉陵江组为相对整装或整装的裂缝—孔隙型气藏,剩余地质资源$2200×10^8m^3$,勘探潜力较大。

蜀南嘉陵江组纵向上具有多产层、多圈闭类型、多套烃源供给的特点。主要存在四个方面的油气藏主控因素:①泸州古隆起的形成演化影响着嘉陵江组的沉积活动,控制着嘉陵江组古今油气藏的分布格局;②嘉陵江组有利储集相带的纵横展布控制着嘉陵江组油气藏的空间分布范围;③深大断裂、基底断裂,以及构造运动形成的穿层断层是嘉陵江组油气运聚的主要通道,其断裂的大小控制着嘉陵江组气藏的丰度规模;④各类有效裂缝是嘉陵江组气藏高产的重要因素。

在过去较长时间勘探和研究均以二叠系气藏为主的前提下,仍普遍在嘉陵江组获工业性气流或油气显示,显示了嘉陵江组良好的勘探潜力。本次评价结果表明嘉陵江组剩余地质资源$2200×10^8m^3$,勘探潜力较大。今后应以寻找裂缝—孔隙性层状(似层状)气藏为目标;既要重视主力产层,又要积极寻找新的可能性产层,特别是嘉二段储层的勘探;针对嘉一段、嘉二段等储层非均质性较强的产层,应加大钻探密度提高储产量,积少成多、聚沙成塔。

(2) 下二叠统为裂缝—溶洞型气藏,剩余地质资源$543×10^8m^3$,岩溶储层勘探仍有较大潜力。

作为蜀南勘探开发老层系,下二叠统具有五个方面地质特征:①碳酸盐岩基质岩块储集性能很差,具低孔低渗特征,储层为岩溶和受构造作用形成的缝洞储层;②缝洞系统主要分布在构造高点、轴部、构造转折端、逆断层破碎带,构造翼部、向斜区也有分布;③缝洞系统大小悬殊、非均质性强,具有独立的压力系统和气水界面;④东吴期古隆起控制茅口组储层发育,形成的古岩溶是油气储集的主要场所;⑤喜马拉雅期形成大量断层,为天然气运移提供通道,构造褶皱断层形成缝洞系统。

下二叠统经历几十年勘探,已发现大小气田55个。在"三占三沿"的勘探思路指导下(即占高点、沿长轴、占鞍部、沿扭曲、占鼻凸、沿断层),已钻探的井集中在构造主体上。然而,广大的构造翼部、向斜勘探程度仍然很低,勘探领域广阔。

根据泸州古隆起地层剥蚀情况,宏观上把出露茅口组三段的古隆起中心部位划分为岩溶高地，西侧为岩溶陡坡，东侧为岩溶缓坡。岩溶高地茅口组剥蚀夷平严重，缝洞层段相对保留少，以发育中小型缝洞储集系统为主；西侧岩溶陡坡（包括邻近岩溶高地一侧）溶蚀强度大、缝洞层段保留较好，以发育大型缝洞储集系统为主；而东侧岩溶缓坡以发育小型缝洞储集系统为主，普遍具有异常高压（陆正元等，2010）。由此，泸州古隆起西侧岩溶斜坡带及其邻近的岩溶高地是有利的勘探开发区域。

依据本次评价结果，下二叠统剩余地质资源 $543×10^8 m^3$，说明岩溶储层勘探仍有较大潜力。蜀南地区局部古地貌高地及陡缓转折带岩溶发育，非背斜区断层带的缝洞系统沿断层带呈串珠状分布，应加强岩溶储层分布规律研究，实现下二叠统勘探新的突破。

三、页岩气资源分布特征

考虑页岩气勘探开发的经济性，目前国内外有利区标准定为：高伽马页岩厚度≥30m，埋藏深度≤4000m。根据蜀南龙马溪组页岩埋藏深度和高伽马页岩厚度分布情况，确定有利区范围（图6-11）。蜀南页岩气有利区面积为 $1.45×10^4 km^2$，约占研究区面积的1/3。由于研究区地表条件复杂，因此将有利区中地表条件较好，地势平坦、有利施工的区域划为Ⅰ类有利区，其余则划为Ⅱ类有利区。其中，Ⅰ类有利区面积为9771km²，Ⅱ类有利区面积为4795km²。

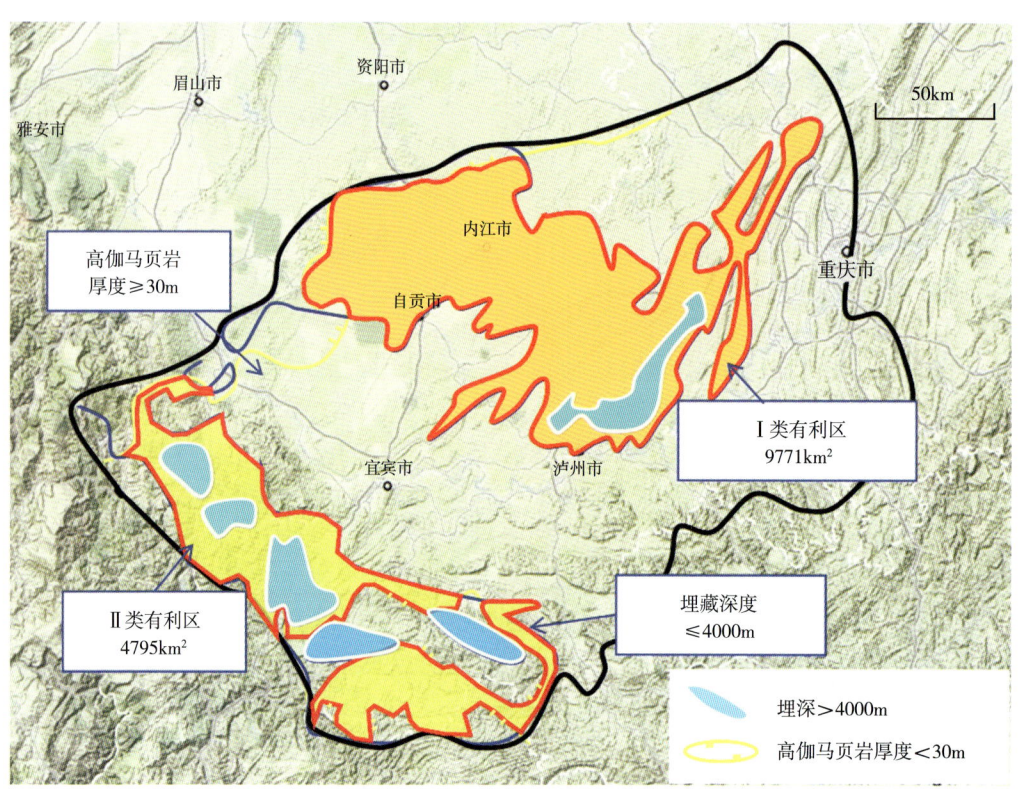

图6-11 蜀南龙马溪组页岩气有利区分布图（据中国工程院战略咨询课题，2012）

Ⅰ类有利区中富顺—永川一带资源丰度可达 $7×10^8$~$9×10^8 m^3/km^2$，该区正处于龙马溪组黑色页岩的沉积中心，富有机质页岩（TOC≥2）厚度达 50~90m，脆性矿物含量较高，天然裂缝发育，且具异常高压特征，具有非常好的资源前景。壳牌公司在该区所钻阳 101 井，直井测试日产 $5×10^4 m^3$。另外该区地面设施及管网齐全，是龙马溪组页岩气勘探开发潜力最大的有利区。

Ⅱ类有利区中天宫堂—长宁地区资源丰度为 $6×10^8$~$8×10^8 m^3/km^2$，富有机质页岩（TOC≥2）厚度达 30~50m，该区宁 201-H_1 水平井测试平均日产 $15×10^4 m^3$，显示较好的勘探前景。与富顺—永川地区相比，该区处于盆地边界，地表条件相对复杂，保存条件可能是该区北部页岩气勘探较大的制约因素。应该尽量避开断裂发育带和页岩目的层出露区，因为这些因素均会导致页岩中的游离气大量散失，而且由于压力的释放而使页岩中的吸附气也会发生大量解吸、散失。因此，应该优选保存条件较好，地表条件较佳的相对稳定区进行勘探。

参 考 文 献

曹鹏, 邹伟宏, 戴传瑞, 等. 2012. 油砂研究概述. 新疆石油地质, 33 (6): 747-750.
陈安定, 刘德良. 2006. 寒武系烃源古油藏油裂解气特征及成藏条件. 海相油气地质, 11 (2): 41-46.
陈世加, 付晓文, 马力宁, 等. 2002. 干酪根裂解气和原油裂解气的成因判识方法. 石油实验地质, 24 (4): 364-366, 371.
陈增智, 郝石生. 1991. 排烃效率对干酪根累计产烃率影响的数学模拟. 石油大学学报 (自然科学版), 15 (6): 7-14.
程克明, 王兆云, 钟宁宁, 等. 1996. 碳酸盐岩油气生成理论与实践. 北京: 石油工业出版社.
程克明, 王兆云. 1996. 高成熟和过成熟海相碳酸盐岩生烃条件评价方法研究. 中国科学 (D辑), 26 (6): 537-543.
程耀黄、陈盛吉. 1982. 四川盆地的气源与勘探. 天然气工业, No1.
戴金星, 倪云燕, 黄士鹏, 等. 2010. 四川盆地黄龙组烷烃气碳同位素倒转成因的探讨. 石油学报, 31 (5).
邓宾, 刘树根, 刘顺, 等. 2006. 四川盆地地表剥蚀量恢复及其意义. 成都理工大学学报 (自然科学版), 36 (6).
杜金虎, 胡素云, 张义杰, 等. 2013. 从典型实例感悟油气勘探. 石油学报, 34 (5): 809-820.
付小东, 秦建中, 腾格尔. 2008. 四川盆地东南部海相层系优质烃源层评价. 石油实验地质, 30 (6): 621-629.
傅家谟, 刘德汉. 1982. 碳酸盐岩有机质演化特征与油气评价. 石油学报, 3 (1): 1-9.
宫色, 李剑, 张英, 等. 2002. 煤的二次生烃机理探讨. 石油实验地质, 24 (6): 541-544, 549.
关德师, 牛嘉玉, 郭丽娜, 等. 1996. 中国非常规油气地质. 北京: 石油工业出版社.
关德师, 王兆云, 秦勇, 等. 2003. 二次生烃迟滞性定量评价方法及其在渤海湾盆地中的应用. 沉积学报, 21 (3): 533-538.
郭利果, 肖贤明, 田辉. 2011. 原油裂解气与干酪根裂解气差异实验研究. 石油实验地质, 33 (4): 428-436.
郭秋麟, 陈晓明, 宋焕琪, 等. 2013. 泥页岩埋藏过程孔隙度演化与预测模型探讨. 天然气地球科学, 24 (3): 439-449.
郭彤楼, 刘若冰. 2013. 复杂构造区高演化程度海相页岩气勘探突破的启示——以四川盆地东部盆缘JY1井为例. 天然气地球科学, 24 (4): 643-651.
国土资源部油气资源战略研究中心. 2010. 全国油砂资源评价. 北京: 中国大地出版社.
韩世庆, 王守德, 胡惟元. 1982. 黔东麻江古油藏的发现及其地质意义. 石油与天然气地质, 3 (4): 315-326.
郝石生, 高岗, 王飞宇, 等. 1996. 高—过成熟海相烃源岩. 北京: 石油工业出版社, 14-29.
郝石生. 1984. 对碳酸盐生油岩的有机质丰度及其演化特征的讨论. 石油实验地质, 6 (1): 67-71.
何登发, 李德生, 童晓光. 2010. 中国多旋回叠合盆地立体勘探论. 石油学报. 31 (5): 695-710.
何登发, 李德生, 张国伟等. 2011. 四川多旋回叠合盆地形成与演化. 地质科学, 46 (3): 589-606.
贺训云, 王招明, 贺晓苏, 等. 2008. 塔里木盆地原油裂解气资源估算. 新疆石油地质, 29 (2): 182-186.
侯连华, 朱如凯, 赵霞, 等. 2012. 中国火山岩油气藏控制因素及分布规律. 中国工程科学, 14 (6): 77-86.
胡守志, 付晓文, 王庭栋, 等. 2007. 储层中的沥青沉淀带及其对油气勘探的意义. 天然气地球科学, 18 (1): 99-103.

黄第藩, 胡见义. 1991. 中国陆相石油地质理论基础. 北京: 石油工业出版社, 1-254.

黄籍中, 陈盛吉, 宋家荣, 等. 2006. 四川盆地烃源岩体系与大中型气田形成. 中国科学（D辑）, 26(6): 504-510.

黄籍中. 2009. 四川盆地页岩气与煤层气勘探前景分析. 岩性油气藏, 21（2）: 116-120.

黄文明, 刘树根, 王国芝, 等. 2010. 四川盆地下古生界油气地质条件及气藏特征. 天然气地球科学, 22（3）: 465-476.

贾承造, 郑民, 张永峰. 2012. 中国非常规油气资源与勘探开发前景. 石油勘探与开发, 39（2）: 129-136.

姜福杰, 庞雄奇, 姜振学, 等. 2008. 应用油藏规模序列法预测东营凹陷剩余资源量. 西南石油大学学报, 30（1）: 54-62.

姜华, 汪泽成, 杜宏宇, 等. 2014. 乐山—龙女寺古隆起构造演化与新元古界震旦系天然气成藏. 天然气地球科学, 25（2）: 192-200.

解启来, 周中毅, 施继锡, 等. 2004. 塔里木盆地塔中地区下古生界二次生烃的类型及其特征. 地质论评, 50（4）: 377-383.

金强. 1989. 生油岩原始有机碳恢复方法的探讨. 石油大学学报（自然科学版）, 13（5）: 1-10.

金庆焕, 张光学, 杨木壮, 等. 2005. 天然气水合物资源概论. 北京: 科学出版社.

金庆焕. 2000. 天然气水合物——未来的新能源. 中国工程科学, 2（11）: 29-34.

李君, 吴晓东, 王东良, 等. 2013. 裂解气成因特征及成藏模式探讨. 天然气地球科学, 24（3）: 520-528.

李清平, 张旭辉, 鲁晓兵. 2011. 沉积物中水合物形成机理及分解动力学研究进展. 力学进展, 41（1）: 1-14.

李荣西. 1996. 有机质热演化与极低级变质作用. 地质科技情报, 15（3）: 64-66.

李艳霞, 钟宁宁. 2006. 川东石炭系气藏原油裂解型气藏成藏过程重构. 第四届油气成藏机理与资源评价国际学术研讨会论文集, 397-402.

梁狄刚, 郭彤楼, 陈建平, 等. 2008. 中国南方海相生烃成藏研究的若干新进展（一）: 南方四套区域性海相烃源岩的分布. 海相油气地质, 13（2）: 1-16.

梁宏斌, 旷红伟, 刘俊奇, 等. 2007. 冀中坳陷束鹿凹陷古近系沙河街组三段泥灰岩成因探讨. 古地理学报, 9（2）: 167-175.

刘朝全, 姜学峰. 2018. 2017年国内外油气行业发展报告. 北京: 石油工业出版社, 1-350.

刘成林, 等. 2011. 非常规油气资源. 北京: 地质出版社.

刘德汉, 肖贤明, 田辉, 等. 2009. 应用流体包裹体和沥青特征判别天然气的成因. 石油勘探与开发, 36（3）.

刘德汉, 肖贤明, 田辉, 等. 2010. 论普光原油裂解气藏的动力学和热力学模拟方法与结果. 天然气地球科学, 21（2）: 175-185.

刘树根, 马永生, 孙玮, 等. 2008. 四川盆地威远气田和资阳含气区震旦系油气成藏差异性研究. 地质学报, 82（3）: 328-337.

刘树根, 孙玮, 罗志立, 等. 2013. 兴凯地裂运动与四川盆地下组合油气勘探. 成都理工大学学报（自然科学版）, 40（5）: 511-520.

刘晓艳, 陈昕, 张敏, 等. 1997. GHM PY—GC 烃分析仪介绍及应用. 石油仪器, 11（1）: 27-30.

柳广弟, 胡素云, 赵文智. 2006. 中国主要含油气盆地运聚单元石油资源丰度及其预测模型. 石油勘探与开发, 33（6）: 759-761.

卢双舫, 黄文彪, 陈方文, 等. 2012. 页岩油气资源分级评价标准探讨. 石油勘探与开发, 39（2）: 249-256.

卢双舫, 薛海涛, 钟宁宁. 2003. 地史过程中烃源岩有机质丰度和生烃潜力变化的模拟计算. 地质论评,

49（3）：292-297.

卢双舫，薛海涛，钟宁宁. 2002. 石油保存下限的化学动力学研究. 石油勘探与开发，29（6）：1-3.

卢双舫，张敏，等. 2008. 油气地球化学. 北京：石油工业出版社.

卢双舫，钟宁宁，薛海涛，等. 2007. 碳酸盐岩有机质二次生烃的化学动力学研究及其意义. 中国科学（D辑：地球科学），02：178-184.

卢双舫. 1996. 有机质成烃动力学理论及其应用. 北京：石油工业出版社.

罗志立. 2012. 峨眉地裂运动观对川东北大气区发现的指引作用. 新疆石油地质，33（4）：401-407.

马文辛，刘树根，黄文明. 2010. 古油藏及其对天然气藏的控制作用研究进展. 地质科技情报，29（4）：89-99.

马永生等. 2007. 中国海相油气勘探. 北京：地质出版社.

庞雄奇，方祖康，陈章明. 1988. 地史过程中的岩石有机质含量变化及其计算. 石油学报，9（1）：17-24.

庞雄奇，金之钧，姜振学，等. 2003. 油气成藏定量模式. 油气成藏机理研究系列丛书（卷八）. 北京：石油工业出版社.

庞雄奇，李倩文，陈践发，等. 2014. 含油气盆地深部高过成熟烃源岩古TOC恢复方法及其应用. 古地理学报，16（6）：769-790.

庞雄奇. 1995. 排烃门限控油气理论与应用. 北京：石油工业出版社.

庞雄奇. 2003. 地质过程定量模拟. 北京：石油工业出版社.

秦建中，金聚畅，刘宝泉. 2005. 海相不同类型烃源岩有机质丰度热演化规律. 石油与天然气地质，26（2）：177-184.

秦勇，张有生，朱炎铭，等. 2000. 煤中有机质二次生烃迟滞性及其反应动力学机制. 地球科学（中国地质大学学报），25（3）：278-282.

邱中建，邓松涛. 2012. 中国油气勘探的新思维. 石油学报，33（增刊1）：1-5.

尚慧芸，李晋超. 1981. 陆相生油岩有机质的丰度及类型. 石油学报，S1：1-10.

施继锡，余孝颖，王华云. 1995. 古油藏、沥青及沥青包裹体在金属成矿研究中的应用. 矿物学报，15（2）：117-122.

四川油气区石油地质志编写组. 1989. 中国石油地质志卷10. 北京：石油工业出版社.

宋岩，柳少波，洪峰，等. 2012. 中国煤层气地球化学特征及成因. 石油学报，33（增刊1）：99-107.

宋岩，柳少波，琚宜文. 2013. 含气量和渗透率耦合作用对高丰度煤层气富集区的控制. 石油学报. 34（3）：417-427.

苏现波，陈润，林晓英，等. 2008. 吸附势理论在煤层气吸附/解吸中的应用. 地质学报，82（10）：1382-1389.

孙玮，罗志立，刘树根，等. 2011. 华南古板块兴凯地裂运动特征及对油气影响. 西南石油大学学报（自然科学版），33（5）：1-8.

孙赞东，贾承造，李相方，等. 2011. 非常规油气勘探与开发. 北京：石油工业出版社.

汤达祯，王激流，林善园，等. 2000. 煤二次生烃作用程序热解模拟试验研究. 石油实验地质，22（1）：9-15，63.

汤济广，梅廉夫，沈传波，等. 2012. 多旋回叠合盆地烃流源与构造变形响应：以扬子地块中古生界海相为例. 地球科学（中国地质大学学报），37（3）：526-534.

汪泽成，赵文智，张林，等. 2002. 四川盆地构造层序与天然气勘探. 北京：地质出版社.

王飞宇，庞雄奇，曾花森，等. 2006. 古油层识别技术及其在石油勘探中的应用. 新疆石油地质，26（5）：565-569.

王杰，陈践发. 2004. 关于碳酸盐岩烃源岩有机质丰度恢复的探讨：以华北中、上元古界碳酸盐岩为例. 天然气地球科学，15（3）：306-310.

王民, 卢双舫, 吴朝东, 等. 2011. 煤岩、泥岩密闭体系下热解产物特征及动力学分析. 沉积学报, 29 (6): 1190-1198.

王顺玉, 戴鸿鸣, 王海清, 等. 2000. 大巴山、米仓山南缘烃源岩特征研究. 天然气地球科学, 11 (4/5): 4-16.

王廷栋, 等. 1994. 四川盆地磨溪、卧龙河气田主要气藏气源探索研究. "八五"国家重点科技攻关项目研究报告.

王学君, 杨志如, 旱冰. 2015. 四川盆地叠合演化与油气聚集. 地学前缘, 22 (3): 161-173.

王云鹏, 田静. 2007. 原油裂解气的形成、鉴别与运移研究综述. 天然气地球科学, 18 (2): 235-244.

王子文, 赵锡嘏, 卢双舫, 等. 1991. 原始有机质丰度的恢复及其意义. 大庆石油地质与开发, 10 (4): 20-26.

邬立言, 顾信章, 盛志伟. 1986. 生油岩热解快速定量评价. 北京: 科学出版社, 30-31.

夏新宇, 洪峰, 赵林. 1998. 烃源岩生烃潜力的恢复探讨: 以鄂尔多斯盆地下奥陶统碳酸盐岩为例. 石油与天然气地质, 19 (4): 307-313.

肖丽华, 孟元林, 高大岭, 等. 1998. 地化录井中一种新的生、排烃量计算方法. 石油实验地质, 20 (1): 98-102.

熊永强, 耿安松, 张海祖, 等. 2004. 油型气的形成机理及其源岩生烃潜力恢复. 天然气工业, 24 (2): 11-13.

徐永昌. 1994. 天然气成因理论及应用. 北京: 科学出版社.

杨燕梅, 张海, 吕俊复, 等. 2015. 基于GY—GC联用的煤快速热解实验研究. 燃料化学学报, 43 (1): 9-15.

曾凡刚. 1998. 华北地区下古生界海相碳酸盐岩二次生烃作用机理研究. 地质地球化学, 26 (3): 40-46.

张抗. 2013. 对非常规油气及相关术语的讨论. 中国科技术语, (6): 23-25.

张水昌, 童箴言. 1992. 海相碳酸盐岩中矿物结合有机质的组成及成烃演化. 沉积学报, 10 (1): 76-80.

张小龙, 李艳芳, 吕海刚, 等. 2013. 四川盆地志留系龙马溪组有机质特征与沉积环境的关系. 煤炭学报, 38 (5): 851-856.

张新民. 2002. 中国煤层气地质与资源评价. 北京: 科学出版社.

赵孟军, 卢双舫. 2000. 原油二次裂解气—天然气重要的生成途径. 地质论评, 46 (6): 645-650.

赵孟军, 张水昌, 廖志勤. 2001. 原油裂解气在天然气勘探中的意义. 石油勘探与开发, 28 (4): 47-56.

赵文智, 胡素云, 王红军, 等. 2013. 中国中低丰度油气资源大型化成藏与分布. 石油勘探与开发, 40 (2): 1-13.

赵文智, 汪泽成, 张水昌, 等. 2007. 中国叠合盆地深层海相油气成藏条件与富集区带. 科学通报, 52 (增刊1): 9-18.

赵文智, 王红军, 卞从胜, 等. 2012. 我国低孔渗储层天然气资源大型化成藏特征与分布规律. 中国工程科学, 14 (6): 31-39.

赵文智, 王兆云, 王红军, 等. 2006. 不同赋存状态油裂解条件及油裂解型气源灶的正演和反演研究. 中国地质, 33 (5): 952-965.

赵文智, 王兆云, 王红军, 等. 2011. 再论有机质"接力成气"的内涵与意义. 石油勘探与开发, 38 (2): 129-136.

赵文智, 王兆云, 张水昌, 等. 2006. 油裂解生气是海相气源灶高效成气的重要途径. 科学通报, 51 (5): 589-595.

郑伦举, 秦建中, 何生, 等. 2009. 地层孔隙热压生排烃模拟实验初步研究. 石油实验地质, 31 (3): 296-302, 306.

郑伦举, 秦建中, 张渠, 等. 2008. 中国海相不同类型原油与沥青生气潜力研究. 地质学报, 82 (3): 360-365.

周宝刚,李贤庆,张吉振,等. 2014. 川南地区龙马溪组页岩有机质特征及其对页岩含气量的影响. 中国煤炭地质, 26 (10): 27-32.

朱传庆,徐明,单竞男,等. 2009. 利用古温标恢复四川盆地主要构造运动时期的剥蚀量. 中国地质, 6: 1268-1277.

朱传庆,徐明,单竞男,等. 2009. 利用古温标恢复四川盆地主要构造运动时期的剥蚀量. 中国地质, 36 (6).

朱光有,张水昌,梁英波,等. 2006. 四川盆地天然气特征及气源. 地学前缘, 13 (2): 234-248.

朱炎铭,陈尚斌,方俊华,等. 2010. 四川地区志留系页岩气成藏的地质背景. 煤炭学报, 35 (7): 1160-1164.

邹才能,陶士振,袁选俊,等. 2009a. 连续型油气藏形成条件与分布特征. 石油学报, 30 (3): 324-331.

邹才能,陶士振,朱如凯,等. 2009b. "连续型"气藏及其大气区形成机制与分布——以四川盆地上三叠统须家河组煤系大气区为例. 石油勘探与开发, 36 (3): 307-319.

邹才能,董大忠,王社教,等. 2010. 中国页岩气形成机理、地质特征及资源潜力. 石油勘探与开发, 37 (6): 641-654.

邹才能,陶士振,侯连华,等. 2013. 非常规油气地质. 北京:地质出版社, 343-350.

邹才能,杨智,陶士振,等. 2012. 纳米油气与源储共生型油气聚集. 石油勘探与开发, 39 (1): 13-26.

邹才能,朱如凯,吴松涛,等. 2012. 常规与非常规油气聚集类型、特征、机理及展望——以中国致密油和致密气为例. 石油学报, 33 (2): 173-187.

邹艳荣,杨起,刘大锰. 1999. 华北晚古生代煤二次生烃的动力学模式. 地球科学—中国地质大学学报, 24 (2): 189-192.

Cooles G P, A S MacKenzie, T M Quigley. 1986. Calculation of petroleum masses generated and expelled from source rocks//D Leythaeuser and J Rullkotter, eds. Advances in Organic Geochemistry 1985. Oxford, Pergamon, Organic Geochemistry, v. 10, p. 235-245.

Dieckmann V, Schenk H J, Horsfield B, et al. 1998. Kinetics of petroleum generation and cracking by programmed-temperature closed-system pyrolysis of Toarcian Shales. Fuel, 77: 23-31.

Dieckmann V, Schenk H J, Horsfield B. 2000. Assessing the overlap of primary and secondary reactions by closed- versus open-system pyrolysis of marine kerogens. Journal of Analytical and Applied Pyrolysis, 56: 33-46.

Erdmann M, Horsfield B. 2006. Enhanced late gas generation potential of petroleum source rocks via recombination reactions: evidence from the Norwegian North Sea. Geochimica et Cosmochimica Acta, 70: 3943-3956.

Gautier D L, Mast R F. 1995. US Geological survey methodology for the 1995 National Assessment. AAPG Bulletin, 78 (1): 1-10.

Hill R J, Zhang E, Katz B J, et al. 2007. Modeling of gas generation from the Barnett Shale, Fort Worth Basin, Texas. AAPG Bulletin, 91: 501-521.

Holditch S A. 2004. The Effect of Globalization upon Petroleum Engineering Education. Presentation SPE 101637 given at the SPE Annual Technical Conference and Exhibition, Houston, 26-29 September.

Horsfield B. 1989. Practical criteria for classifying kerogens: some observations from pyrolysis-gas chromatography. Geochimica et Cosmochimica Acta, 53: 891-901.

Horsfield B. 1997. The bulk composition of first-formed petroleum in source rocks. In: Welte, D. H., Horsfield, B., Backer, D. R. (Eds.), Petroleum and Basin Evolution. Insights from Petroleum geochemistry, Geology and Basin Modelling. Springer, Berlin, 335-402.

Hunt J M. 1979. Petroleum Geochemistry and Geology (1st edition). New York: Freman, 261-273.

Hunt J M. 1990. Generation and migration of petroleum from abnormally pressured fluid Compartment. AAPG, 74 (1): 11-13.

Jarvie D M, L L Lundell. 1991. Hydrocarbon generation modeling of naturally and artificially matured Barnett Shale, Fort Worth Basin, Texas: Southwest Regional Geochemistry Meeting, September8-9, TheWoodlands, Texas, 1991.

Jarvie, D M, Hill R J, et al. 2007. Unconventional shale-gas systems: The mississippian barnett shale of north-central texas as one model for thermogenic shale-gas assessment. AAPG, 91 (4): 475-499.

Jean-Jacques Biteau, et al. 2010. The whys and wherefores of the SPI—PSY method for calculating the world hydrocarbon yet-to-find figures. First Break, vol. 28, 11, 53-64.

K. Cheng. 2010. Assessment of the Distribution of Technically-Recoverable Resources in North American Basins. Presentation SPE 137599 at the CSUG & IPC, Calgary, Alberta, Canada, 19-21 October.

Masters J A. 1979. Deep basin gas trap, Western Canada. AAPG Bulletin, 63 (2): 152-181.

McMillen D F, Malhotra R. 2006. Hydrogen transfer in the formation and destruction of retrograde products in coal conversion. The Journal of Physical Chemistry, 110: 6757-6770.

Nicolaj Mahlstedt, Brian Horsfield. 2012. Metagenetic methane generation in gas shales I. Screening protocols using immature samples. Marine and Petroleum Geology, 31: 27-42.

Old S. 2008. PRISE: Petroleum Resource Investigation Summary and Evaluation. MS thesis, Texas A&M University, College Station, Texas (01 August 2008).

Passey Q R, K M Bohacs, W L Esch, et al. 2010. From oil-prone source rock to gas-producing shale reservoir—Geologic and petrophysical characterization of unconventional shale-gas reservoirs: International Oil and Gas Conference and Exhibition, Beijing, China, June 8-10, 2010, SPE Paper 131350, 29 p.

Pepper A S, Corvi P J. 1995. Simple kinetic models of petroleum formation. Marine and Petroleum Geology, 12: 417-452.

Rasoul Sorkhabi. 2009. Rich Petroleum Source Rocks. Expro. Issue 6, Volume 6.

Roger M Slatt, Neal R. O' Brien. 2011. Pore types in the Barnett and Woodford gas shales: Contribution to understanding gas storage and migration pathways in fine-grained rocks. AAPG Bulletin, 95 (12): 2017-2030.

Schenk H J, Horsfield B. 1998. Using natural maturation series to evaluate the utility of parallel reaction kinetics models: an investigation of Toarcian shales and Carboniferous coals, Germany. Organic Geochemistry, 29 (1-3): 137-154.

Schenk H J, Horsfield B. 1998. Using natural maturation series to evaluate the utility of parallel reaction kinetics models: an investigation of Toarcian shales and Carboniferous coals, Germany. // In Organic Geochemistry e Advances in Organic Geochemistry 1997 Proceedings of the 18th International Meeting on Organic Geochemistry Part I. Petroleum Geochemistry, 29: 137-154.

Schmoke J W. 1995. Method for assessing continuous-type (unconventional) hydrocarbon accumulations, in Gautier, D L., Dolton, G L, Takahashi, K I, and Varnes, K L, eds. 1995 National Assessment of United States oil and gas resources—Results, methodology, and supporting data. U. S. Geological Survey Digital Data Series DDS-30, 1-30.

Schmoker J W, Crovelli R A. 1998. A simplified spreadsheet program for estimating future growth of oil and gas reserves. Nonrenewable Resources, v. 7, no. 2, p. 149-155.

Schmoker J W. 2005. US geological survey assessment concepts for continuous petroleum accumulations. US Geological Survey Digital Data Series DDS-69-D, 1-9.

Schmoker, J W, and Attanasi, et al. 1997. Reserve growth important to U. S. gas supply: Oil & Gas Journal, v. 95, no. 4 (January 27), p. 95-96.

Tian H, Xiao X M, Wilkins Ronald W T, et al. 2008. New insights to the volume and pressure changes during the thermal cracking of oil to gas in reservoirs: Implications for the in-situ accumulation of gas cracked from oils.

AAPG Bulletin, 92 (2): 181-200.

Tissot B P, Welte D H. 1978. Petroleum Formation and Occurrence. Berlin: Springer-Vevlag, 1-554.

Tissot B P, Welte D H. 1984. Petroleum Formation and Occurrence (Second Revised and Enlarged Edition). Berlin: Springer-Ver-lag, 160-198.

Waples D W. 2000. The kinetics of in-reservoir oil destruction and gas formation: Constraints from experimental and empirical data, and from thermodynamics. Organic Geochemistry, 31 (6): 553-575.